D0569175

THE GARDENER'S INDEX OF PLANTS & FLOWERS

THE GARDENER'S INDEX OF PLANTS & FLOWERS

JOHN BROOKES, KENNETH A. BECKETT & THOMAS H. EVERETT

MACMILLAN PUBLISHING COMPANY · NEW YORK

Project Editor Jane Birdsell
Assistant Editor Susan Mennell

Designers Arthur Brown, Roger Priddy

Editorial Director Jackie Douglas
Art Director Roger Bristow

Copyright © 1987
by Dorling Kindersley Limited, London

The climate zone map of the United States and Canada on page 245 is adapted from the map
"Hardiness Zones of the United States and Canada" in *Wyman's Gardening Encyclopedia.*
Used with permission of the Publisher.

All rights reserved. No part of this book may be reproduced or
transmitted in any form or by any means, electronic or mechanical,
including photocopying, recording or by any information storage
and retrieval system, without permission in writing from the Publisher.

Macmillan Publishing Company
866 Third Avenue, New York, N.Y. 10022
Collier Macmillan Canada, Inc.

Library of Congress Cataloging-in-Publication Data

Brookes, John, 1933–
    The gardener's index of plants & flowers.
    Includes index.
    1. Plants, Ornamental. 2. Flowers. 3. Landscape
gardening. 4. Flower gardening. I. Beckett, Kenneth A.
II. Everett, Thomas. III. Title. IV. Title: Index
of plants & flowers. V. Title: Index of plants &
flowers.
SB407.B68   1987b   635.9   86–18222
ISBN 0–02–516690–5

Macmillan books are available at special discounts for bulk purchases
for sales promotions, premiums, fund-raising, or educational use.
For details, contact:

Special Sales Director
Macmillan Publishing Company
866 Third Avenue
New York, N.Y. 10022

10 9 8 7 6 5 4 3 2 1

The major sources for the plant names used in
this book were *Regnum Vegetabile 104:*
International Code of Nomenclature for
Cultivated Plants, ed. C. D. Brickell
(Bohn, Scheltema & Holkema, Utrecht,
1980); *The Royal Horticultural Society*
Dictionary of Gardening, ed. Frederick J.
Chittenden (Oxford University Press, 1951); and
The New York Botanical Garden Encyclopedia of
Horticulture, Thomas H. Everett (Garland
Publishing, New York and London, 1981).

Printed in Hong Kong by Mandarin Offset Marketing (HK) Ltd.
Filmsetting by Vantage Photosetting Co Ltd,
Eastleigh and London

Contents

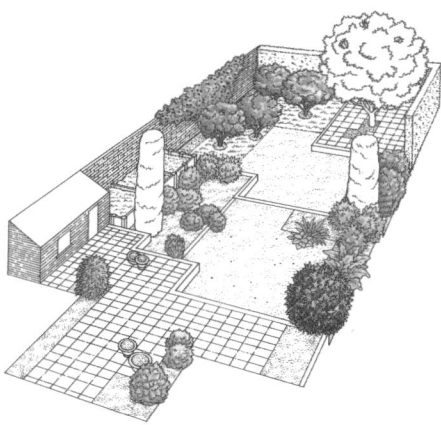

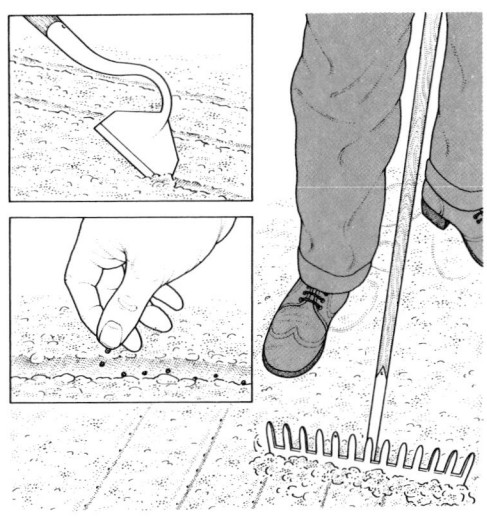

How to use this book

You can use *The Gardener's Index of Plants and Flowers* either to solve a specific problem in a well-established garden – which spring-flowering, evergreen shrubs can I grow in that shady corner? – or to plan a complete scheme to suit your taste and the style of your home.

Even if you are happy with the basic design of your garden, it is useful to read the section on **Planning your planting** (p.7). This is a complete, full-color guide to analyzing your garden, deciding on an overall look, and selecting the right plants to achieve that look. It shows you how to build up your ideal garden step-by-step, beginning with a skeleton formed of trees, shrubs and climbing plants, and then fleshing it out using perennials, bulbs and annuals.

Look in **Planting your garden** (p.33) for general advice on buying different kinds of plant – when and where to buy, and what to look for – and also for advice on planting and aftercare.

The heart of the book is **The plant-finder's guide** (p.49). The quick-reference charts are divided into eight sections (Trees, Shrubs, Climbing Plants, Perennials, Cacti & Succulents, Bulbs, Corms & Tubers, Annuals & Biennials,

and Water Plants), each of which begins with a full explanation of the headings used on the charts. The plants are listed by Latin name, in A – Z order. If you know a plant by its common name, you can discover its Latin name by looking in the **Index** (p.260), which also lists all common synonyms. All the characteristics of each plant are given so that when you are choosing plants for your garden, you can see at a glance whether a plant will be suitable. This makes *The Gardener's Index of Plants and Flowers* specially useful for garden planning at home or as a handbook when selecting plants at a nursery or garden center.

To help you to decide which plants will be hardy in your particular garden, a system of climate zones is used throughout the book. **Climate zones and plant hardiness** (p.244) explains this system and includes a map showing climate zones in the United States and Canada.

The Gardener's Index of Plants and Flowers is designed to encourage you to add to the variety of plants in your garden, and **How to find plants** (p.246) suggests ways of tracking down the species that are not stocked by your local nursery.

The plant-finder's guide *This section is at the heart of the book. It includes a wealth of information in its quick-reference charts. Simply run your eye down the column headed "Shade", for instance, to discover all the plants suitable for a shady site.*

Characteristics of each plant
Appearance, season of interest and special attractions analyzed.

Situations suitable
Information on where you can grow plants – especially useful in finding plants for problem places in gardens.

Uses *Suggests ways of using each plant. This section is particularly helpful for planning your garden.*

Plants in A – Z order *Up-to-date botanical names ensure accurate identification.*

Climate zone
Each number corresponds to a particular temperature range. Identify your zone by turning to page 245.

PLANNING
your planting

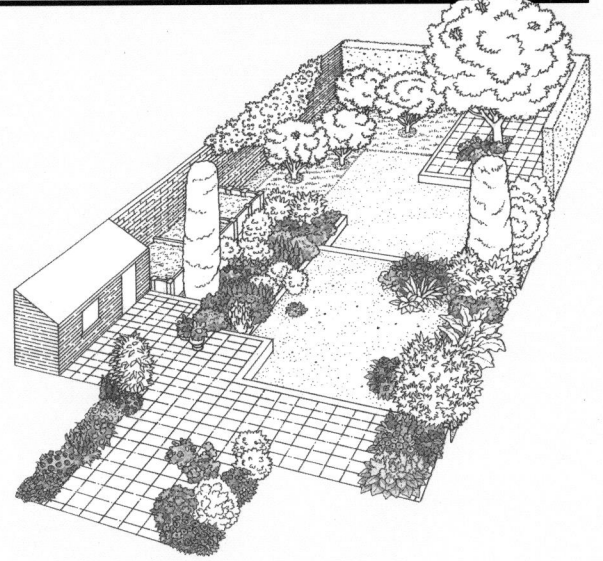

Some principles of design and how to apply them to your garden. Understanding color and plant associations. Building a new planting scheme step-by-step.

Using plants in the garden

We tend to think of garden plants as being purely decorative, but when they are selected on that basis alone, one after another, the garden rapidly becomes a mere showcase of specimens. It will probably fail to fulfill any practical requirements, such as providing privacy, and any one spectacular plant will be lost in the competition afforded by its neighbors.

Ideally, much of your plant selection should be to suit a practical requirement (such as screening) and to provide a setting for a few main attraction, or feature plants, for, like a good musical, you need only a few stars, backed by a fairly large chorus. The whole production is then held together by the stage plan which you provide in the form of the garden's layout. The best plans have a functional layout to suit personal requirements in a way that complements the style of building adjoining the garden, and the feel of the locality, whether it be town, country, or in between.

What is planting design?

The choice of plants you make to carry out your overall plan and how you position them in your garden is often called "planting design".

If you are starting with cleared planting areas in your newly made garden, your first question should be where to site those special feature plants? On a large site these might be flowering trees; on a medium site, a special magnolia, or one of those very visually demanding (although very beautiful) ornamental trees like *Robinia pseudoacacia*, while in a small garden it might be one spiky yucca. It is these "specials" that attract the eye, or counterbalance a view or building.

The next step is to select plants that will grow to make the three-dimensional skeleton of the garden. This will keep out the wind, block a view, direct the eye and generally form a background to more decorative plants in front. Imagining the ultimate three-dimensional shape of the skeleton is one of the most important steps in making a garden, as you will see overleaf.

If possible, plants chosen for skeleton planting should be evergreen so they do their job all year. However, as evergreens tend to be slow-growing, you might include one or two faster-growing deciduous species as well, which can ultimately be removed. Plants such as buddleia, *Sorbaria aitchisonii* or elder (*Sambucus* spp.), or for smaller gardens, brooms (*Cytisus* spp.) are good examples.

Now you can start thinking about decorative shrubs to use in front of the background skeleton planting, building up plant groups, or associations, that give you pleasure (see pp.14–15). The better you know your plants the more confident you will feel about combining them. As a rule, simpler combinations of two or three species are more punchy and effective than ones including many different plants.

Confirming the style of planting

The next group of plants you should select consists of a combination of low shrubby material and perennial subjects, including plants such as lavender, sages and euphorbias. These provide the structure for foreground planting and also give some winter interest. It is at this stage that the style of a planting scheme is confirmed – do you want it to look English cottage, tropical, oriental, or to have a color

Detail from a carefully planned scheme
This spectacular planting scheme around an informal pool is highly decorative, but well-structured. In front of a backdrop of shrubs are the dramatic spiky leaves of iris and Miscanthus spp., with color provided by spire-forming perennials.

Stages of planting

Feature plants
The first stage of planting is to select the few plants that will be dominant, yearlong features. Most established trees rate as permanent eye-catchers and you might be preserving one if you are replanning a garden. What constitutes a feature shrub, or even a feature perennial, is largely a matter of personal choice, although those shrubs classified as "specimen" in the charts on pages 74–115 are among the best. Generally speaking, however, feature plants are mostly large, evergreen for yearlong attraction, have bold form and/or color, and make visual exclamation marks in your scheme. In the garden shown right, an old pear tree in all its gnarled glory and two column-shaped conifers attract the eye.

Skeleton plants
Any planting scheme requires three-dimensional structure to give it an overall shape. This is provided by skeleton planting. As with feature plants, these skeleton plants should be mostly evergreen so that the effect of the plants is not lost with the falling leaves of autumn. They should have a quiet charm, and should provide bulk against which more decorative plants, including those with a limited seasonal attraction, will be seen.

You will see (*right*) that skeleton planting links the feature plants and provides a setting for them. It gives the garden its sense of enclosure, perhaps screening an ugly fence or blocking an unwanted view.

Decorative infill plants
The planting scheme is completed by choosing and locating smaller, more decorative plants in front of the skeleton, as shown right. These will include decorative shrubs, herbaceous perennials, bulbs, annuals and biennials. Your choice, and how you arrange the plants, will determine the style of the scheme (see p.12). Many of these plants will have a season of interest, after which their flowers and/or leaves die back until the following season. It is therefore important to establish a good mix of plants that will give interest all the year. Plants in containers are an important feature.

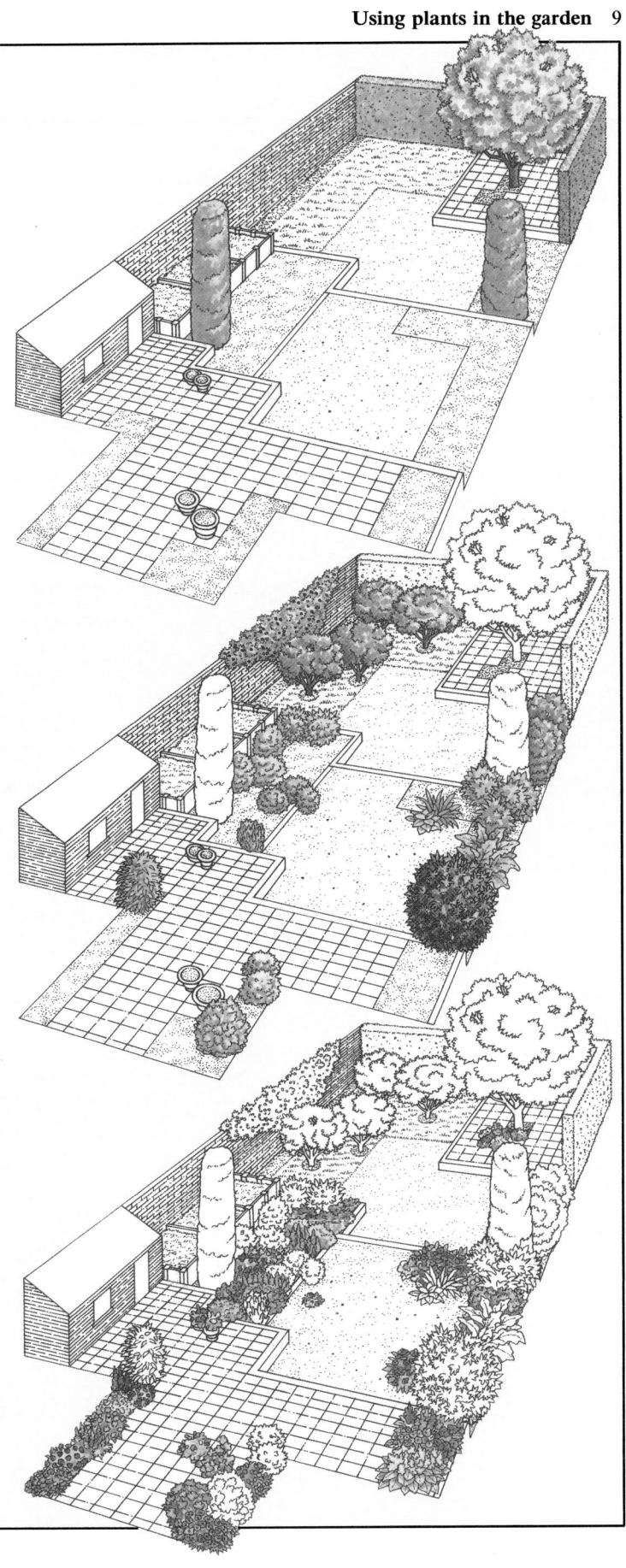

theme such as grey and white? You will, of course, have had an idea of the styling of your plant scheme before you arrive at this stage, but it is the more colorful foreground plants, chosen from the vast range of herbaceous perennials, that set the seal.

Decorative incidental plants

But what about annuals, biennials and bulbs? All may be planted on their own to give a spring or summer spectacle in areas prepared specially for them, but this is an expensive luxury since they have to be changed at least twice a year. Instead, why not incorporate this material into a mixed scheme, using annuals to fill any gaps (specially in the first few years after planting) and spring bulbs to brighten areas dominated by late summer flowers.

Specialist plants

Special groups of plants require specialist treatment. Alpines should only be used in extremely well-made scree areas or rockeries. Hybrid tea roses are another special group and look best when planted in an area of their own. Shrub and floribunda roses, however, may be included in the mixed border. An iris collection looks best on its own too, for its floral interest, although exquisite, is so short-lived.

A group of plants particularly difficult to use *en masse* is conifers. Many have very strong form, combined with virulent color; too many planted in a garden produces a strange, unrestful feeling since every plant seems to arrest the eye. An occasional conifer, incorporated in your plan as a special feature, can be magnificent.

Attention to detail
The smallest area benefits from an overall design. Here Yucca filamentosa *is featured, backed by a froth of greenish-yellow alchemilla flowers. The evergreen background shrub is* Prunus laurocerasus *'Otto Luyken', bordered on the right by blue and white-flowering* Campanula lactiflora.

Making a planting plan

People often say a garden "looks pretty as a picture", but making a garden is more complicated than painting a picture because there are three dimensions to consider. The picture-making materials at your disposal – living plants – expand upward and outward, and all at different rates. The gardener must be prepared for the shape of plants to change with time and to plant them at distances apart that allow for their varying rates of growth. For plants such as annuals, biennials and herbaceous perennials, it is a straightforward matter to look up the typical size of the mature plant and to expect that size within one or two seasons' growth. Subsequent husbandry will maintain that mature size. More of a problem arises with larger plants – the shrubs and trees that keep on growing to a mature size but at a rate that varies according to the conditions in which they are growing.

When planting such species, you must leave enough space for plants to grow for a certain length of time. It is a good idea to plant to a five-year plan, for which it is possible to give a scale of planting distances as shown right. Immediately after planting, the spacings shown look enormous, particularly for evergreens which are there to form a solid mass! However, given reasonable growing conditions, the plants will knit together as you envisaged, and may even require thinning after five years.

Planning for three dimensions

It is a good idea to take each area designated for plants on your master layout and draw them to a large enough scale to mark on the planting positions of all the plants for your scheme, as you see illustrated on page 12 and from pages 16 to 31. Since you have to consider how tall and wide plants will grow, it can be useful to sketch the areas side-on. You will know the height of fences and walls, so start from these and sketch in an estimate of the height and shape in five years' time of the plants you want to use before transferring your choices to the plan.

Planting distances

The planting distances suggested below are based on a five-year planting scheme. The plants will have to be thinned at the end of this period. If you are growing trees or shrubs as specimens, and therefore wish them to mature to a good size and shape, you should plant them further apart: trees should be spaced at a distance of about two-thirds their ultimate height, and shrubs at a distance equal to their ultimate height. Pyramid-shaped trees and shrubs can be a little closer together, but spreading shrubs should be spaced at up to one and a half times their ultimate height. To avoid a bare look for the first few years, you can plant perennials in the spaces.

TREES

Height	Spreading/ Weeping	Erect/ Pyramidal
Small (7.5–10 m/25–35 ft)	3.5 m (12 ft)	1.5 m (5 ft)
Medium (10–18 m/35–60 ft)	4.5 m (15 ft)	2.5 m (8 ft)
Large (over 18 m/60 ft)	7.5 m (25 ft)	3.5 m (12 ft)

SHRUBS

Height	All shapes
Small (up to 1.5 m/5 ft)	1 m (3 ft)
Medium (1.5–3 m/5–10 ft)	1.5 m (5 ft)
Large (over 3 m/10–25 ft)	2 m (6 ft)

PERENNIALS

Height	All shapes
Small (up to 30 cm/1 ft) Medium (30–120 cm/1–4 ft)	5 plants per m^2/yd^2
Large (120 cm–3 m/4–10 ft)	1 plant per m^2/yd^2

Numbers of plants

Specifying the numbers of any particular plant required depends on the sort of plant and its use. Apart from the feature plants of your scheme, which are dotted about singly, or at most in pairs, it is usually a mistake to plant single examples of any plant. If a plant is worth having in the garden, use it in abundance, especially if it is colorful. Planting single specimens will only produce an overall effect of spottiness – the eye is never given the opportunity to appreciate any one plant to the full. Massed effects are much more impressive. Background groups in a large garden might consist of seven or eight specimens of the same plant, or three or four in a smaller garden. Decorative shrubs, also in groups, will look marvellous against these background blocks, with massed perennials in the foreground.

Groundcover plants, by definition, form a mass to smother the ground. However, most plants that sprawl and spread are relatively vigorous growers and it is sufficient to plant one for every

Putting your plan on paper

A good reason for drawing a plan of your garden to a simple scale of, say, ¼ in to 1 ft, is that you can try out all sorts of plants in various positions before buying or planting. Mistakes, especially where large plants are concerned, can be time-consuming and expensive!

First, draw out the lines of your garden boundaries, paved areas, lawns, planting areas and any other features. Then overlay a sheet of tracing paper on which to draw planting positions. Mark the spot that represents the center of the planting hole you will dig for each plant, and surround it by a circle to show the rough extent of its spread after five years' growth. As you juggle the various permutations of feature, skeleton and infill plants, try to imagine their mature heights and spreads and sketch these beside the plan as if you were looking across the garden.

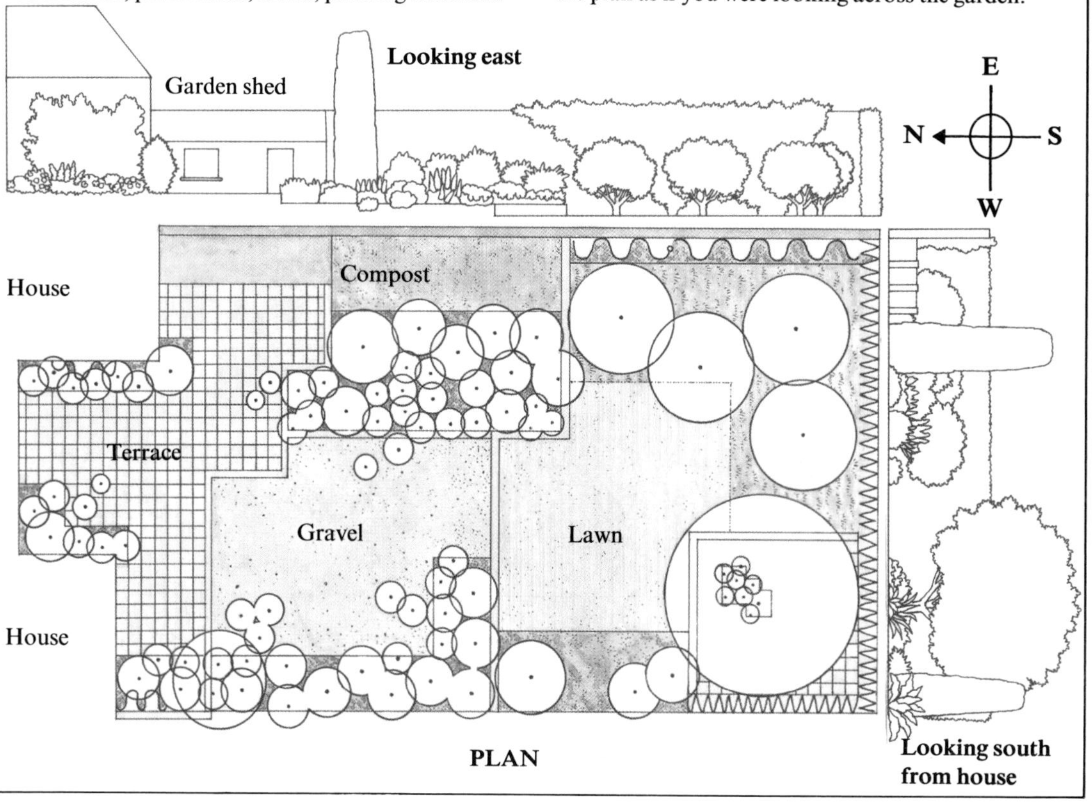

Garden shed

Looking east

E

N ← S

W

House

Compost

House

Terrace

Gravel

Lawn

Looking south from house

PLAN

Planting pattern

If you take more than two specimens of any plant and consider fitting them into an area of soil, allowing for their spread, you will find that there are many planting patterns to consider. You can position the plants in a straight line or a zigzag to make a hedge for example, or you can position a plant at each of the imaginary points of a triangle, or a square. Or you can aim for a certain effect, such as the English cottage-garden style or a modern slab pattern. Or you might choose random planting positions to produce interconnecting, overlapping plant masses. This option is useful when it comes to planning a mixed planting scheme that will provide interest the year through. An example is shown in the garden plan above and in the first planting pattern shown right.

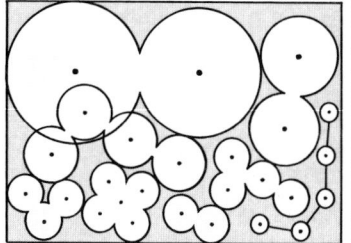

1 Typical mixed scheme *Massed plants in a random pattern.*

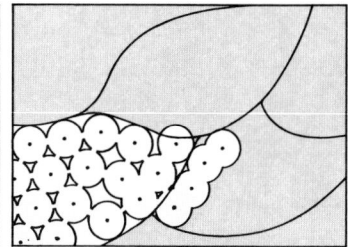

2 English cottage-garden style *Informal, overlapping groups.*

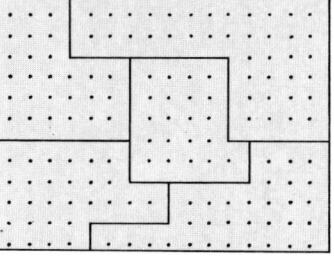

3 Modern slab planting *Bold, rectangular blocks of colour.*

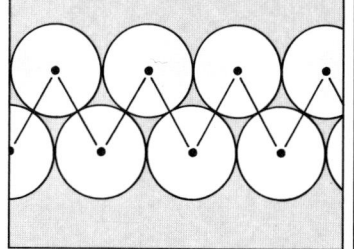

4 Dense hedging pattern *Plant at half normal spacing.*

two square yards for plants such as ivies or low-growing cotoneasters. But small or mat-forming types such as ajuga should be planted much closer together for a faster result.

The arrangement of plants

Neat rows of plants along a skinny border will never make a satisfying garden: besides correct spacing for healthy growth, the planting pattern must be considered.

There are some well-established ways of arranging plants to create a particular style of planting. The English cottage-garden style, for example, is achieved by grouping plants in informal, overlapping masses. Other patterns for different effects are shown opposite and on page 12, including a guide to the sort of planting pattern that will produce a successful, mixed planting scheme with feature, skeleton and decorative infill plants.

Whatever pattern you choose, as a general rule, halve the variety of plants you first thought of, and double the quantities of those that remain. You will almost certainly end up with a better planting scheme!

Plants with buildings
Your choice of plants will often be affected by nearby buildings. Here the plants (including yellow alchemilla, green Euphorbia robbiae, ferns and many climbers) clothe the steps and brickwork, adding to the sense of enclosure.

Combining plants

Choosing which plants to put together is a matter of getting to know both their visual characteristics and their requirements for healthy growth. No book will give you more at-a-glance information about plants than this one, and it will enable you to select ranges of plants that suit your climate, site and soil exactly. It will also allow you to sort plants according to many of their visual characteristics, such as the overall shape of trees and shrubs, and foliage and flower colors. There is no substitute, however, for looking at the plants themselves, at nurseries or in garden centers, and assessing their characteristics for yourself. Seeing a large number of immature specimens massed together for sale is often a better way of comparing plants than looking at a 50-year-old specimen in a well established garden. What you will see in such gardens, however, are other gardeners' plant groupings in their maturity, and it is worthwhile noting combinations that please you.

Plant forms

It is surprising to most people that the most significant visual characteristic of many plants is their overall shape, or, at least, the strong combined shapes of their leaves – something known loosely as "form". It is the form of many plants that embodies their character, such as round and relaxed, or arching and elegant. Form is obvious with a feature plant like a weeping willow or a spiky phormium, but it is equally important in some of the smaller shrubs and herbaceous plants – the material that is used for the foreground plant groups in a garden. Upright-growing rosemary, (*Rosmarinus officinalis* 'Miss Jessup's Variety'), the round forms of hosta and bergenia, spiky iris, flat-topped achillea and clumpy sedums – all have strong shapes invaluable for making groupings of two or three plants chosen to contrast or blend with one another. However, form is not the only characteristic to consider.

Color ranges

It is useful to impose a definite color range for groups of plants, specially when considering their flowers. Two successful ranges are lemon, yellow, orange, a little purple and some white, or blue, mauve, pink, purple and some white. But you can be brave and choose bold combinations of lemon and blue or perhaps pink, lemon and orange. The range of flower colors that occur naturally are linked to the seasons: in the Northern hemisphere in spring, lemon and white dominates. Early summer brings pale blues and pinks that gradually give way to the scarlets and oranges of high summer, before the bronzes of autumn.

Golden foliage combination, *below* Variegated holly makes the perfect foil for the filigree foliage and contrasting texture of Lonicera nitida 'Baggesen's Gold'.

White and gray group, *right* One-color perennial plantings can be striking in summer. Here white daisy, lily and delphinium flowers combine with gray foliage.

Combining form *It is the overall shape, or form, of many plants that is their most significant characteristic. The illustrations below show some effective combinations.*

Iris

Ligularia

Euphorbia

Fatsia   Bergenia

Rock   Cotoneaster

Pine

Tobacco plant

Grass

Foxglove

Sedum

Most flower color groups are improved with touches of white mixed in to enhance the range you choose. The intensity of white varies considerably, from icy blue-white through to warm-looking creams. By adding the right sort of white bloom you can make a heavy-looking color combination lighter and fresher, or an insipid combination richer and warmer.

Evergreen foliage color is infinitely variable, and is, of course, a permanent feature of the garden. Consider all the different tones of green available, as well as the golds, silvers, greys and purples, and the combinations of colors provided by variegated varieties. Autumnal berries offer another wide range of colors from blues and black through oranges and reds to pinks and white.

Textures
The quality of foliage color is often tempered by the texture of the leaf. Velvetlike leaves have duller, matte color, whereas smooth leaves tend to be bright and glossy, and between these extremes is a wide range of textures that affect foliage color. Flowers vary in texture too: look at the fluffiness of fennel flowers and those of the smoke bush (*Cotinus coggyria*), and the coarseness of the flat plates of yellow achillea flowers. Then there is a considerable range of textural qualities in barks and stems that come into their own in winter months: silver birch trunks, for example, or the shining reds and oranges of certain willows, and the velvety branches of stag's horn sumach.

A simple approach
Analyzing all the visual characteristics of every plant suited to your garden and trying to combine them in a satisfying way (not forgetting, of course, the time dimension) may seem a daunting task. Where do you start? The answer – specially if this is your first planting scheme – is to build up your garden plan step by step, beginning with the feature plants that will define the overall structure of your garden.Once the framework is in place, you can flesh it out with smaller plants.

Before you choose your first plant, however, it is important to decide on the style and character of your garden. Will it be oriental, modern and "architectural", wild-looking or in a particular historical style? Don't forget to take into account the setting for the garden, and style and period of your house. Once you have chosen a style, you should keep it in mind always, even when choosing and combining plants for the smallest corner.

Mass effects
The success of this yellow perennial scheme depends on the massing together of drifts of plants with subtly contrasting flower shapes and tones. They include: Helenium *'Butterpat', the double* Heliopsis helianthoides scabra *'Golden Plume', spires of* Lysimachia punctata *and* Coreopsis verticillata *in the foreground.*

Building a planting scheme

Feature plants

The plan shown on this and the following pages represents a suburban garden about 30 metres (100 ft) across. This may be larger than your own garden, but it includes a variety of aspects, any one of which might remind you of the planting problems you face.

The garden adjoins the corner of the house and incorporates some existing features, particularly a large Japanese cherry tree in the lawn, around which the layout sweeps. A seat has been placed around the tree trunk. Other features include a south-facing terrace, a small, formal pool (which is visible from the house), a screened area for soft fruit and a pergola over the pathway that leads to a neighboring part of the property beyond the wall along the northern boundary. There is also a section of rough grass with, as a focal point, a small piece of statuary placed beneath existing fruit trees.

A step-by-step approach

The garden as it appears on the right shows the construction stage of garden design complete, with paving slabs, lawn and gravel *in situ*, walls, fences and screens built and all the planting areas prepared.

You will have seen on page 9 that there is a definite order in which to consider the planting of a garden, starting with feature plants, then plants that will form the skeleton of the scheme, followed by those that provide decorative infill in front of the skeleton. This plan, and those that appear on the following pages, shows the build-up of a large scheme step-by-step. Special plants, including cacti and succulents and pond plants, are dealt with in separate plans on pages 28 and 29 respectively.

The overall intention for the planting of this garden is to surround the lawn area with mixed borders including trees, shrubs, perennials, annuals and bulbs. It is also part of the overall plan to have a color scheme that starts with strong yellows and lemons in the south-facing border adjacent to the

Yucca recurvifolia *The dagger-shaped leaves of the yucca are eye-catching throughout the year, while spectacular flower panicles are a summer bonus.* Y. recurvifolia *has an almost arching shape.*

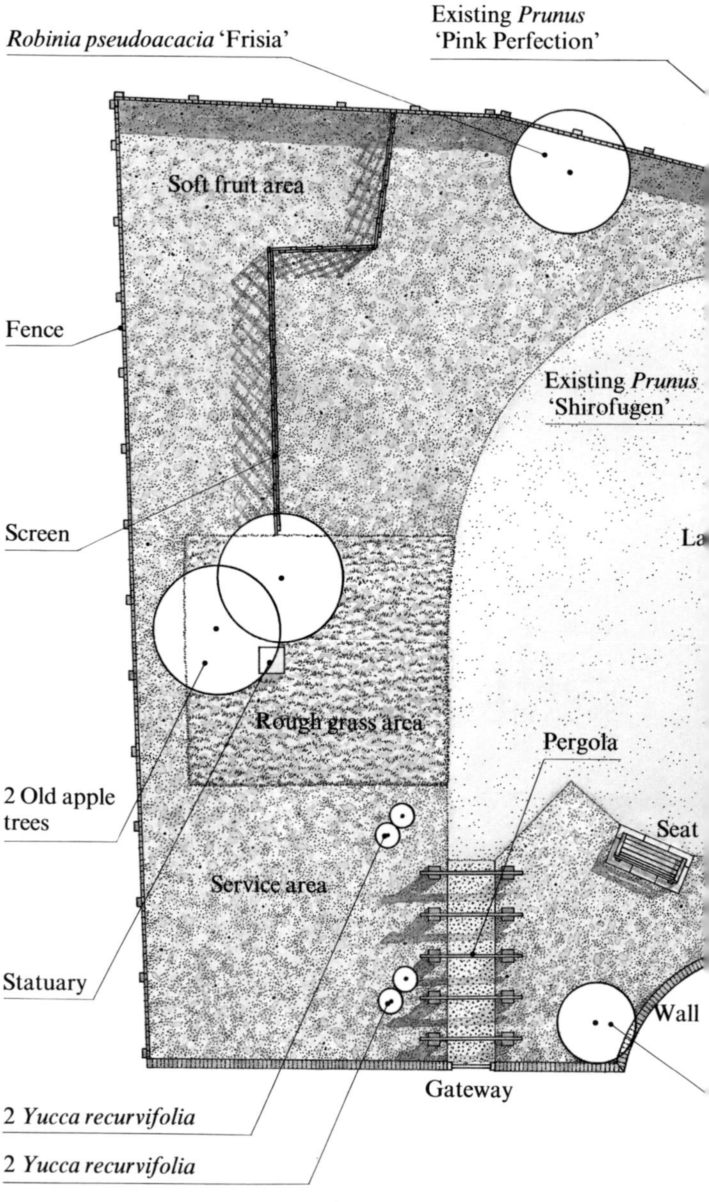

Robinia pseudoacacia 'Frisia'

Existing *Prunus* 'Pink Perfection'

Soft fruit area

Fence

Existing *Prunus* 'Shirofugen'

Screen

La

Rough grass area

Pergola

2 Old apple trees

Seat

Service area

Statuary

Wall

Gateway

2 *Yucca recurvifolia*

2 *Yucca recurvifolia*

Prunus padus *A mature bird cherry of 35–50 ft arrests the eye, specially when in flower.*

Malus *sp.* *A gnarled old apple tree plays host to a climbing rose, as will the apple trees in the plan below.*

Robinia pseudoacacia *'Frisia'* *Striking foliage makes this false acacia a feature plant.*

Stage 1:
Feature plants
The garden has been cleared apart from some mature trees; a new layout has been resolved and the planting positions of new feature plants has been plotted.

S
E — ⊕ — W
N

Existing *Chamaecyparis lawsoniana* 'Fletcheri'

Existing *Prunus padus*

Seat

Juniperus sabina 'Tamariscifolia'

Existing *Chamaecyparis lawsoniana* 'Stardust'

Phormium tenax 'Bronze Baby'

Pool

Gravel

Prunus subhirtella 'Autumnalis'

Terrace

2 *Cistus* × *corbariensis*

Gateway

Garden door

House

Pittosporum tobira

2 *Phormium cookianum* 'Cream Delight'

Existing × *Cupressocyparis leylandii* 'Castlewellan'

house. Moving in a clockwise direction around the garden these give way to whites and pinks, blues in the shade and finally purple and red in the area around the garden pond.

Choice of feature plants

Existing mature trees, to be retained as features, include some conifers, the large cherry in the lawn (*Prunus* 'Shirofugen') and another cherry beyond (*Prunus* 'Pink Perfection'). The old apple trees are left as a feature of the rough grass area on the opposite side. Two new feature trees have been added: an autumn-flowering cherry (*Prunus subhirtella* 'Autumnalis') and a golden *Robinia pseudoacacia* 'Frisia', the latter to provide a particularly bright backdrop to the planned blue border.

The second category of feature plants includes plants of strong architectural form, chosen and sited to punctuate the border planting. Phormiums, with their radiating sword-like leaves, and yuccas, with their similarly exotic form, are particularly suitable for this purpose. The repetition of these spiky plants will have a bold, steadying influence on the completed planting scheme.

A lone, low juniper (*Juniperus sabina* 'Tamariscifolia'), planted through the gravel surrounding the pool, bonds the elements of water and paving materials and provides sculptural interest. Specimens of *Pittosporum tobira* and *Cistus* × *corbariensis* are used in the most sheltered and sunny part of the garden, beside the terrace.

Skeleton planting

With the feature planting carefully planned, the skeleton planting must be the next consideration. The plants have to fulfill the practical purpose of screening, hedging, providing mass and forming backdrops for the feature plants, as well as being quietly decorative in their own right.

Trees

× *Cupressocyparis leylandii* makes a fast-growing screen to hide the soft fruit area and the small service area adjacent to the pergola. This ubiquitous conifer can make a substantial hedge if it is regularly cut back after it has reached the desired height. Other trees, from the genera *Acer*, *Eucalyptus* and *Genista*, were chosen to combine with the main skeleton planting of shrubs (shown on pages 20 and 21).

Climbers

For winter interest, ivies are invaluable and do no harm to modern mortars when grown up walls. In this plan the large, heart-shaped leaves of *Hedera colchica* 'Dentata Aurea' and the similar, but silver-splashed, *H. canariensis* 'Gloire de Marengo' have been used for architectural interest against the boundary.

At the rear of the yellow border is the gray-leaved, mealy-textured *Fremontodendron californicum*, which has large, buttercuplike flowers in late spring, and the later, yellow-flowering *Clematis orientalis*, which has petals with a texture like orange peel. A white *Clematis montana*, planted to scramble through the conifer at the rear of the bed, is at its best in early spring. The pergola is festooned with white *Clematis* 'Madam le Coultre', evergreen *C. armandii*, and a yellow-flowering climbing rose. Other clematis are grown through the rhododendrons that you will see (on pages 20 and 21) are to be planted on the north-facing side of the garden, and through the feature cherry tree.

Against the house, the blue-flowering *Ceanothus* 'Delight' lives up to its name while on a corner near the garden door *Lonicera americana* provides white/yellow flowers and new growth with attractive purple stems.

Acer palmatum *'Dissectum Atropurpureum'* *The bronze leaves of this small, mound-forming maple turn a glorious red in autumn. Its small size is offset by strong visual appeal.*

Stage 2: Skeleton trees and climbers
Feature trees and shrubs from plan 1 are here shown at mature size, together with the planting positions of skeleton trees and climbers.

3 × *Cupressocyparis leylandii*

Rosa 'Wedding Day' up apple tree

Hedera helix 'Goldheart'

6 × *Cupressocyparis leylandii*

Clematis armandii

Rosa 'Golden Showers'

Hedera helix 'Buttercup'

Vitis coignetiae

Clematis orientalis

Jasminum nudiflorum

Clematis 'Madame le Coultre'

Hedera colchica 'Dentata Aurea'

Rosa *'Golden Showers'* *This is a cluster-flowered (floribunda) climbing rose.*

Vitis coignetiae *This vine clings with tendrils. Its cool green leaves turn to crimson in autumn.*

Clematis montana *'Alba'* *The profusion of* C. montana *flowers is almond-scented.*

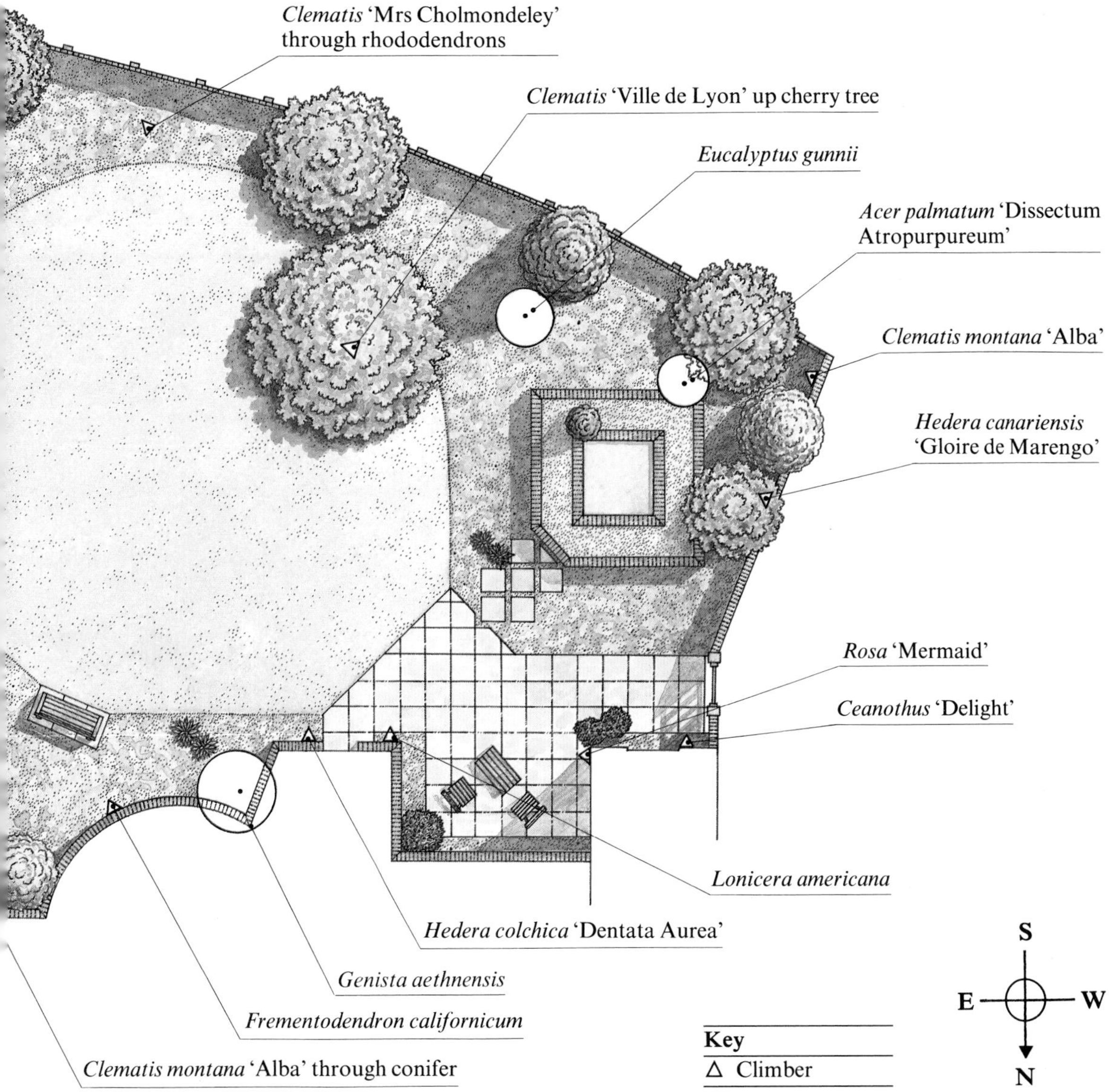

Clematis 'Mrs Cholmondeley' through rhododendrons

Clematis 'Ville de Lyon' up cherry tree

Eucalyptus gunnii

Acer palmatum 'Dissectum Atropurpureum'

Clematis montana 'Alba'

Hedera canariensis 'Gloire de Marengo'

Rosa 'Mermaid'

Ceanothus 'Delight'

Lonicera americana

Hedera colchica 'Dentata Aurea'

Genista aethnensis

Frementodendron californicum

Clematis montana 'Alba' through conifer

S

E ⊕ W

N

Key

△ Climber

Shrubs

The major part of the garden's skeleton planting is made up of the larger evergreen shrubs that give the garden its three-dimensional shape, and its sense of enclosure surrounding the large central lawn. Background skeleton shrubs can be planted in groups to give a mass effect, and these masses are interwoven so that the backdrop formed for foreground plants is dense and subtly attractive. You can now see on the plan how the skeleton shrubs of the scheme combine with the skeleton trees and feature plants.

On the north side of the garden the major role of the skeleton shrubs is to screen the boundary fence. Excellent shrubs for this job are evergreen members of the viburnum and cotoneaster genera, laurel (*Prunus laurocerasus*) and Portuguese laurel (*Prunus lusitanica*), the less decorative forms of rhododendron (whose flowers last a relatively short time) and the gray-leaved *Elaeagnus* × *ebbingei*. The selection of shrubs not only makes a good screen and backdrop, it will also provide cutting material for use in indoor flower arrangements, particularly during the winter months.

Winter interest

You will see on the following pages how the planting areas nearer the house along the southern edge of the garden, and between the house and the pool, have been planned as highly decorative areas. Because of this the skeleton planting has a slightly different role to play. There are fewer skeleton shrubs and their masses do not merge to form a backdrop, as they do elsewhere in the garden. Instead they provide permanent groups throughout the borders, around and against which the more decorative, mostly deciduous plants will be sited. It is the skeleton shrubs that ensure these areas are not devoid of interest in the winter. Broom (*Cytisus scoparius*), is used, making a marvellous shaving-brush shape after flowering, as well as Mexican orange blossom (*Choisya ternata*), senecio, *Euphorbia characias* and an upright form of rosemary. The smaller shrubs extend the skeleton out to the front of the planting areas, setting the scale for the decorative infill plants to follow.

Choisya ternata *This plant is commonly called Mexican orange blossom, after its fragrant white flowers. Its glossy dark green leaves grow in opposing groups of three, forming a rounded overall shape.*

6 *Prunus lusitanica*

Stage 3:
Skeleton shrubs
Feature plants and skeleton trees and climbers from stage 2 are here shown at mature size, together with the positions of skeleton shrubs.

Choisya ternata

3 *Senecio* × 'Sunshine'

Elaeagnus × *ebbingei*

2 *Viburnum tinus*

3 *Cytisus scoparius* 'Golden sunlight'

Fatsia japonica

Cytisus scoparius *'Golden Sunlight' Bushy, green winter stems give an evergreen effect.*

Viburnum tinus *Hardy* V. tinus *is treasured for its winter flower clusters and lustrous leaves.*

Euphorbia characias wulfenii *The dramatic form of this plant combines spiky leaves with green raylets.*

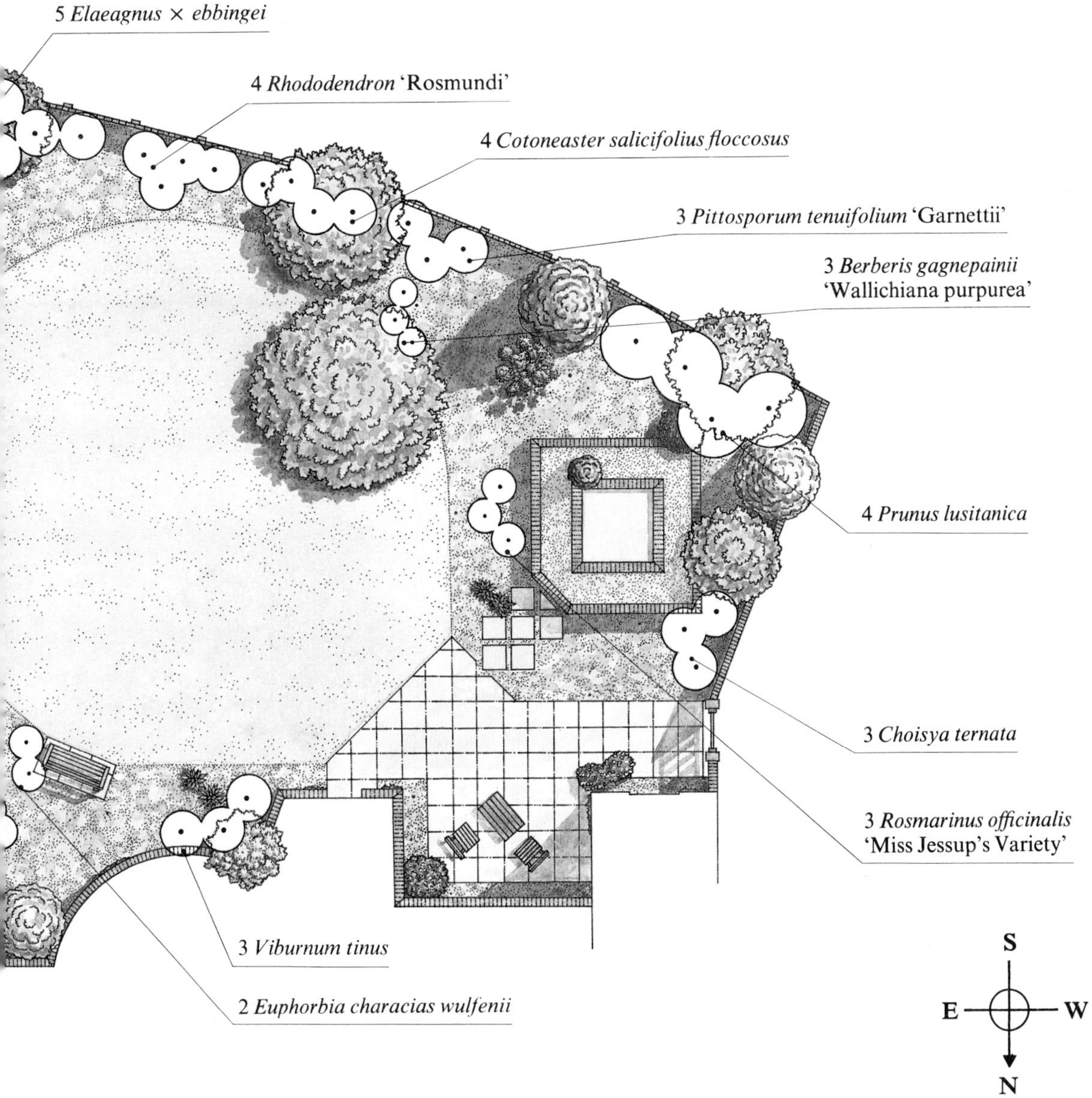

5 *Elaeagnus × ebbingei*

4 *Rhododendron* 'Rosmundi'

4 *Cotoneaster salicifolius floccosus*

3 *Pittosporum tenuifolium* 'Garnettii'

3 *Berberis gagnepainii* 'Wallichiana purpurea'

4 *Prunus lusitanica*

3 *Choisya ternata*

3 *Rosmarinus officinalis* 'Miss Jessup's Variety'

3 *Viburnum tinus*

2 *Euphorbia characias wulfenii*

S

E — W

N

Decorative infill
Shrubs

With the skeleton planting plan complete, you can go on to fill in the gaps with more decorative shrubs and shrubby perennials, remembering the overall color scheme.

Gold and yellow shrubby infill includes orange-flowering *Potentilla fruticosa* in front of a golden elder (*Sambucus nigra* 'Aurea'). Behind the bench seat, there is hypericum for late summer, against earlier-flowering yellow shrub roses (*Rosa* 'Graham Thomas'). A tall spring-flowering spiraea links the scale of the planting to the even taller neighboring conifer.

On either side of the pergola, an occasional hybrid azalea is included for early spring interest, together with another form of golden elder; *Clethra alnifolia* 'Paniculata', for its eye-catching late-summer flowers, and *Phlomis fruticosa*, for its deep yellow flowers that last all summer long.

Around the northeast edge of the lawn the infill shrubs are mostly pink or white flowering. *Hebe pinguifolia* 'Pagei' and *Buddleia davidii* 'Peace' are pure white; the deutzias are pink tinged with white; and the camellias and roses will provide deep pink blooms from late winter to late summer. A solitary hibiscus provides a hint of strong blue with its late summer flowers leading on to the red and purple border which starts with a bold group of the beautiful, lavender-purple flowering *Hebe* × 'Midsummer Beauty'.

Infill of the red and purple border revolves about the gray-leaved *Eucalyptus gunnii*, planned as part of the skeleton planting. It is here associated with the bronze-purple filbert (*Corylus maxima* 'Purpurea') and shrub rose *R. moyesii* 'Geranium' that has dark red flowers and scarlet flagonlike hips through autumn. Two scented *Philadelphus* × *purpureo-maculatus* 'Sybille' are sited beside the purple, cut-leafed acer next to the pool, and this glowing corner is terminated on one side by dark red-flowering hydrangeas and on the other by variegated *Salvia officinalis* 'Tricolor'. Touches of gray foliage are provided by artemisia and *Convolvulus cneorum*, included to lighten the color scheme.

Hibiscus syriacus *'Bluebird'*
Late summer and autumn bring the spectacular show of flowers.

Corylus maxima *'Purpurea'*
The leaves of this form of filbert are tinged a beautiful bronze.

Stage 4:
Shrubby infill
Feature and skeleton planting from plans 1–4 are here shown at mature size, together with the planting positions of shrubby decorative infill plants.

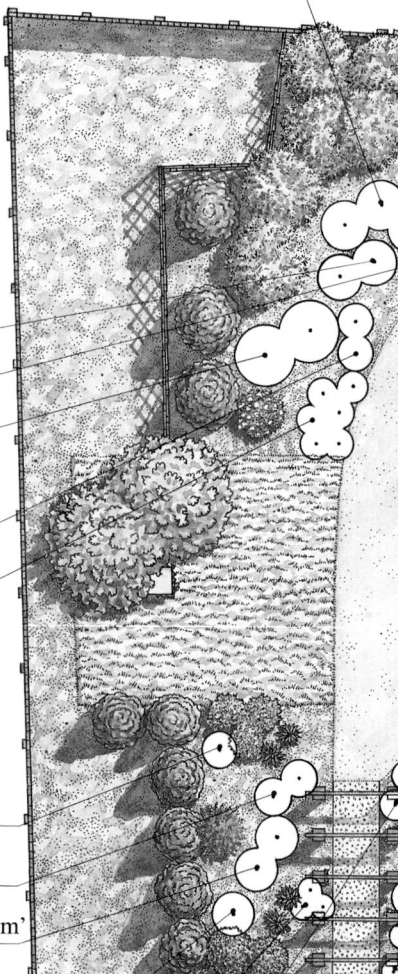

3 *Camellia* × *williamsii* 'Donation'

2 *Buddleia davidii* 'Peace'

2 *Rosa* 'Mme Isaac Pereire'

2 *Hippophae rhamnoides*

2 *Deutzia* × *elegantissima*

6 *Hebe pinguifolia* 'Pagei'

Clethra alnifolia 'Paniculata'

2 *Phlomis fruticosa*

2 *Rhododendron* 'Narcissiflorum'

Sambucus racemosa 'Sutherland'

3 *Salvia officinalis* 'Icterina'

3 *Ruta graveolens* 'Jackman's Blue'

Rosa moyesii 'Geranium' *This cultivar has a compact shape and geranium-red blooms.*

Phlomis fruticosa *Even before it flowers, the silver-edged foliage of P. fruticosa catches the eye.*

Hypericum 'Hidcote' *This form of St. John's wort is almost evergreen and can grow to 1.5 m (5 ft).*

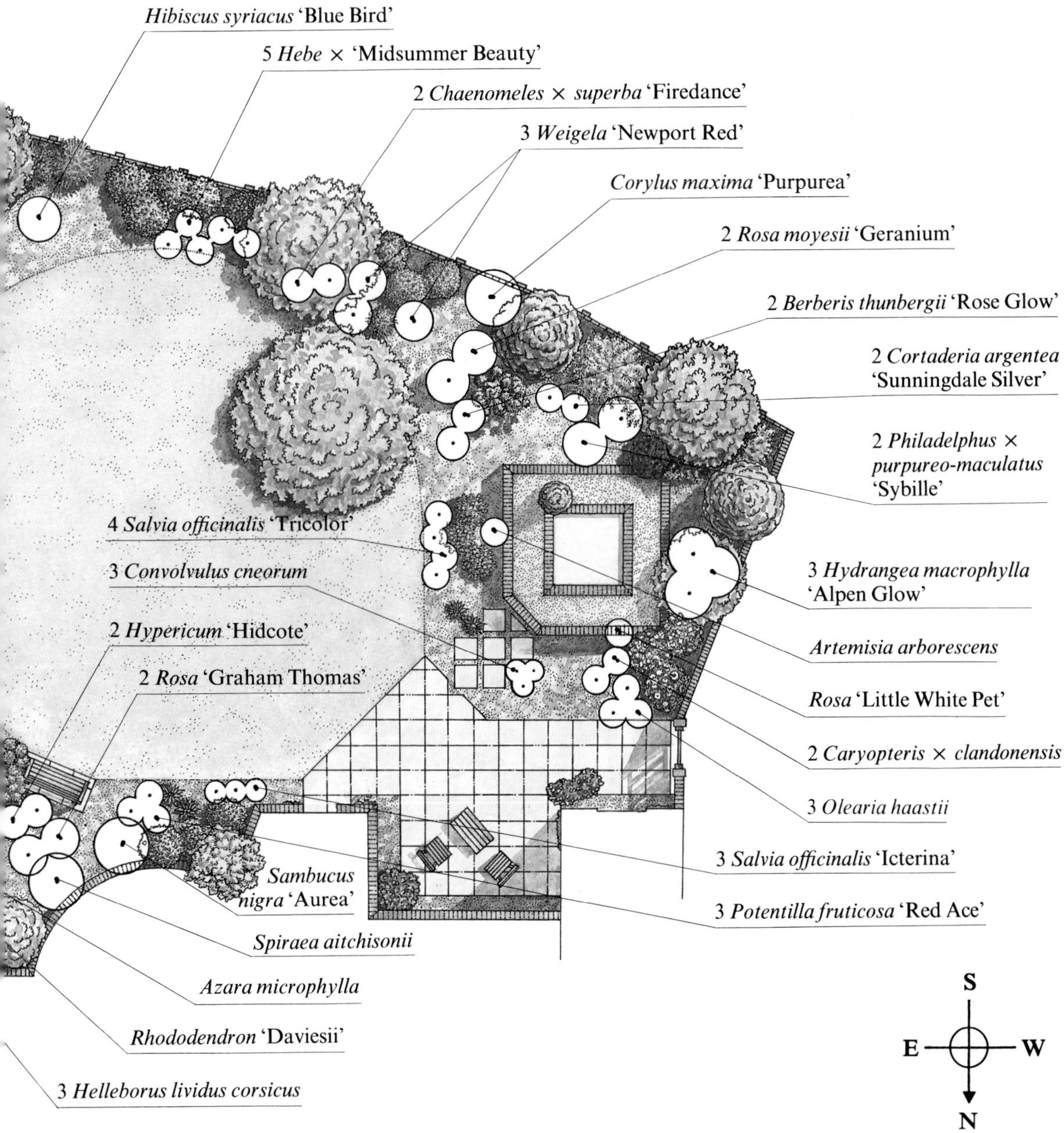

Hibiscus syriacus 'Blue Bird'

5 *Hebe* × 'Midsummer Beauty'

2 *Chaenomeles* × *superba* 'Firedance'

3 *Weigela* 'Newport Red'

Corylus maxima 'Purpurea'

2 *Rosa moyesii* 'Geranium'

2 *Berberis thunbergii* 'Rose Glow'

2 *Cortaderia argentea* 'Sunningdale Silver'

2 *Philadelphus* × *purpureo-maculatus* 'Sybille'

4 *Salvia officinalis* 'Tricolor'

3 *Convolvulus cneorum*

2 *Hypericum* 'Hidcote'

2 *Rosa* 'Graham Thomas'

3 *Hydrangea macrophylla* 'Alpen Glow'

Artemisia arborescens

Rosa 'Little White Pet'

2 *Caryopteris* × *clandonensis*

3 *Olearia haastii*

3 *Salvia officinalis* 'Icterina'

3 *Potentilla fruticosa* 'Red Ace'

Sambucus nigra 'Aurea'

Spiraea aitchisonii

Azara microphylla

Rhododendron 'Daviesii'

3 *Helleborus lividus corsicus*

S

E — W

N

Perennials

The decorative qualities of perennials are undeniable. What style of planting could be more decorative than the traditional English border made up entirely of herbaceous perennials, all planned to make a magnificent colorful splash in summer? In addition to their decorative qualities, carefully planted perennials can be expected to reach full size in a single season, making the planning of their planting positions easier than for a tree or shrub. There are some disadvantages to growing perennials, however. Borders devoted to herbaceous perennials look empty during the winter months when the plants lie dormant, and careful maintenance is required. Taller-growing species need the support of stakes or frames to prevent wind damage.

In a mixed planting scheme, such as the one you have seen developing, the disadvantages associated with planting perennials are minimized while their decorative qualities are emphasized. You will see opposite and on pages 26 and 27 how their flowers make a strong contribution to the color scheme of the garden while the leaves provide contrasts of shape and texture. Usually it is not necessary to provide extra supports for tall-growing perennials in a mixed scheme, since they are shielded from the wind by the shrubs planted around them.

Since the garden is comparatively full of plants by this stage of the decorative infill planting, the following pages feature separate plans for different areas of the garden, working around the color spectrum. The first is the yellow and gold area of planting.

Perennials in a mixed planting scheme *In a mixed planting scheme such as the one below, the perennials (including alchemilla and bold euphorbia, ornamental grass, trollius, rheum and hosta) contribute flower colors, leaf shapes and myriad textures, among shrubs and other plant types.*

Yellow and gold

The decorative infill planting of perennials nearly completes the planting plan for the area of the garden shown below, looking north (see inset plan).

Next to the garden seat, the gray foliage of *Achillea* 'Moonshine' cools the orange-flowering potentilla and golden elder behind – its lemon-colored flowers are good for drying. On either side of the pergola, perennials provide continual color interest starting with the late spring flowering *Geranium pratense*, followed by the greeny-yellow foxglove flowers of *Digitalis grandiflora*, hemerocallis, alchemilla and the lemon-flowering *Anthemis tinctoria*. Yellow ligularia, heliopsis and rudbeckia flower in late summer, and the charming white *Anemone × hybrida* flowers in autumn.

Rudbeckia fulgida *This species of black-eyed Susan is a long-lived perennial, whose flowers persist throughout late summer.*

Heliopsis helianthoides scabra

Hemerocallis *hybrid A mass of showy flowers.*

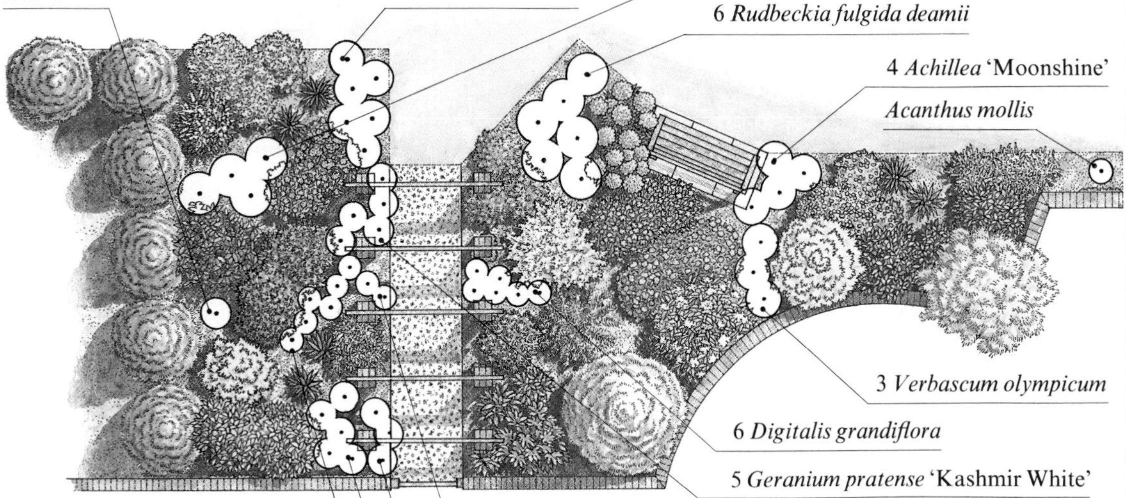

Heliopsis helianthoides scabra

6 *Anthemis tinctoria* 'E.C. Buxton'

4 *Ligularia stenocephala* 'The Rocket'

6 *Rudbeckia fulgida deamii*

4 *Achillea* 'Moonshine'

Acanthus mollis

3 *Verbascum olympicum*

6 *Digitalis grandiflora*

5 *Geranium pratense* 'Kashmir White'

2 *Alchemilla mollis*

3 *Polygonum filiforme* 'Variegata'

5 *Anemone × hybrida* 'Alba'

6 *Hemerocallis* hybrid

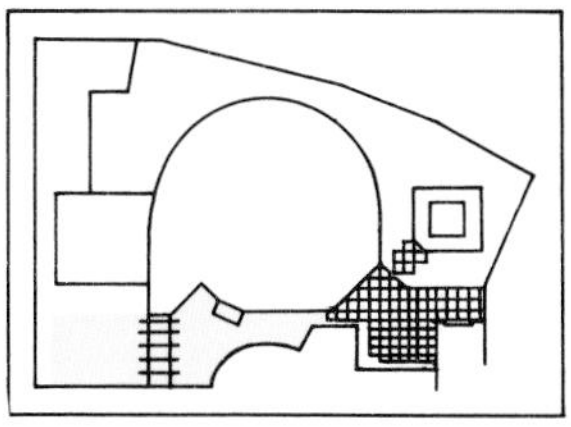

Location in the garden

Sketch of the mature planting seen from the lawn

White, pink and blue

The northeast curve of the garden shown below, has room for two large-scale perennials that make a dramatic display throughout the summer. The first, *Crambe cordifolia*, has large dark green leaves, above which rises a foam of tiny, fragrant white flowers to 2 m (6½ ft). It provides a striking contrast to the clear blue campanula bells and agapanthus blooms that grade down toward the front of the border in front of it. The second is the 2 m (6½ ft) Scotch thistle, *Onopordon acanthium*, with its huge prickled form of woolly leaves and unmistakable purplish-blue flowers. It is fronted by bright blue asters and cranesbill (*Geranium* 'Johnson's Blue'), interspersed with *Iris pallida* 'Variegata'. White-flowering phlox, chrysanthemums and hostas complete the border.

Chrysanthemum maximum *Commonly called the Shasta daisy, this perennial provides a mass of snow-white flowerheads.*

Hosta sieboldiana *'Elegans' A robust, handsome hosta.*

Phlox douglasii *'Mabel' Forms an evergreen hummock.*

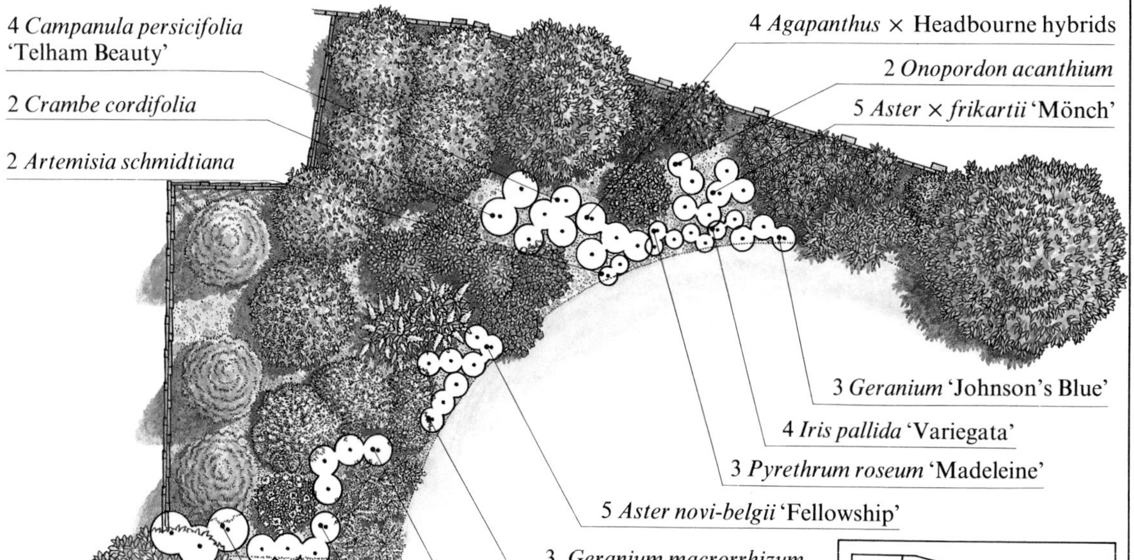

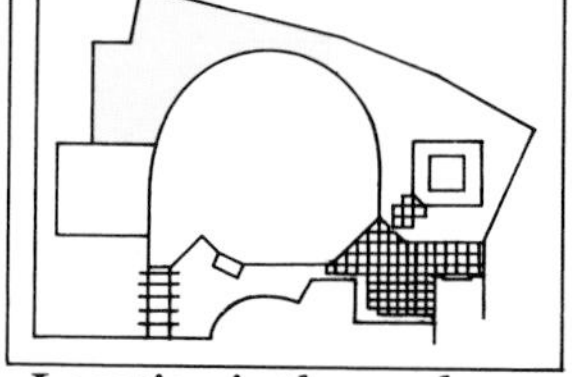

4 *Campanula persicifolia* 'Telham Beauty'

2 *Crambe cordifolia*

2 *Artemisia schmidtiana*

4 *Agapanthus* × Headbourne hybrids

2 *Onopordon acanthium*

5 *Aster* × *frikartii* 'Mönch'

3 *Geranium* 'Johnson's Blue'

4 *Iris pallida* 'Variegata'

3 *Pyrethrum roseum* 'Madeleine'

5 *Aster novi-belgii* 'Fellowship'

3 *Geranium macrorrhizum* 'Walter Ingerwersen'

4 *Phlox douglasii* 'Mabel'

4 *Chrysanthemum maximum*

3 *Hosta sieboldiana* 'Elegans'

Sketch of the mature planting seen from the lawn

Location in the garden

Red and purple

Perennials at the top left of the red and purple border, the hostas and Japanese anemones, are in fact white flowering. Red and purple are rich, heavy colors and look better if lightened with plenty of white. In the shade of the large cherry is a drift of light red-flowered pulmonaria, which merges with the late summer-flowering, deep purple *Salvia × superba*.

Two magnificent *Rheum palmatum* 'Atropurpureum' are sited at the corner of the pond, so that they can be seen from the house across the water. Once established, their thick fleshy stems give rise to big purple-tinged leaves and typical creamy rhubarb flowers. Deep-red-flowering knotweed (*Polygonum amplexicaule* 'Atrosanguineum') is close to the pond, while the slabs leading to it are covered by ajuga.

Salvia × superba *The dense purple spikes of this sage hybrid are composed of tiny violet flowers and red-purple bracts.*

Pyrethrum roseum 'Brenda' *Blooms in early summer.*

Polygonum amplexicaule 'Atrosanguineum'

4 *Anemone × hybrida* 'Alba'

4 *Hosta sieboldiana*

4 *Pulmonaria rubra* 'Bowles Red'

3 *Pyrethrum roseum* 'Brenda'

2 *Rheum palmatum* 'Atropurpureum'

3 *Polygonum amplexicaule* 'Atrosanguineum'

4 *Salvia × superba*

5 *Ajuga reptans* 'Burgundy Glow' (among stepping slabs)

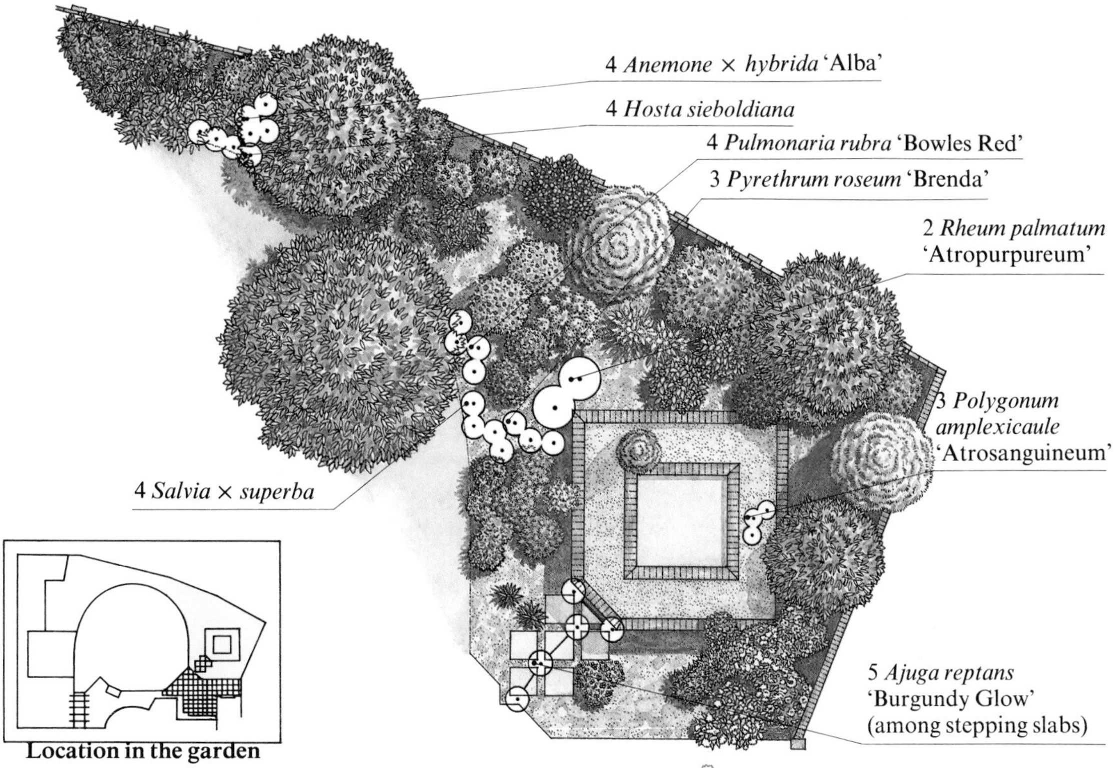

Location in the garden

Sketch of the mature planting seen from the lawn

Bulbs

One of the last steps in building up a planting plan is to consider the bulbs that can either grow through other plant masses, or become naturalized in turf for a wonderful display in spring.

You will see in the plan of the garden below how narcissi and crocuses are naturalized in the rough grass area to the left. The narcissi, 'February Gold' and 'W.P. Milner', are both early-flowering varieties that will flower and die back to allow the grass area to be mowed before midsummer. They are also fairly small varieties and so are less likely to be blown down in the wind early in the year. The shapes of the drifts of bulbs through the grass area reflect the overall design of the garden and particularly the position of the old apple trees and piece of sculpture. At

the foot of the sculpture there is a bright splash of *Crocus chrysanthus* 'Zwanenburg Bronze'.

Other bulbs in the garden are planted in the most relevant colored border. Lily-flowered tulips of suitable colors have been chosen for their informal look, and also small Kaufmannia tulips, for their water lily-like flowers. Other springtime favorites include crown imperials: the deep red-brown *Fritillaria imperialis* 'Rubra Maxima' in the yellow border, and some of the rarer purple *F. persica* behind the pond.

For early summer interest, and particularly their scent, masses of *Lilium regale* are sited in the light shade of the north-facing side of the garden. For late summer flowers, there are summer hyacinths (*Galtonia candicans*) in the yellow border.

Narcissus 'February Gold' *Late winter color.*

Galtonia candicans *Commonly called the summer hyacinth.*

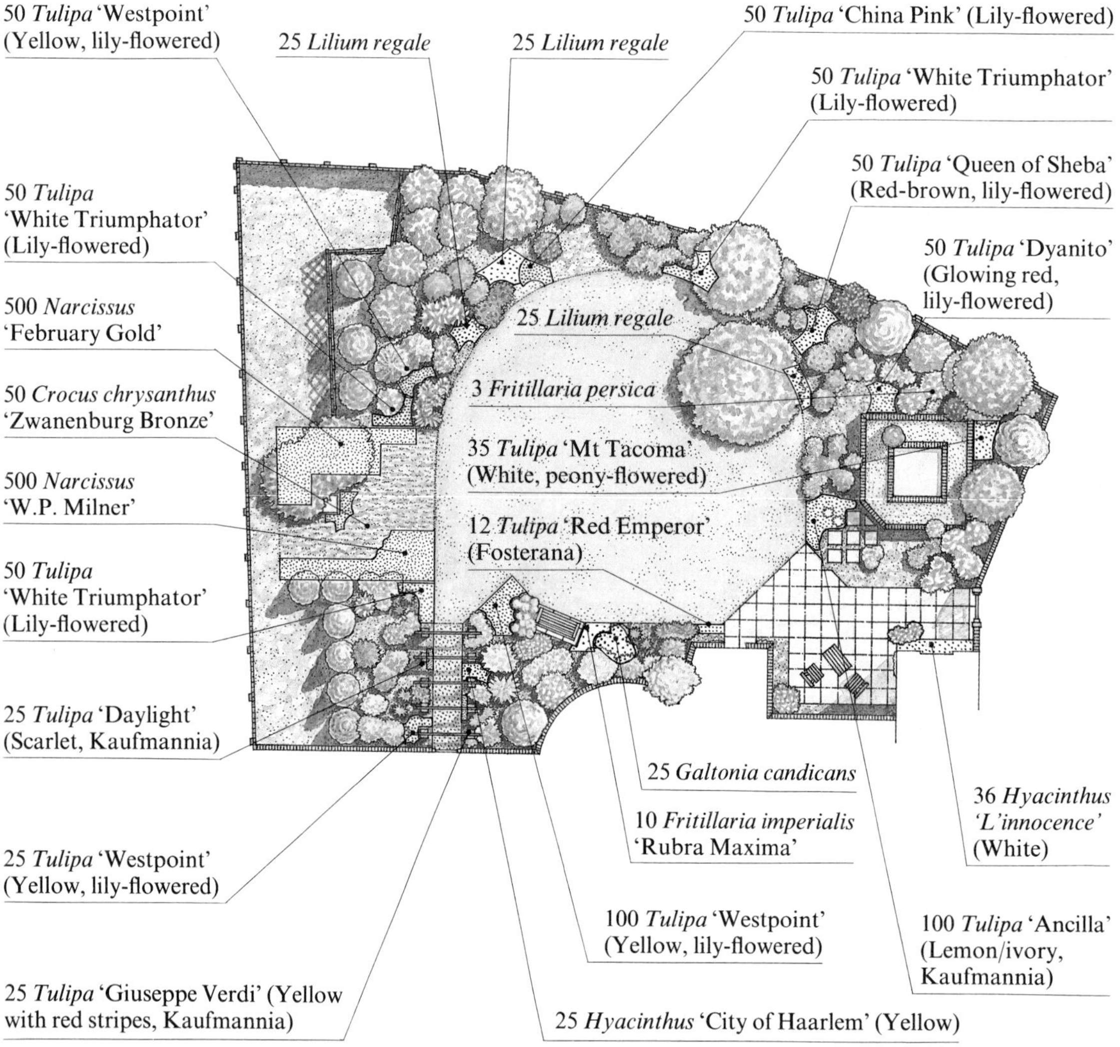

---

50 *Tulipa* 'Westpoint' (Yellow, lily-flowered)

25 *Lilium regale*

25 *Lilium regale*

50 *Tulipa* 'China Pink' (Lily-flowered)

50 *Tulipa* 'White Triumphator' (Lily-flowered)

50 *Tulipa* 'Queen of Sheba' (Red-brown, lily-flowered)

50 *Tulipa* 'Dyanito' (Glowing red, lily-flowered)

50 *Tulipa* 'White Triumphator' (Lily-flowered)

500 *Narcissus* 'February Gold'

50 *Crocus chrysanthus* 'Zwanenburg Bronze'

500 *Narcissus* 'W.P. Milner'

50 *Tulipa* 'White Triumphator' (Lily-flowered)

25 *Tulipa* 'Daylight' (Scarlet, Kaufmannia)

25 *Tulipa* 'Westpoint' (Yellow, lily-flowered)

25 *Tulipa* 'Giuseppe Verdi' (Yellow with red stripes, Kaufmannia)

25 *Lilium regale*

3 *Fritillaria persica*

35 *Tulipa* 'Mt Tacoma' (White, peony-flowered)

12 *Tulipa* 'Red Emperor' (Fosterana)

25 *Galtonia candicans*

10 *Fritillaria imperialis* 'Rubra Maxima'

100 *Tulipa* 'Westpoint' (Yellow, lily-flowered)

25 *Hyacinthus* 'City of Haarlem' (Yellow)

36 *Hyacinthus* 'L'innocence' (White)

100 *Tulipa* 'Ancilla' (Lemon/ivory, Kaufmannia)

Annuals and biennials

Annuals and biennials are excellent for providing a bright color close to a house or terrace, or for creating a temporary focal point among more somber plant masses. Although they are a short-lived feature, many have a longer flowering period than the other types of plant in a mixed scheme.

Annuals and biennials in this garden are included in the red and purple border, particularly between the house and the pool. Between the stepping-stone slabs to the pool and the purple ajuga are forget-me-nots, which are recurrent self-seeders. Beyond these is a white ageratum mass around the feature purple phormium, with three deeply scented heliotrope beyond. On either side of the path is a mass of pale blue single petunias.

Nicotiana sylvestris *This is a robust species of tobacco plant that grows to 1.5 m (3 ft) or more, and is sweetly scented.*

Digitalis purpurea *The common foxglove.*

Heliotropium cultivar *The sweet 'cherry pie'.*

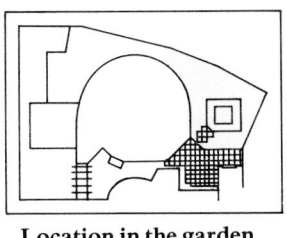

Location in the garden

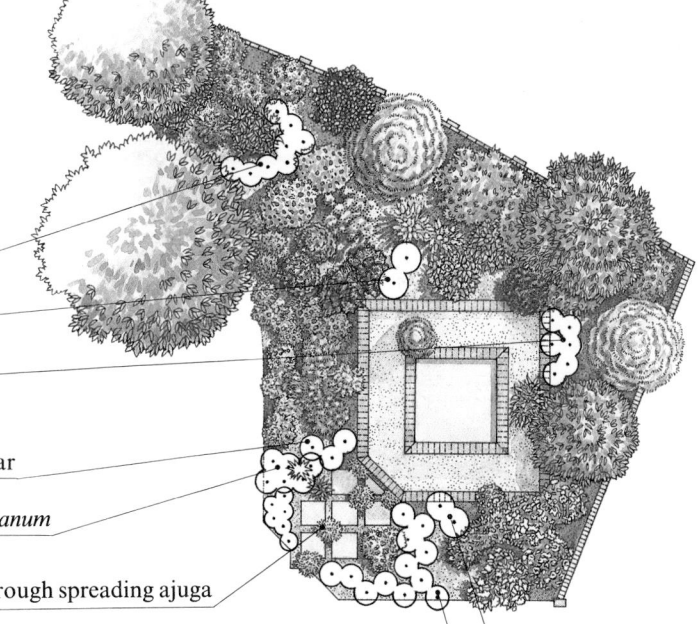

8 *Digitalis purpurea*

2 *Dahlia* 'Doris Day'

5 *Nicotiana sylvestris*

3 *Heliotropium* cultivar

12 *Ageratum houstonianum*

Myosotis sylvatica through spreading ajuga

2 *Helichrysum* 'Sulphur Light'

Exchange with lemon-flowered wallflowers for spring

12 *Petunia* × *hybrida* (Pale blue)

Sketch of the mature planting seen from the lawn

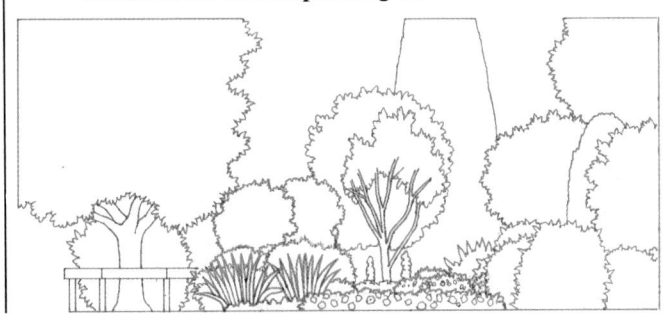

The pool

The small formal pool in the garden is made of poured reinforced concrete. There are shelves to provide an area of damp, boggy soil along one side, and an area under only 75 mm (3 in) of water along another. The remainder of the pool is the full depth of 37.5 cm (15 in).

The smallness of the pool and simple styling call for an uncomplicated planting plan. The damp soil section of the pool is reserved for six *Primula bulleyana*. These have buff-orange flowers and reach a height of between 45–60 cm (1½–2 ft) in damp conditions as long as the soil is rich and incorporates some drainage material to prevent complete waterlogging.

On the shallow-water shelf, white-flowering marsh marigolds (*Caltha palustris* 'Alba') are planted next to the handsome variegated leaves of the blue-flowering *Iris laevigata* 'Variegata'. Among the irises are blue water forget-me-nots (*Myosotis scorpioides*).

In the center of the deep-water section of the pool there is a single water lily (*Nymphaea* 'Sioux') alongside two water hawthorns (*Aponogeton distachyos*) which produce white flower spikes above simple, dark-green floating leaves.

The planting of true aquatics and marginal plants is limited in a small pool such as this. Just as important for the overall effect of the water is the planting in the naturally dry soil of the garden that surrounds the pool (see the plans on pp.16–23 and p.27).

Since the pool is to be stocked with fish and water snails, oxygenating pond weed (*Elodea crispa*) is the final plant in the scheme.

Nymphaea *'Sioux'*
An elegant white water lily.

Caltha palustris
The marsh marigold is clump-forming.

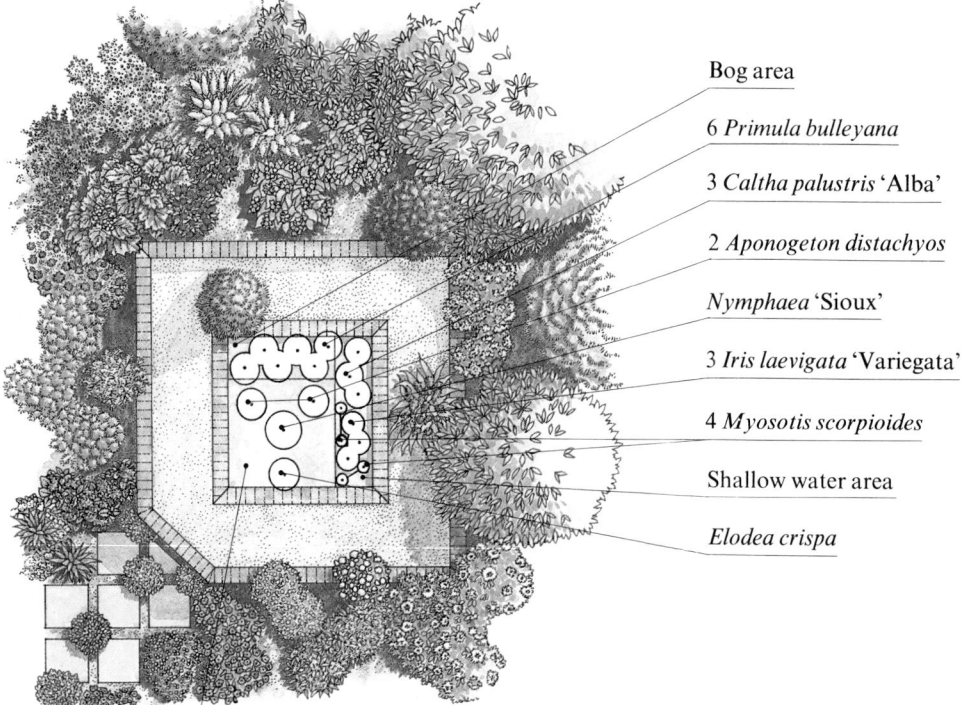

Bog area

6 *Primula bulleyana*

3 *Caltha palustris* 'Alba'

2 *Aponogeton distachyos*

Nymphaea 'Sioux'

3 *Iris laevigata* 'Variegata'

4 *Myosotis scorpioides*

Shallow water area

Elodea crispa

Full depth area

Location in the garden

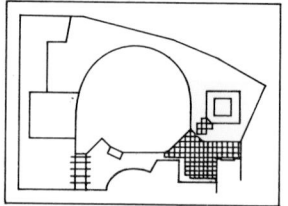

Sketch of the mature planting seen from the lawn

The conservatory

The arrangement of house and garden walls by the door that leads onto the terrace of the garden provides the option of making a simple conservatory by joining two wall corners and roofing the enclosure with glass. The south-facing aspect would make this conservatory a superb location for a collection of cacti and succulents.

The range of visual characteristics displayed by cacti and succulents, with their fleshiness, spines and exotic blooms, is different to most garden plants, but you should approach their arrangement in a similar way. You can see, below, how masses of small, highly decorative plants (such as kalanchoes and epiphyllums) are set against larger background specimens, particularly the spiny columns of *Cereus jamacaru*.

Kalanchoe blossfeldiana *The natural flowering season for kalanchoes is late winter to early summer.*

Epiphyllum × *'Best of All' An exotic jungle cactus.*

Opuntia microdasys albispina

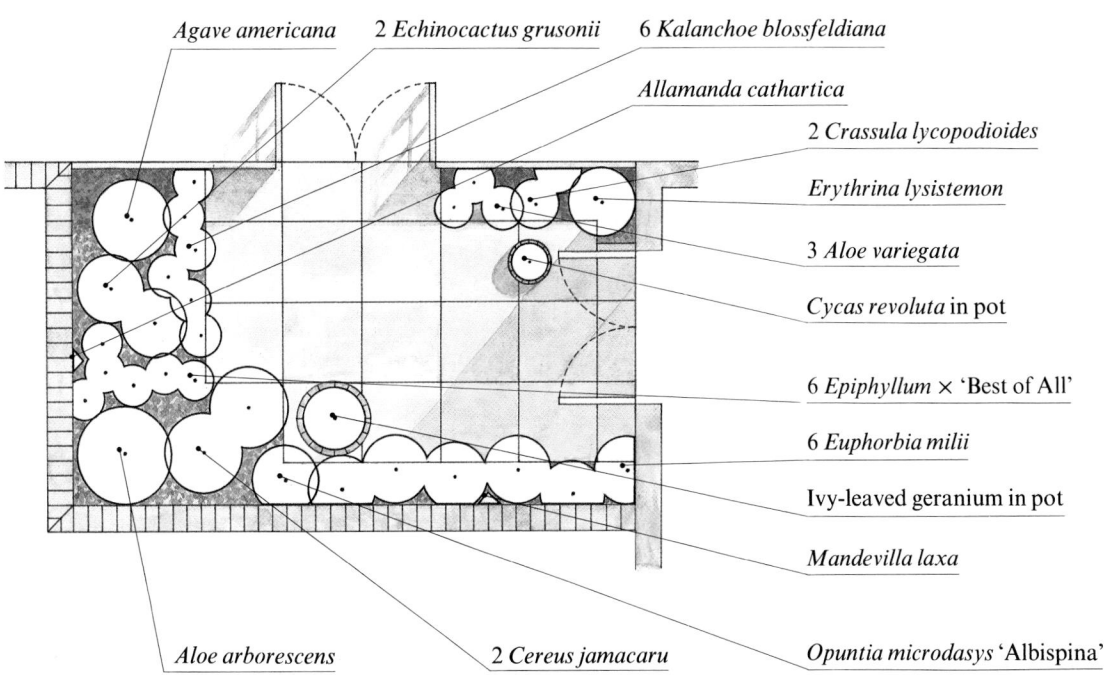

Agave americana
2 *Echinocactus grusonii*
6 *Kalanchoe blossfeldiana*
Allamanda cathartica
2 *Crassula lycopodioides*
Erythrina lysistemon
3 *Aloe variegata*
Cycas revoluta in pot
6 *Epiphyllum* × 'Best of All'
6 *Euphorbia milii*
Ivy-leaved geranium in pot
Mandevilla laxa
Aloe arborescens
2 *Cereus jamacaru*
Opuntia microdasys 'Albispina'

Sketch of the mature planting seen from the lawn

Key
△ Climber

Location in the garden

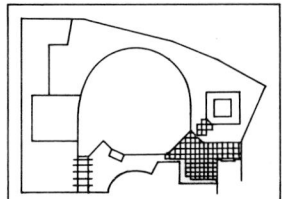

The maturing garden

When the planting plan of a garden is finished and planting itself is complete, you can watch with satisfaction as your three-dimensional picture takes shape. As the seasons pass, you must judge the successes and failures of your plan, changing plant positions if necessary, and undertaking seasonal maintenance (see under "Aftercare" on pp. 34–48). Plant growth and your management of it will always make this year's garden slightly different to last year's – surely one of the great joys of gardening.

Incidental decoration

It is not just the growth of plants that changes a garden subtly from year to year. There are a number of decorative details you can introduce into a garden to great effect, the most popular being planted pots and containers for patios, terraces, paths and steps. These should be treated as an extension of decorative infill planting and deserve careful siting. It is usually best to choose pots and containers in simple, bold shapes that do not compete with the decorative qualities of the plants in them. Choose materials – wood, terracotta, concrete, reconstituted stone or fiber glass – that complement the style of your garden and the structures that surround it.

Occasionally you might be tempted to use a piece of incidental sculpture (or at least some object that has sculptural qualities) combined with plants. This could be an old terracotta oil jar against bold spiky plants, or a concrete sphere among bergenia leaves. Smooth rock shapes have a classic Japanese feel and might be grouped by a pool to alter a section of the garden, even if only for a season.

Complementary pot *This simply planted pot in reconstituted stone is the perfect complement to a secluded step.*

Bronze geese, below *This pair of bronze geese looks charming beneath some fruit trees. Like most successful garden pieces, they have simple lines and subdued color.*

PLANTING
your garden

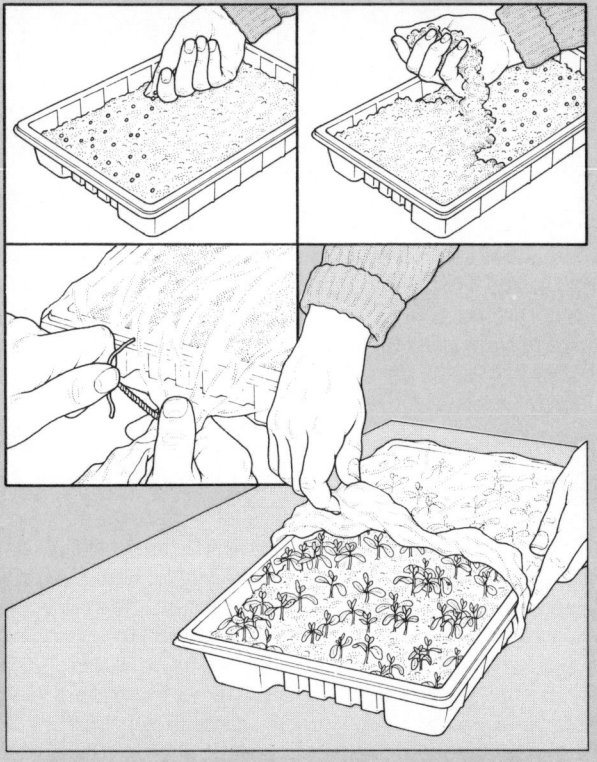

Where, when and how to buy
healthy plants. Planting
techniques and aftercare.
Symptoms and treatment
of common pests and diseases.

Trees, Shrubs & Climbing Plants

Trees, shrubs and climbing plants require little or no maintenance after the first two or three years, as long as they are given a good start in life. Time spent in choosing healthy specimens and planting them correctly will be repaid by years of trouble-free growth.

Selecting the right plants

Good quality saplings are not cheap, so it is important to select a healthy specimen with good potential for growth, and one which will flourish in your particular garden. It is worth looking closely at what is being grown successfully in nearby gardens, as well as checking that the plant you choose will have enough space to grow to maturity. The ultimate size of each species is given in the charts on pages 50 to 125, and suitable planting distances are suggested on page 11. (See pp.18–23 for advice on selecting trees, shrubs and climbing plants for your garden.)

Where to buy trees and shrubs

If you can, it is advisable to buy trees and shrubs from a specialist nursery. You can be sure the plants will have received expert care, and because they will have been grown in open ground, they will have an extensive and flourishing root system. Such nurseries are also the least expensive source of good plants. The disadvantage of buying from a specialist nursery is that because trees and shrubs can only be transplanted when they are dormant (from late autumn to early spring), some advance planning is necessary. If there are no nurseries near you, you can buy plants by mail order (see pp.246–7 for a selection of specialist suppliers).

Garden centers can also be a source of good-quality trees and shrubs, and because their plants are containerized, they can be planted out at any time of year, as long as the ground is not frozen or waterlogged. There is, however, a greater risk that containerized plants will be damaged or weak. They have usually suffered root-pruning in order to get them into the pots, and may have had to survive irregular or indifferent watering by untrained staff. In addition, containerized plants usually stand outside in rows where they can be blown over by the wind, or frozen solid during frosty spells.

Choosing a healthy tree or shrub

Aim to choose small, young trees and shrubs that are strong and healthy, rather than larger specimens, because their roots will be less damaged in the move. Young trees will, however, require training (see "Pruning", p.36).

If you are buying evergreens, or deciduous saplings in summer, look for healthy green leaves with a firm texture and young shoots with plenty of leaves, either mature or developing. Specimens with small, yellowish, flaccid or misshapen leaves should be avoided. Shrubs should have at least three main stems, ideally each with several side stems.

Selecting a good deciduous tree or shrub in winter when there are no leaves as a guide is more difficult. The stems made the previous growing season (that is, those with buds on) should be well-grown and healthy looking. If they are thin and short – that is, on all but dwarf shrubs, less than 10 cm (4 in) long – the plant should be avoided. Poor growth such as this indicates either that the plant is weak and its roots are performing inadequately, or that it has been starved of essential nutrients. A starving plant will soon recover its vigor when planted out in good soil, but it is impossible to tell if underfeeding is the cause of its ill health without trying this remedy.

Buying climbing plants

Climbing plants are always containerized – their sprawling growth makes growing them in open ground, and then transplanting them, impractical. However, containers are not an ideal solution, since climbing plants grow rapidly and therefore soon become potbound, with insufficient soil around their roots to provide adequate supplies of food and water. Potbound plants have small growing-points, or none at all, and skimpy pale or yellowish leaves. Any plants with these symptoms should be avoided. Look instead for plants that have strong leading stems with, in springtime, unfolding leaves or, in winter, plenty of embryo buds (showing as small bumps on the stems).

Preparing the soil

Young trees, shrubs and climbers respond well to a good start in life. They need a fertile soil: humus (provided by organic matter) is the key to this. Well-rotted manure, properly made garden compost, or leaf mold cannot be bettered, but if these are not available, peat is a clean and readily available alternative source of organic matter, and is not too expensive if bought in the largest possible bales. Peat is low in nutrients, however, so you will need to add a handful of granulated general fertilizer.

You will need one 8-litre (2-gallon) bucketful of humus for each plant. For trees and shrubs, this can be incorporated into the soil as you plant (see below), but climbing plants require a larger area of rich soil in order to thrive. For them, dig a hole 45–60 cm (18–24 in) square and a full spade's depth and work in the humus. If you are planting at the foot of a wall, your hole should be at least 30 cm (12 in) away from it. Check there is no rubble or subsoil at the site: if there is, it should be removed completely and replaced with good topsoil and humus.

Planting

If you cannot plant a containerized specimen immediately, you must water it regularly. When you are ready to plant, dig a hole twice as wide and a little deeper than the container. Loosen the soil in the bottom of the hole with a fork and work in some humus. Push in a support if necessary – see "Staking trees and shrubs", below. Remove the container (if it is a plastic sleeve, you can simply slit it down the sides). Position the plant so that the top of the root-ball is a little below the surrounding soil level, then fill the hole in with a mixture of soil and the rest of the humus. Firm the soil down with your foot or fist, then add more soil and firm again, so that you are left with a shallow depression. This will channel water down to the roots.

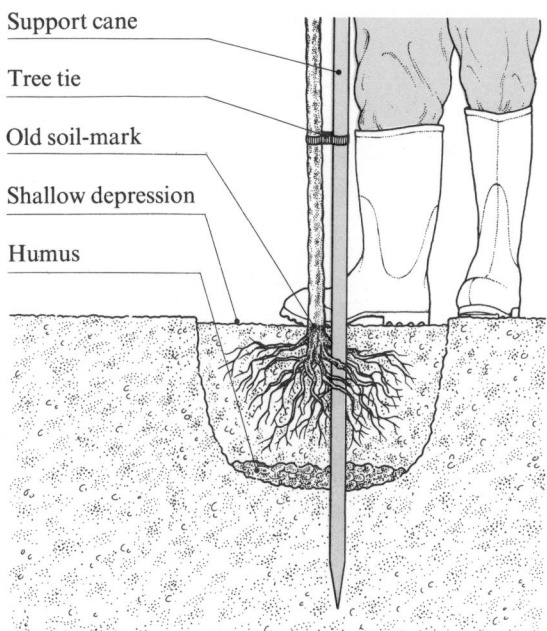

Support cane

Tree tie

Old soil-mark

Shallow depression

Humus

Planting bare-rooted trees and shrubs *Dig a hole larger than the root ball and fork in humus. Insert a support if required and position the plant so its soil-mark is at ground level when the hole is filled in.*

Bare-rooted plants bought from nurseries should be planted as soon as possible. If you cannot plant them immediately, you should keep them cool and ensure the roots are moist – one way to do this is to dig a shallow trench, prop the plants in it and cover their roots lightly with damp soil. When planting bare-rooted plants, remember that each tree or shrub will have an extensive root system, and the hole you dig must be wide enough to accommodate these roots when spread out, and deep enough so that the soil-mark on the stem is at ground level.

Evergreens bought from nurseries are usually not completely bare-rooted, but have their root balls wrapped in burlap or heavy plastic. This is because these plants suffer greatly if their roots are allowed to dry out. It is vital to keep the root ball intact to avoid damage to the fine, fibrous roots. You should, therefore, treat them as if they were containerized.

Growing trees, shrubs and climbing plants in containers

Only certain small trees, shrubs and climbing plants are suitable for growing in containers (see the charts on pp.52–125 for recommended species). Shrubs and climbers require a 30–40 cm (12–16 in) container, and small trees a 40–60 cm (16–24 in) one.

The first thing to put into each container is a 2–4 cm (1–1½ in) layer of "crocking" (pot shards) to aid drainage. Cover this with a layer of potting compost (soil-based ones are best for permanent planting) so that when the plant is placed on it the old soil-mark on the stem is about 4 cm (1½ in) below the rim of the container. Firm more compost around the plant until you reach the soil-mark, leaving room to water the plant.

A regular watering routine is essential. Check the plants daily in warm weather and water whenever the soil is dry. In winter, natural rainfall is usually sufficient. Do not place containers in trays, as heavy rain may result in plants "drowning" in the excess water.

After the first growing season, the plants should be given liquid fertilizer every two weeks during the summer. Top-dress the plants annually in spring from the third year onwards: strip off the top 5 cm (2 in) layer of compost and roots and replace with fresh compost. Plants in containers require extra protection from the cold as their roots are liable to freeze solid.

Planting in a container
Put in large crocking and drainage and cover with a layer of potting compost. Place the plant on top and firm more compost around it. The old soil-mark should be below the container rim.

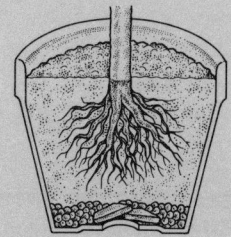

Staking trees and shrubs

A support should be unnecessary, but for a tall or top-heavy specimen, specially in a windy site, push a short, stout stake into the planting hole so that it will be next to the root ball when you put the plant in. Secure the base of the tree or shrub to the stake with a purpose-made tree tie. Remove this stake one or two years later when the plant is established. This is important because if a tree or shrub becomes dependent upon a support it usually fails to build up a strong wind-resistant stem and root system.

Supporting climbing plants

All climbing plants need a support for life, so whatever method is chosen, it must be secure (unless you are growing short-lived annuals – these can be trained up flimsier temporary structures). Make sure all wooden poles, stakes and trellises are treated with a preservative (check the label to make sure it will not harm plants). Set poles deeply, ideally in a concrete base. Unless clinging climbers are grown, attach trellis work or wires to supporting walls. Screw strong hook-eyes into the brickwork using wall plugs, and stretch strong galvanized wire between them. Tall, dead tree stumps can be wired or draped with strong plastic netting. To encourage a climber to grow up into a tree, attach it to a strong cane propped up against the lowest branch of the tree.

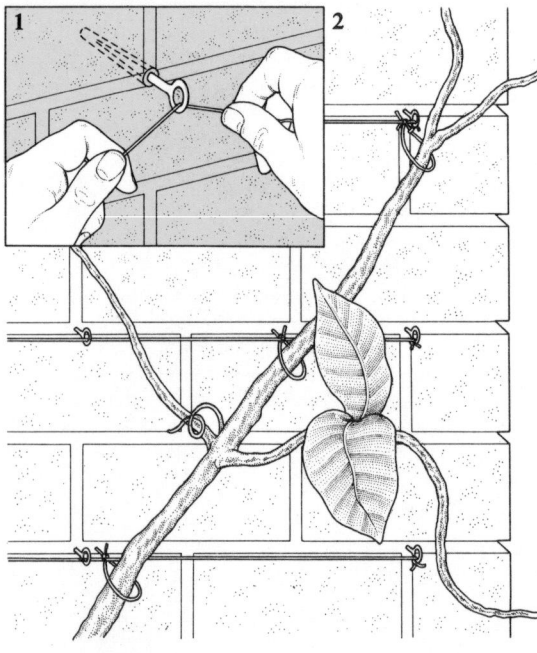

Wiring a wall *Plug the brickwork, screw in strong hook-eyes, and stretch galvanized wire between them* (1). *Tie the climbing plant loosely to the wires* (2).

Aftercare

Water thoroughly during dry spells for the first year following planting. Pay particular attention to climbers grown against walls, specially where there are overhanging eaves or trees: such areas are often dry even after rain. Once the roots of climbers have grown down deep into the soil they can usually cope, but be ready to water any time they show signs of flagging. Every year, in early summer, apply a mulch of organic matter and a light dressing of general fertilizer (approximately 60 g per m²/2 oz per yd²).

Pruning

Trees require little if any pruning for several years as long as they were well grown in the nursery: the most that should be necessary is to remove dead or untidily placed stems or branches. However, some very young trees may require training. This should be done when the tree is dormant, from late autumn to early spring. The youngest trees consist of a main stem or leg with a number of one- to two-year-old branches which will eventually form the framework of the mature tree. Ideally, there should be five or more, and they should be evenly spaced. If there are less than four stems, cut them back by about one half to encourage a more branched habit. Always make the pruning cut just above an outward-facing bud. This will ensure an open, shapely head of branches in the future.

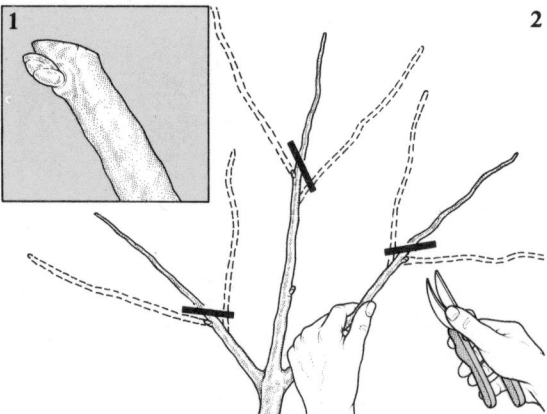

Encouraging a bushy shape *Prune at an angle, close to an outward-facing bud* (1). *Cut young stems back by half. Two new stems will develop in each case* (2).

Shrubs, like trees, require little if any pruning if they were well grown before purchase. Very young specimens or those with only two or three stems will be bushier and more shapely if they are cut back by one-third to one-half as soon as you get them home. In subsequent years, shrubs grown solely for their flowers perform better if pruned each year; spring flowerers must be cut back immediately after blooming, summer and autumn ones must be pruned the following winter or early spring. Remove half to three-quarters of each flowered stem. This pruning is not essential but it is recommended for shrubs of a naturally untidy habit, for example, *Weigela*, *Forsythia*, *Deutzia*, deciduous *Ceanothus* and *Buddleia davidii*.

Most climbers can be allowed to grow unrestricted as long as there is enough room for them to grow to their full size. If you know that a climber will eventually outgrow its support, it is best to follow an annual pruning routine, beginning the spring following planting. For this initial pruning, reduce the length of the existing stems by about half. This will encourage side stems to grow from low down on the main stem, or at ground level. If less than four new side stems develop, pinch out their tips when they are about 30 cm (12 in) long. This first hard pruning will prevent the formation of a leggy stem with all the growth at the top. The new stems that will grow as a result can be tied to their support in a fan shape to become the framework of the mature plant. Once this framework is established, any further pruning should be done after flowering or when the plant is dormant, from late autumn to early spring, removing shoots or even whole stems where they have become congested. Exuberant climbers (marked "Fast-growing" on the charts on pp.118–25) should be pruned annually: cut the stems back by as much as two-thirds and tie them in. If left, they can become an unmanageable tangle. It is therefore important to choose a species suitable in height for the site intended.

Pests and diseases

Although these plants are not specially prone to pests keep an eye open for damage on newly planted specimens. If problems are spotted early, they are more likely to be kept under control. Leaves are the food-processors of the plant and anything that destroys them must be promptly controlled. The most common pests are sap-sucking insects. Aphids (greenfly and blackfly) flourish in spring and summer, and shrubs can also be attacked in spring by the cuckoo-spit stage of the froghopper insect. Stunted and distorted new growth is the most easily visible sign of attack by sap-suckers – on closer examination you will see the tiny insects themselves. Spray with malathion, diazinon or pyrethrum at the first sign of attack (you will have to use a forceful jet to get at the froghoppers). Malathion is also the best cure for shrubs and climbers attacked by caterpillars or earwigs; signs of attack are curled or eaten

Growing shrubs against walls and fences

Any shrub can be trained against a wall unless it has a weeping or wide-spreading shape. Wall shrubs should be planted and pruned in the same way as shrubs grown in open ground but in addition, all outward-growing branches should be removed as soon as they appear. Vigorous, weak-stemmed shrubs (for example, most roses) will also need to be tied in to a support regularly like true climbing plants.

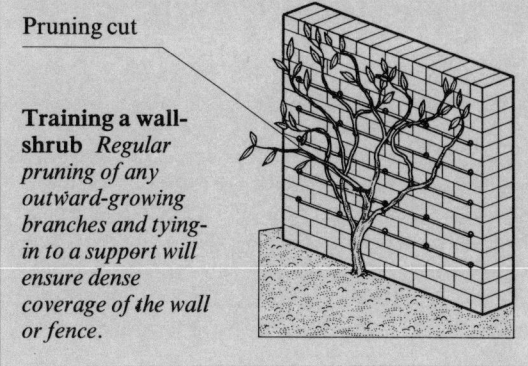

Pruning cut

Training a wall-shrub *Regular pruning of any outward-growing branches and tying-in to a support will ensure dense coverage of the wall or fence.*

leaves and flowers. The best time to spray plants is on a calm, dull day: wind will blow the pesticide onto other plants, and bright sun may affect the chemicals.

One of the most common pests is the caterpillar of the winter moth. A bad attack can sometimes almost defoliate a young tree. The moth's eggs are laid in winter and hatch as the young leaves expand. The small, green caterpillars feed inside a spun-together leaf and are not easy to see. If there are signs of leaves being eaten, spray immediately with malathion, diazinon or pyrethrum. You can stop the tree being attacked again the following year by spraying it in winter with dormant oil sprays to kill the eggs. This will also kill overwintering aphid (greenfly) eggs.

Clematis can be attacked by clematis wilt. Young stems or whole young plants suddenly wither and die when in full growth. The biology of this wilt is not fully understood, but dowsing the whole plant and root system with dinocap sometimes effects a cure.

Many roses, specially the bush and cluster-flowered sorts, are susceptible to blackspot. This appears as black patches on leaves and can, in a bad attack, result in leaf fall. Spray with captan, zineb or maneb, repeating as necessary through the summer. Some roses also suffer from attacks of mildew. This should be treated at the first sign of attack, which is a white coating to the leaves. Dinocap or benomyl can be used against this. Best of all, try to buy cultivars that are known to be resistant.

Perennials

If they are planted in well-prepared soil and given an annual feed and tidy-up, most perennials will live for many years. There are perennials to suit every situation and you can ensure yearlong interest if you choose your plants carefully (see pp.24–7 for advice on selecting perennials for your garden).

Buying perennials

Specialist nurseries stock the widest choice of perennials, and they are also the best source of good-quality plants. Because nurseries grow the plants in open ground, they can only be moved when they are dormant (from late autumn to early spring), which means some advance planning is necessary. If there are no perennial nurseries near you, you can buy plants by mail order (see pp.247–8 for a list of suppliers).

Garden centers can also be a source of good quality perennials, and because their plants are containerized, they can be planted out at any time of year, as long as the ground is not frozen or waterlogged. Look for plants with healthy green, firm-textured leaves and sturdy stems. Do not buy any plants with small, yellowish or drooping leaves, or thin stems. If you buy containerized perennials in flower you cannot expect a spectacular display once they are planted out; they will be much taller and finer the following year.

If you have the patience, it is possible to grow most perennials from seed – this is also the cheapest way of acquiring large numbers of a single species. Sow the seeds in the same way as hardy annuals or biennials (see p.46) but do not expect the plants to flower for 2–5 years unless they are marked on the charts on pages 128 to 199, "Can use as annual".

Preparing the soil

If the site contains perennial weeds such as quack grass or bindweed, there is a lot to be said for using a herbicide such as glysophate at least six weeks before planting time. This is systemic, so will destroy the weeds' underground stems. Alternatively, pick out the weed roots as you dig the ground, then spot-treat any survivors with a herbicide.

It is worthwhile enriching your soil with humus, in the form of garden compost, well-rotted manure, leaf mold, or peat. Dig the soil

over to at least the depth of your spade or fork (one spit) and incorporate the humus at a rate of approximately one 8-litre (2-gallon) bucketful per m^2/yd^2. Just before planting apply a general fertilizer, at a rate of 90 g per m^2 (3 oz per yd^2). Rake this into the soil and then level the surface.

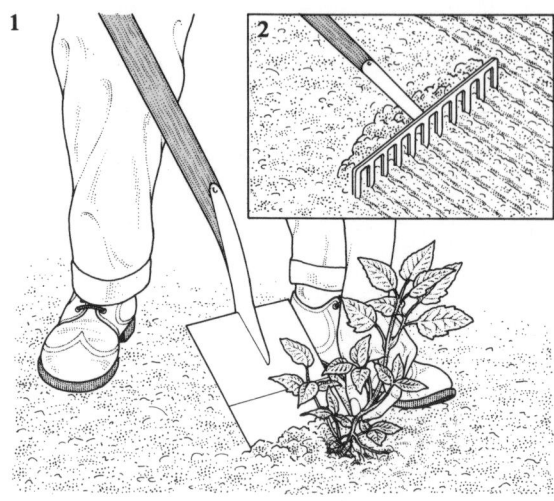

Improving the soil *If there are only a few weeds, pick out the roots as you dig the ground* (1). *Apply a general fertilizer and rake into the soil* (2).

Planting

If you cannot plant a containerized plant immediately, you must water it whenever the soil surface feels dry. This may mean daily during warm summer weather or once a week in spring or autumn. Bare-rooted plants bought from nurseries should be planted immediately. Dig a hole large enough to hold the roots with room to spare, position the plant so that the top of the root ball is just below the surrounding soil, then fill the hole in and firm the soil down with your fists. If a group of one species or cultivar is to be planted, space them a distance apart equal to half their ultimate height.

Supporting

Nowadays it is possible to buy self-supporting varieties of most perennials, but some of the most colorful species are tall or loose in habit and will need support, especially in exposed sites. Whatever the means of support, it should be as unobtrusive as possible; bad staking can spoil an otherwise beautiful floral display.

A time-honored and efficient method that suits most perennials is to use two to four bushy twigs (birch trees are an ideal source for these) per plant, depending on size. The sticks should be about two-thirds of the ultimate height of the plant. Push them firmly into the soil around the plant just as it starts into growth in spring. It is also possible to buy readymade plant supports. These are usually squares or circles of heavy-gauge galvanized wire, sometimes with a grid of cross wires. Heavy-stemmed plants such as the taller *Delphinium* cultivars should be tied to slim but strong bamboo canes.

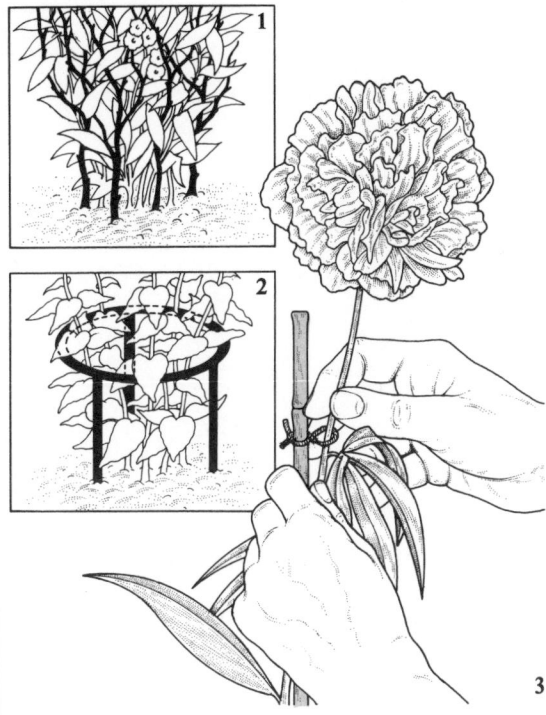

Supporting tall-growing plants *Use 2–4 bushy twigs pushed into the soil around each plant* (1) *or buy readymade circles of heavy-gauge wire* (2). *Heavy-stemmed plants with top-heavy flowerheads should be tied to strong bamboo canes using a figure-8 knot* (3).

Aftercare

Water during dry spells for the first year after planting. Tall, late-flowering perennials such as *Aster novii-belgii* cultivars (Michaelmas daisies) can be made bushier and more self-supporting if cut back by half in midsummer.

No pruning is necessary. Flowering stems should be allowed to die back naturally. They can be removed in late autumn, although some gardeners find the bare stems and seed heads attractive and also useful in protecting the crown of the plant from severe frosts, and so prefer to tidy their perennials in spring.

Remove any weeds in spring and restake if necessary. Feed the plants at the same time, using a 5 cm (2 in) mulch of humus one year, and a general fertilizer the next.

It is best to divide perennials every few years when the clumps become congested and flowering shows signs of deterioration.

Pests and diseases

Aphids (greenfly and blackfly) are the commonest problem, causing weak, distorted growth, and capsid bugs can be a real nuisance in certain years. They attack young shoot tips in much the same way as aphids do, causing badly deformed leaves, often with irregular holes and a yellowish, tattered appearance. Unlike aphids, they do not congregate on plants, so you are unlikely to see the insects themselves. Caterpillars can also cause local damage to leaves and flowers. All these pests can be destroyed by spraying with insecticides such as malathion or fenitrothion.

The commonest diseases are *Botrytis* (grey mold) and mildew. *Botrytis* occurs most commonly on perennials during cool wet weather in spring and summer – *Paeonia* species and cultivars are perhaps the worst sufferers. The leaves or flower buds turn yellow, then brown and withered. If the weather is still and humid a fluffy, greyish mold will then appear on the dead tissue. Spray with captan, thiram or zineb as soon as possible.

Mildew can attack a wide range of plants. It first forms an unsightly white or grey patchy film over leaves and buds, and then causes crippled or distorted growth. Spray with benomyl as soon as the disease is observed.

Growing perennials in containers

Many perennials are easy to grow in containers. They are particularly useful for small patios and terraces where larger shrubs and trees would be out of scale. Perennials look very attractive when massed together – evergreen species, decorative ferns and spring-flowering bulbs will add yearlong interest.

As a rough guide, choose pots 7–15 cm (3–6 in) wide for plants marked "Small" on the charts on pp.128–99; 15–25 cm (6–10 in) wide for "Medium" plants; and 25 cm (10 in) and wider for "Large" plants. If you are planting a group of perennials in the same container, it should be large enough to allow for a space between one plant and its neighbor equal to a quarter of their ultimate height (so 120 cm plants should be 30 cm apart). It is easiest to plant from the outer edge of the container toward the center.

In small containers, a 2 cm (1 in) layer of drainage is adequate; otherwise, planting and aftercare is exactly the same as for trees, shrubs and climbing plants (see p.35). Most perennials (like those grown in open ground) will have to be divided every three to four years. In other years, the plants should either be topdressed (replace the compost from a 2 cm/1 in layer only) or treated in spring with a slow-release general fertilizer. As long as the plants are frost-hardy in your area, they will not need additional protection in winter.

Cacti & Succulents

Most succulents are native to arid or semiarid regions and so although nearly all the plants featured in the charts on pp.202–11 will tolerate the low winter temperatures of climate zones 8 to 9 (see pp.244–5), they will not survive the average to heavy rainfall usually experienced in these zones. Unless your area has an exceptionally low rainfall (less than 40 cm/16 in a year) you will have to grow succulents in containers that can be kept indoors for all but the driest months of summer, or grow them permanently under glass. Succulents marked zone 8 or below will survive in an unheated greenhouse; those marked zone 9 must be kept frost-free; and those marked zone 10 should be kept at a minimum temperature of 4°C (40°F).

There are a few succulents that tolerate average to heavy rainfall and low winter temperatures – many *Sedums* (stonecrops), for instance, and all *Sempervivums* (houseleeks).

Buying succulents

Succulents are always sold in containers. It is best to buy plants from a specialist grower, who will have grown them in ideal conditions (see pp.248–9 for a selection of specialist suppliers). Look for plants with firm, unblemished stems and leaves, that are stable in their pots. Plants to avoid are those with sunken brown or blackish patches. These usually indicate frost damage, or that the plant has been overwatered. Such plants may well recover but they will remain unsightly for several years. Shriveled stems or leaves are usually the result of prolonged underwatering. Most succulents are very tolerant of neglect and take some time to show obvious symptoms, so signs of previous neglect may develop only after you have bought the plant. Although such plants should be avoided, they respond fairly quickly to good cultivation.

Growing outdoors

Preparing the soil
The majority of succulents grow satisfactorily in relatively poor soil, but it *must* dry out easily when the plants are resting during the winter.

Digging in plenty of coarse sand and gravel (one 8-litre/2-gallon bucketful per m²/yd² is ideal) will make heavy soils better drained, at least near the surface. It is best, however, to build raised beds at least 15 cm (6 in) above the surrounding land surface and to fill them with a sandy or gravely soil. Such beds can be interesting features in their own right.

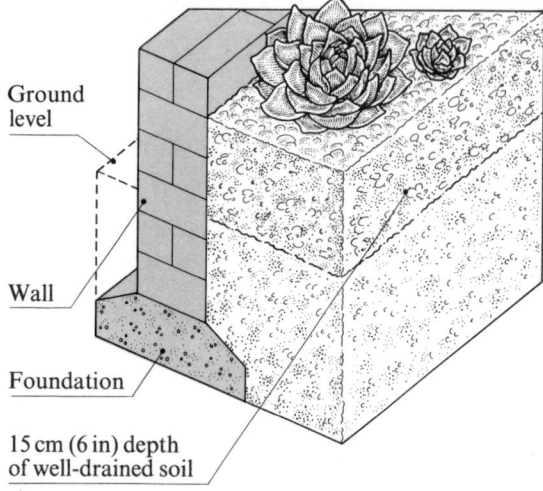

Ground level

Wall

Foundation

15 cm (6 in) depth of well-drained soil

Building a raised bed *Build a strong wall, then fill with sandy or gravely soil. The bed should be 15 cm (6 in) deep, and based on well-drained soil.*

Planting
The best time to plant succulents is just as they start into growth after the resting period. In warm, arid regions succulents start to grow just as the seasonal rains arrive; and in cool, temperate climates, in late spring.

Dig a hole large enough to take the root ball with room to spare. Hold the plant carefully: succulent leaves are easily bruised. Position it so that the top of the root ball is level with, or marginally lower than, the surrounding soil surface. Fill in the hole and lightly firm the soil with your fists or a trowel handle.

Planting cacti and succulents *Position the plant so that its crown is at ground level, then fill in the hole with soil. Firm the soil down with a trowel handle, being careful not to bruise the leaves.*

Aftercare

If there is no rain at all for the first week after planting, give the plants one good soaking in order to encourage root growth. There is no need to water at all after this first wetting. The only care necessary in future years is to apply a granular fertilizer high in potash (for instance, one recommended for tomatoes) each spring.

Growing indoors

Planting in containers

Succulents that have outgrown their containers should be moved into pots one size larger in spring or summer. Use a mixture of two-thirds potting compost and one-third coarse sand or grit to improve drainage. Handle the plant carefully, to avoid bruising it.

Removing a cactus from its pot   *Protect your hands from the spines of the cactus by wrapping a thick layer of folded paper around the plant, then carefully ease the plant from its pot.*

Aftercare

Keep plants dry from late autumn to spring (see introduction, above, for minimum winter temperatures), unless they are flowering. Water moderately from spring onward but always allow the compost to dry out between applications. While the plants are growing vigorously (usually early to midsummer), a liquid feed at every other watering (or at two- to three-weekly intervals) is beneficial. Container-grown plants will benefit from being placed outdoors during the driest summer months.

Supporting succulents

By far the majority of succulents are self-supporting. *Cissus cactiformis*, *Dioscorea elephantipes* (elephant's foot) and *Pereskia aculeata* are exceptions that can prove useful when planning a display of succulents. They are climbers that need a trellis, poles or wires on a wall for support if grown outside. In a greenhouse they can be wound around three or four long bamboo canes or trained along the walls and under the roof on wires.

Pruning

This is only necessary for tall-growing cacti or succulent *Euphorbia* species (spurges) grown in beds or borders in a greenhouse. These can push out panes of glass when they reach the roof. The stems must be cut back by one-third to one-half, ideally at the end of the dormant season, in early spring. You may need a sharp saw to cut through thick stems. *Euphorbia* species will bleed a white, acrid sap when they are cut which must be kept away from mouth and eyes. It should be washed off the cut stem before it dries hard and brown and looks unsightly.

Pests

On the whole, succulents do not suffer greatly from pests, but when they are attacked considerable disfigurement can result, so it is best to keep a close eye on your plants. The symptoms to look out for are slow, stunted or distorted growth; yellowing leaves; corky patches; a sticky substance on leaves or stems; and black mold. All the insects that cause these blemishes (aphids, red spider mites, mealy bugs, root mealy bugs, whitefly, and scale insects) can be killed by malathion or diazinon, which should be sprayed on the plant at the first sign of attack. You can also get rid of mealy bugs (which look like minute blobs of white or pink waxy wool) and scale insects (small brown or fawn discs) by wiping them with methylated spirits, preferably mixed with one part of nicotine to every 30 parts of spirit.

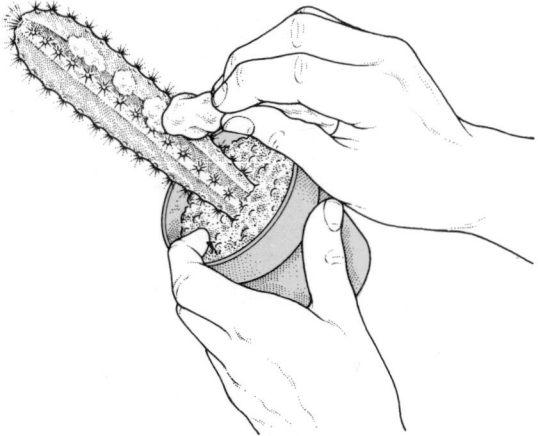

Treating a plant with mealy bugs   *Wipe the woolly patches off the plant using cotton wool soaked in a 1:30 solution of nicotine and methylated spirits.*

Bulbs, Corms & Tubers

Bulbs, corms and tubers are among the most versatile and useful of all garden plants. They can be left undisturbed from year to year to naturalize, used as bedding plants and lifted after they have flowered, or grown in containers either indoors or out.

Buying bulbs, corms and tubers

Bulbs, corms and tubers should be purchased as soon as they appear in shops and garden centers or when mail order catalogues arrive. It is best to buy from shops and garden centers where you can select them yourself. Look for firm specimens with unblemished surfaces. Small marks on the skin are not serious, but avoid specimens with specks or patches of blue-green mold. Check *Narcissus* and *Galanthus* (snowdrop) bulbs in particular for any signs of softness; soft bulbs have been attacked by pests or rot and will not grow.

    Lilium (lily) bulbs are delicate and are often waxed or packed in plastic bags to stop them going soft. Look for firm bulbs that have as many roots as possible because lilies are never fully dormant and need a permanent root system. If mail order lily bulbs arrive slightly shriveled, place them in really moist peat for about two days before planting in the garden.

Preparing the soil

Most bulbs and similar storage organs have flowers and leaves within them in embryonic form. All they need is moisture and the right temperature to grow and bloom. For this reason they can be planted in the poorest of soils and still give a good display the following season. If, however, you want them to go from strength to strength each year, the soil must be of at least average fertility. Before planting, dig over the ground and remove any weeds. Poor sandy or chalky soils should be enriched with organic matter in the form of garden compost, leaf mold, peat or well-rotted manure. This can either be worked into the topsoil when digging (at a rate of one 8-litre/2-gallon bucketful per m²/yd²) or applied as a mulch before or after planting. At the same time, add bonemeal or steamed bone-flour at a rate of 90 g per m² (3 oz per yd²). Dahlias require a richer soil, and it is best to dig in manure, or peat or leaf mold supplemented with a general fertilizer at a rate of 120 g per m² (4 oz per yd²).

Improving poor soil *Dig 8 litres (2 gallons) of humus into each square metre/yard of topsoil before planting, or apply it as a mulch.*

Planting

With the exception of tulips, all frost-hardy bulbs and tubers (marked in the charts as climate zones 1–8) should be planted before the middle of autumn. Tulips can be planted up to one month later. Frost-tender, summer-blooming species (recommended for climate zones 8, 9 or 10) should be planted in late spring when there is no further danger of frost.

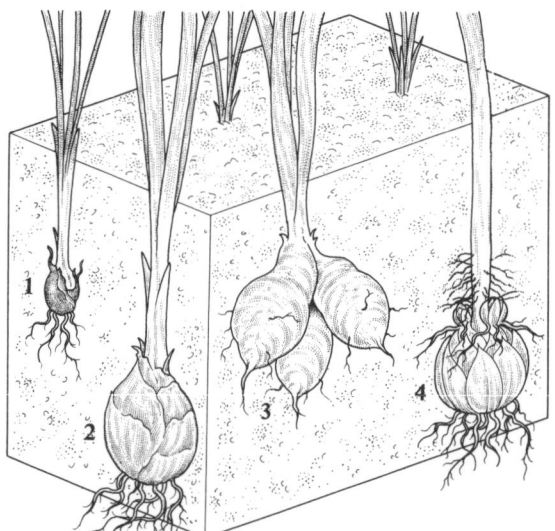

Planting depths for bulbs, corms and tubers *Set corms and small bulbs at a depth three times their length (1), larger bulbs and stem-tubers at twice their length (2), root tubers about 2 cm (1 in) deep (3), and stem-rooting lilies about 13–15 cm (5–6 in) deep (4).*

Plant corms and small bulbs at a depth equal to three times their length, and larger bulbs and stem-tubers at twice their length. Root tubers should be positioned so their crowns are about 2 cm (1 in) below the soil surface. In clay soils the depth of planting can be a bit less, in sandy and other light soils somewhat deeper. If in doubt, err on the side of shallowness. Most shallowly planted bulbs produce contractile roots capable of pulling them down to their preferred depth. Over-deep planting is seldom beneficial and can result in thin clumps which flower poorly.

Lilies are somewhat different. Most of them (for example, *Lilium auratum, L. davidii, L. regale* and *L. tigrinum*) produce secondary roots at the base of the stem, and should be planted 13–15 cm (5–6 in) deep. Nonstem-rooters can be planted as for other bulbs with the exception of *L. candidum*, the Madonna lily. This starts to grow in autumn; plant with its nose just beneath the soil surface.

Aftercare

For hardy bulbs, corms and tubers that are left to naturalize, mulch with organic matter every two or three years in early autumn, and in addition apply an annual dressing of bonemeal in late winter if the soil is poor. Such plants then need no further attention for several years, until thick clumps build up and fewer flowers appear. When this happens, dig up the clumps immediately after flowering, divide them into small groups, and replant them.

If you are using bulbs as bedding plants, you can lift them as soon as the flowers are over and store them in a shallow trench in an unused corner of the garden until you are ready to plant them again for a display the following year.

In cool, temperate areas, summer-flowering bulbs, corms and tubers which are not frost-hardy (marked as suitable for climate zones 8, 9, or 10 in the charts on pp.214–29) must be lifted as soon as the first frost of autumn nips the leaves. Shake off the soil and store in the dark at around 5°–7°C (41°–45°F), although gladioli should be kept at 10°C (50°F) or just above. Keep tubers in trays of moist peat; bulbs and corms do not need this covering.

Overwintering frost-tender plants *Lift bulbs, corms and tubers that are not frost-hardy in autumn and store them in a dark place at around 5°–7° C.*

Supporting bulbous plants

The majority of bulbous plants do not need support. Exceptions are tall summer-flowering plants, particularly *Gladiolus* and *Lilium*, which may require staking during wet and windy summers or if they are planted in exposed sites. It is best to use one slim, green-dyed cane per stem. Alternatively, three canes can be inserted around each clump and joined with green twine. Whatever the method it must be as inconspicuous as possible. Nothing spoils the beauty of a majestic lily more than clumsy staking.

Pests and diseases

Slugs and snails can do untold damage to young bulb shoots during a mild, wet winter or spring. Use a proprietary slug killer as soon as any damage is spotted – metaldehyde in liquid form is the most efficient.

The larvae of narcissus flies eat out the middle of daffodil, narcissus, hyacinth and snowdrop bulbs. As a rule, only plants in full sun are chosen by the adult flies for egg-laying. The eggs are laid as the foliage fades, especially in the holes left by withered leaves; raking soil into them reduces the risk. If plants fail to emerge in the spring, or cease to flower, dig up the bulbs and discard them.

Lilies can be attacked by aphids (greenfly and blackfly) that suck sap and distort leaves and flowers. Malathion is an effective cure. Virus infections can weaken lilies over the years – the leaves turn pale and the flowers wither. There is no cure, and the plants must be discarded.

The most common disease to attack bulbs is *Botrytis* (grey mold). The symptoms are brown shoots covered with greyish mold; tulips are the most susceptible. Dig up affected plants and destroy the bulbs. Spray adjacent healthy plants with benomyl, and do not grow the same species in that site for the next three years.

Growing bulbs and corms in containers

Bulbs and corms are ideally suited to container culture. They can be grown in either peat- or soil-based potting compost, and look best grouped together in a large, shallow container.

Indoor cultivation is slightly more complicated. Summer-flowering bulbs marked on the charts (pp.214–29) as climate zone 9 and above require warmth and water from the time they are planted in autumn or spring. Spring-flowering bulbs marked zone 8 or below must experience an artificial "winter" (two months or so in a cold, dark place such as an unheated basement or garage) before they will flower, and even when flowering they should be kept as cool as possible.

Annuals & Biennials

Annuals and biennials are an economical as well as quick means of filling a garden with color.

There are two methods of cultivation: gardeners in climate zones 1–8 (see pp.244–5) will have to sow the plants described in the charts as "half-hardy" under cover; in the warmer zones 9 and 10, even half-hardy plants can be sown directly into the ground, along with all the other "hardy" plants.

All annuals and biennials can be grown indoors or in greenhouses. The latter should be unheated in summer, but for out-of-season flowering in winter it is essential that a minimum temperature of 7°–10°C (45°–50°F) is maintained.

Buying annuals and biennials

A wide variety of good-quality seed is available from stores, garden centers and seedsmen. Check the packing date printed on the seed packet and do not buy seeds prepared for the previous season. Many seeds are sold pelletted or packed in strips, for convenience when sowing, but they are more expensive.

Annuals and biennials can also be bought in late spring as ready-grown plants from garden centers and nurseries. Look for short, sturdy plants with firm, green leaves and avoid any that are spindly or pale.

Preparing the soil

It is advisable to prepare the soil in the autumn or a few months prior to sowing. Both annuals and biennials tolerate a range of soil conditions

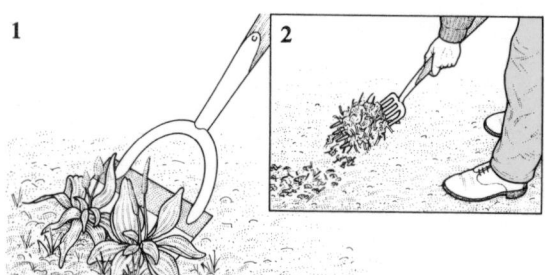

Improving the soil *Remove all old plants and weeds that may smother new seedlings (1). Fork in humus to improve drainage and fertility (2).*

but the plants will generally flourish best in a well-drained, fertile, and weed-free soil.

Remove weeds and dead annuals from the previous season without disturbing any dormant biennials or perennials, and make sure the site is free of weeds. Fork the soil over and incorporate some organic matter in the form of well-rotted manure, garden compost, leaf mold or peat, at a rate of one 8-litre/2-gallon bucketful per m²/yd². Rake the soil surface level. Just before sowing, apply a general fertilizer at a rate of 30 g per m² (1 oz per yd²).

Growing from seeds sown under cover

(Use this method for growing half-hardy annuals for the garden in climate zones 1–8, hardy annuals and biennials in zones 1–6, and for greenhouse or indoor cultivation in any zone.)

Sowing the seed

Most half-hardy annuals should be sown in late winter or early spring. A few plants can be grown out of season indoors or in a greenhouse, and these can be sown at any time of the year (only those marked "Out-of-season flowers" on the charts on pp.232–9 are suitable).

Fill a shallow seed pan or flat with seed compost to within about 1 cm (½ in) of the rim

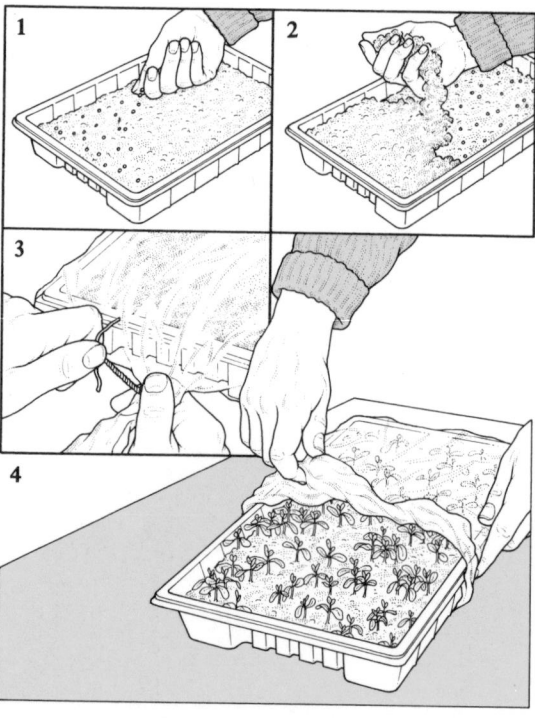

Encouraging healthy germination *Be careful not to sow too thickly (1), and cover the seed with a thin sprinkling of compost only (2). Enclose the pan in a plastic bag (3) to keep the seeds warm and moist until they germinate (4).*

and press down lightly. It is best to use a ready-made seed-sowing compost. Scatter the seed sparingly and cover lightly with seed compost. If the seeds are very small, mix them with sand to separate them as you sow.

Water thoroughly, using a watering can with a fine rose, until the compost is damp but not sodden. Put the seed pan in a propagating case, and cover it with a sheet of clear glass, or enclose it in a plastic bag, to encourage germination. Keep it in good light, but screened from direct sunlight, at a temperature of approximately 16°C (60°F). Remove the cover as soon as the seeds have germinated (usually after 5–10 days).

Transplanting the seedlings
When the first true leaves (the second set) appear, the seedlings are ready to be thinned out, and transplanted into a larger container to allow them more space in which to grow. Fill

Preparing the seed pans *You will need 3–4 fresh trays of compost for each tray of seedlings (1). Make carefully spaced rows of planting holes (2).*

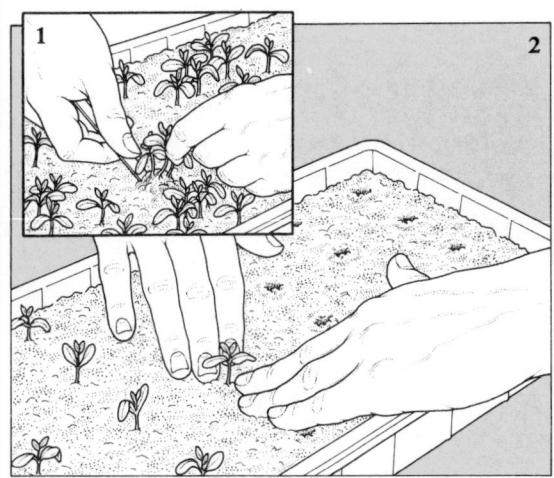

Handling seedlings *It is safest to remove the seedlings from the pan a clump at a time (1) and then gently extract and plant each individual (2).*

several seed pans with seed compost and make regular planting holes with a dibble or pencil, spaced 4–5 cm (1½–2 in) apart. Using a small spatula or knife, gently loosen a clump of seedlings and separate them, putting one into each of the prepared holes. Hold each seedling by a leaf and not the stem, which can be broken easily. Press down the compost around each seedling to ensure that it is well anchored. Water thoroughly with a fine-rose watering can or spray, and place the pans in a warm, light position, as before.

If you are growing the plants permanently indoors or in a greenhouse, they should be transplanted to individual pots 4–8 weeks after they have been thinned and transplanted.

Hardening off plants for outdoor cultivation
Before the young plants are planted outside in their permanent site, they must be acclimatized to fresh air and direct sunlight. This procedure, known as hardening off, usually takes place 4–8 weeks after the seedlings have been transplanted. By this time, the young plants are reasonably well established. Move the plants to a well-ventilated but sunny position for about a week, then put them outside in a sheltered, sunny spot during the day, bringing them under

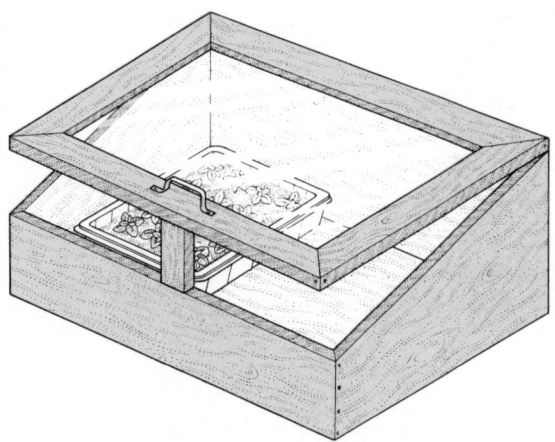

Using a coldframe *If you have a frame, harden off seedlings by opening the lid a little more each day, but keeping it closed at night.*

cover at night. Alternatively, you can use a coldframe or cloche. In this case, the seedlings remain in the frame or cloche, which is closed at night to prevent frost damage, but is gradually opened wider during the day until it is completely open. After a week or so of either of these treatments, or as soon as there is no further danger of frost, the seedlings are ready to be planted in their permanent positions.

In climate zones 1–6, biennials will require the protection of a cloche during the winter.

Growing from seeds sown on site

(Use this method for growing hardy annuals and biennials outdoors in climate zones 7–8, and for growing all annuals and biennials outdoors in climate zones 9–10.)

Sowing the seed

All these plants, apart from those marked on the charts "To sow in autumn", should be sown in spring. They can be sown either where they are to flower (for some, marked in the charts on pp.232–9 "To sow in situ", this is obligatory) or in a "nursery" bed in another part of the garden. Biennials can stay in this nursery bed for a whole year and be transplanted the following spring, just before they flower.

Seed can be sown either in rows or broadcast. It is easier to weed between plants sown in evenly spaced rows than those sown in a more random fashion, and they can be transplanted at a later stage into more natural groupings. Shallow drills can be made with a stick or the edge of a hoe. They should be about 6 mm (¼ in) deep and 10 cm (4 in) apart. Sow the seed sparingly, mixing it with sand if it is very fine to separate the individual seeds. Using the back of a rake head, cover the drills with soil then lightly firm it down. If the weather is dry, water the planting area thoroughly but carefully, using a fine-rosed watering can. Be careful not to flood the soil, otherwise the seeds may be dislodged.

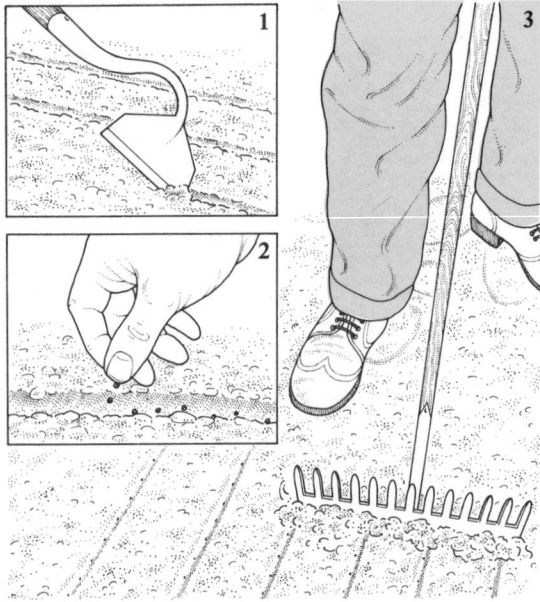

Sowing seed in drills *Mark out shallow drills about 6 mm (¼ in) deep and 10 cm (4 in) apart in the soil using the edge of a hoe (1). Sow the seed sparingly to avoid overcrowding later on (2): fine seed can be mixed with sand. Backfill the drills and lightly firm the soil using the back of a rake head (3).*

Thinning the seedlings

When the seedlings produce their first true leaves, they must be thinned sufficiently to allow room for growth. Pull out the superfluous plants, leaving one every 4–5 cm (1½–2 in). Do not try to select the strongest looking seedlings – often size is no indication of future health; sometimes it is linked to color so that this kind of favoritism will result in monotone blocks of color. You can transplant the extra seedlings to another site if there is available space.

Protection and aftercare

It is advisable to take precautionary measures against birds and animals which might eat the seeds or damage the young plants. A good method is to attach cotton thread or netting to low stakes positioned around the perimeter of the planting area. The thread should be stretched across the area in a zigzag pattern.

During the early stages of cultivation it is important to weed and water the newly planted area regularly. In the flowering season you can encourage repeat blooms by removing deadheads, although this will reduce seed production in self-seeding plants.

Protecting seedlings *Attach dark cotton thread or netting to low stakes placed around the edge of the planting area. Stretch the thread across the area to form a zigzag pattern. This will protect the young seedlings from birds and animals.*

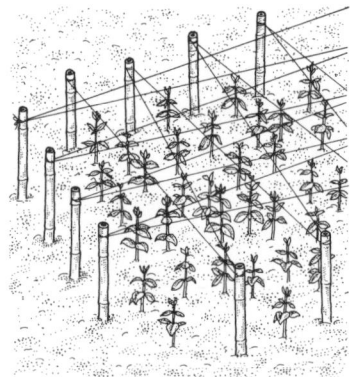

Pests and diseases

Seedlings can be destroyed by damping-off disease. This causes them to collapse at soil level, wither and die. It usually attacks thickly sown seeds or those which are kept too wet. Surviving seedlings can often be saved by application of copper sulfate, captan, or zineb. In future, be careful to sow seeds thinly and do not overwater.

Young plants are often eaten by slugs and snails, especially in wet seasons. Use a slug-killer containing metaldehyde or methiocarb regularly to prevent damage.

Mature plants are most commonly attacked by aphids (greenfly and blackfly), which cause weak, distorted growth. They can be killed by insecticides such as malathion or fenitrothion.

Water Plants

Many water plants are invasive (see the chart on pp.242–3) and require careful planting and regular maintenance if an attractive balance is to be maintained (see p.30 for advice on planting schemes). It is worthwhile preparing the site properly and following the planting advice outlined below, as later improvements may be messy and difficult to make.

Buying water plants

Water plants are usually grown and displayed for sale in shallow water tanks, so that they look fresh and green. Buy them in spring or early summer when they are growing most vigorously. This is also the best time to plant or transfer them to your pond. Choose plants with several healthy green leaves. Avoid any with few or small leaves, especially if they are yellowing, have yellow patches, or look distorted.

Planting marginal and emergent species

See Perennials, p.38, for planting technique; no soil preparation is necessary. These plants need permanently wet soil in order to thrive.

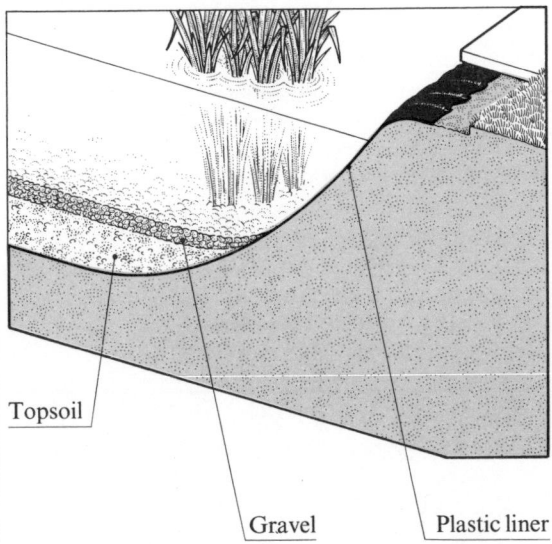

Lining an artificial pond *Cover the bottom of the empty pond with a 20 cm (8 in) layer of garden topsoil, being careful not to puncture the plastic liner. Add a thin top-dressing of gravel, then fill the pond slowly with water. Be careful when planting to disturb the gravel covering as little as possible.*

Topsoil

Gravel

Plastic liner

Concrete or plastic liner pools do not have a natural water-to-land transition zone of waterlogged soil unless enough water flows into the pond to create a regular overflow. If you have an artificial pond, you will have to plant marginal and emergent plants in containers (see "Planting in small ponds", below) and stand them in shallow water – it is better to plant pond margins with ordinary perennials.

Planting in large ponds

It is a lucky gardener who has a large natural pond complete with a rich muddy bottom. He or she has only to wade in, scoop the mud aside and deposit the plant roots. But you can create this environment in a large concrete or plastic pond by lining the bottom with a layer of fertile garden topsoil at least 20 cm (8 in) deep; cover this with a thin layer of gravel, and then fill the pond with water.

If you plant any of the species marked as "Invasive" it is best to grow them in containers, as described below.

Planting in small ponds

Unless your pond is more than 3 m (10 ft) wide, it is best to grow all water plants in containers. These can be ordinary large clay or plastic pots, or you can make containers at home by bending fine-mesh chicken wire to form a basket shape at least 30 cm (12 in) wide and 20 cm (9 in) deep. Line the chicken-wire baskets with well-rotted turf, burlap or newspaper.

Fill each container with fertile topsoil mixed with bonemeal or bone-flour at a rate of 110 g (4 oz) to each 8-litre (2-gallon) bucket of soil. Place some of this soil in the container, position the young plant (making sure that its crown sits at about the same level as it was in its original pot) and fill around with more soil. Firm only very lightly or merely tap or bump the container to settle the soil, then top off with gravel.

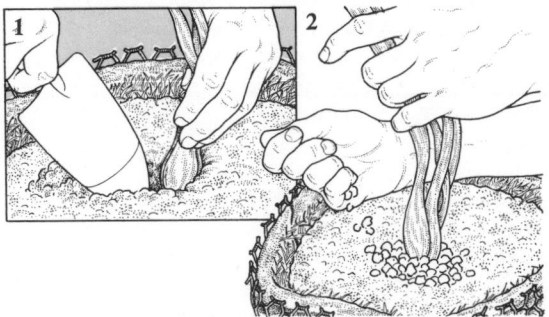

Planting in a container *Part-fill a ready-lined basket with topsoil, position the plant, and top up with soil (1). Firm the soil to anchor the plant, then add a top-dressing of gravel (2).*

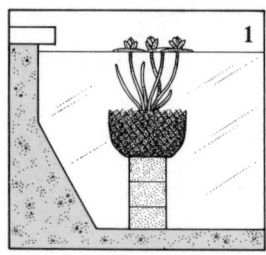
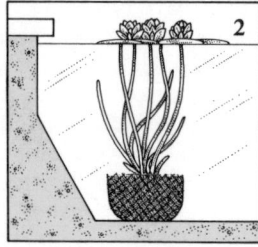

Planting water lilies *Place the container on bricks so that the lily crown floats on the surface* **(1)**. *Lower gradually by removing one brick a week* **(2)**.

Lower the container into the pond slowly. If you are planting *Nymphaea* species (water lilies) in a pond more than 60 cm (2 ft) deep, lower them so that the leaves can grow up to the surface gradually without exhausting the young rhizome. Make a pile of bricks tall enough so the water lily crown rests on the surface and remove one layer of bricks a week until the container is resting on the bottom.

"Planting" in water

Free-floating species can simply be dropped into the pond. Submerged species can be anchored by a weight on a piece of string.

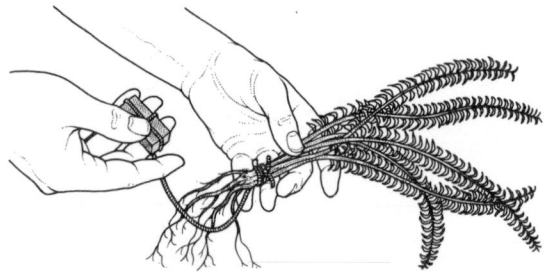

Anchoring submerged plants *Attach a weight to the plant with a piece of string to make sure it roots on the bottom of the pond.*

Aftercare

By the end of the first summer some of the submerged aquatics, for example, *Elodea canadensis* (Canadian waterweed), *Myriophyllum* (water milfoil) and *Potamogeton* (pondweed), will require thinning. If you are using containers, you will find that the larger floaters, in particular water lilies, and the emergent plants will fill their containers in three years or less. They must then be divided and replanted in fresh soil if they are to flower and look good. A short-term alternative is to feed the plants with the special pelleted fertilizers sold for water lilies, but you will have to divide them eventually. Plants in natural ponds tend to grow even more exuberantly and will need attention sooner unless the water area is large.

During the autumn and early winter months, specially in small garden pools, it is advisable to remove dead or dying leaves of water lilies and any other large leaves that fall into the pond. This reduces the risk of disease and prevents too much organic matter from settling at the bottom and releasing toxic gases which will be trapped under the ice when the pond freezes in winter, and may then build up into concentrations lethal to fish.

Pests and diseases

With the exception of water lilies, most water plants are remarkably free of pests and diseases. Aphids (greenfly and blackfly) are the commonest, attacking leaves and flower buds above the water (spray with malathion when you see distorted growth). Great pond snails can be a serious nuisance underwater if there are too many of them. They eat submerged plants and even the young shoots of emergent plants. The only way to get rid of them is to remove them by hand – a slow process. Make sure you do not introduce the snails when stocking small ponds; they are yellowish-brown with a pointed shell.

Water lilies are attacked by their own special aphid which is dark green or brown and causes discoloration and crippling of leaves and flower buds. It is easiest to spray them with a solution of malathion. If you use a different insecticide, check it is not toxic to fish, if there are any in the pond. This water lily aphid overwinters on members of the genus *Prunus*, particularly *P. domestica* (plum) and *P. spinosa* (blackthorn), so if it attacks your lilies each year and you have *Prunus* trees in your garden, spray them in winter with dormant oil spray to kill the eggs.

Water lily leaf spot can be an ugly and troublesome disease. It appears as dark patches that rot and spread until the leaf breaks up. Prompt and regular removal of infected leaves is the usual method of control. It is inadvisable to use pesticides if fish are present in the pool.

Growing water plants in tubs

A miniature water garden in a sheltered spot can be a very attractive feature. It is essential to use a really clean container to avoid pollution. Planting and aftercare are the same as for other artificial ponds, but choose no more than two or three small, slow-growing species. Because the surface area is so small, the tub is liable to freeze solid and so any fish should be removed for the winter months, and the tub covered with boards and sacking during severe frosty spells. If you are using your tub to grow zone 9 or 10 plants in a cooler area, the water garden should be overwintered in a frost-free greenhouse.

The PLANT-FINDER'S GUIDE

The vital statistics of over 4,000
plants. Definitions of the
headings used in the charts.
Climate zones and plant hardiness.
How to find plants.
Index of plant names including
common names and synonyms.

Trees

Definitions of chart headings

The trees in this section are all woody-stemmed plants more than 7.5 m (25 ft) tall when fully grown, and formed of a straight, unbranched stem or trunk surmounted by a head of branches. Smaller plants which have a tree shape, and dwarf cultivars of tree species, are listed in the shrubs section. For advice on choosing the right trees for your garden, see pages 18 and 19.

Height

Most trees take many years to reach full maturity, and their ultimate height will depend on a number of factors, including position and soil type. The size given for each tree is the minimum height it is likely to be when fully grown at, usually, the age of fifty or more.
Small 7.5–10 m (25–35 ft).
Medium 10–18 m (35–60 ft).
Large Over 18 m (60 ft).
Fast-growing At least 45 cm (18 in) of growth in height each year. This assumes that the tree has been established in its present position for two years, is happily sited, and is healthy.

Type

Deciduous Leafless from late autumn to midspring.
Evergreen Leafy throughout the year, although in some cases the leaves of the previous year fall when the new ones emerge. A few evergreen plants may lose their leaves in an exceptionally hard winter.
Conifer A member of the cone-bearing group of plants (*Coniferae*) which is typified by *Pinus* (pine), *Abies* (fir) and *Picea* (spruce) species. Most are evergreen, with very narrow or needlelike leaves and bear their seeds in woody cones. There are exceptions – the cones of *Taxus*

(yew) and *Juniperus* (juniper) species, for example, are berry-like, while *Larix* (larch) and *Metasequoia* (dawn redwood) species are deciduous.

Shape

Erect An upright plant formed principally of vertical stems.

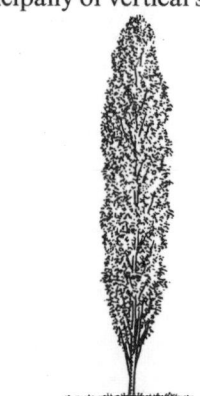

Populus nigra italica

Spreading A tree that is as wide as or wider than it is tall, with its branches growing more or less horizontally.

Acer griseum

Pyramid A triangular outline, broadest at the base.

Cedrus deodara

Weeping Spreading branches with down-curving or vertically hanging branchlets. Less commonly, as in weeping willow (*Salix × chrysocoma*), even the main branches hang down.

Salix × chrysocoma

Features

Bold leaves Large leaves (at least 10 cm/4 in long) with a distinctive shape. In conifers, densely borne needle-leaves that create a tree with a bold outline.

Magnolia grandiflora

Ferny leaves Leaves formed of finely cut leaflets, like those of most ferns.

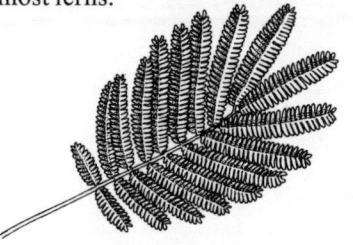

Albizia julibrissin

Ornamental foliage Leaves that are attractive in their own right, without the embellishment of flowers. It is usually their effect *en masse* that is appealing.
Scented leaves Leaves that give off a sweet or aromatic smell either when bruised, or naturally in warm weather.
Ornamental bark Bark on trunks, branches or young stems that is colored, or peels or flakes attractively.
Ornamental fruit Berries, seed pods or other fruits that are colored or attractively shaped.

Foliage color

Two or more colors given for one plant indicate either that the leaves on different individuals or varieties of that species can vary, or that leaf color changes from season to season.
Gray/silver These colors are often due to a layer of felty or cottonlike white hairs covering the leaves.
Variegated Speckled, blotched, lined, or margined with a contrasting color, usually white, cream or yellow.

Flowers

Two or more colors given for one plant indicate either that the flowers on different individuals or varieties of that species can vary or, if the flowers are bicolored, that each flower is made up of two or more boldly contrasting colors.

Flowering season

Two or more seasons given for one plant indicate continuous or recurrent flowering.

Situations suitable

Moist Requires a soil that stays moist but never becomes waterlogged.
Wet Tolerates or prefers a soil that is more or less permanently wet, although usually less so in summer.
Dry Tolerates or prefers a well-drained soil that dries out fairly rapidly after rain.
Lime-hating Will fail to thrive, turn yellow, and sometimes die where there is too much lime, as in chalk and most limestone soils. If in doubt about your soil's alkalinity, use a soil-testing kit. A pH reading of $4.5 – 6.5$ is necessary for these plants, with a result of around 5 being the ideal reading.
Shade Tolerates or prefers the mainly sunless shade of high north-facing walls or hedges that are open to the sky above, or the dappled shade of deciduous trees. (Most plants that require direct sunlight will tolerate half-day illumination.)
Small gardens Sites less than 250 m^2 ($\frac{1}{16}$ acre or 300 yd²).
Exposed sites Hillsides or flat areas with no protection from strong prevailing winds.

Acer palmatum

Coastal sites Within one mile of the seashore.
Containers Suitable for long-term cultivation in pots, tubs or windowboxes (see p.35 for how to do this).

Uses

Windbreak/hedge Dense-growing, vigorous trees that are tolerant of windy sites and will give shelter to a garden or border. Grown as a hedge they will stand being clipped once or twice a year. (See p.12 for how to plant a hedge.)
Climate zone See "Climate zones and plant hardiness" (pp.244–5).

Trees

	Size				Type			Shape				Features						Foliage color				Season of foliage color			
	Small (7.5–10 m)	Medium (10–18 m)	Large (over 18 m)	Fast-growing	Deciduous	Evergreen	Conifer	Erect	Spreading	Pyramid	Weeping	Bold leaves	Ferny leaves	Ornamental foliage	Scented leaves	Ornamental bark	Ornamental fruit	Yellow/gold/russet	Purple/red	Gray/silver	Variegated	Spring	Summer	Autumn	Winter
Abies balsamea		*	*			*	*			*		*		*	*	*									
concolor		*	*			*	*			*		*		*	*	*									
delavayi		*				*	*			*		*		*	*	*									
grandis		*	*			*	*			*		*		*	*	*									
homolepis		*				*	*			*		*		*	*	*									
koreana	*					*	*			*		*		*		*									
nordmanniana	*	*	*			*	*			*		*		*	*	*									
Acacia baileyana	*		*			*		*					*	*						*		*	*	*	*
dealbata		*	*			*		*					*	*						*		*	*	*	*
longifolia	*		*			*		*						*											
melanoxylon		*	*			*		*						*											
pravissima	*		*			*		*						*						*		*	*	*	*
retinodes	*		*			*		*						*						*		*	*	*	*
verticillata	*		*			*		*						*											
Acer campestre & cvs		*	*	*	*				*					*				*	*					*	
capillipes	*			*	*				*					*		*		*						*	
cappadocicum & cvs		*	*	*	*				*			*		*				*	*				*	*	
carpinifolium	*			*	*			*						*				*						*	
davidii		*	*	*	*				*					*		*								*	
ginnala	*			*	*				*					*				*	*					*	
griseum	*			*	*				*					*		*			*					*	
hersii		*	*	*	*				*					*		*		*	*					*	
japonicum & cvs	*			*	*				*			*		*				*	*					*	
negundo & cvs	*		*	*	*				*			*		*				*			*		*	*	
palmatum & cvs	*			*	*				*			*		*				*	*				*	*	
pensylvanicum		*	*	*	*				*			*		*		*		*						*	
platanoides & cvs		*	*	*	*				*			*		*				*	*		*		*	*	
pseudoplatanus & cvs	*	*	*	*	*				*			*		*				*			*	*	*		
rubrum & cvs		*			*				*							*	*	*						*	
rufinerve & cvs		*	*	*	*				*					*		*		*			*		*	*	
saccharinum & cvs		*	*	*	*				*		*			*				*						*	
saccharum & cvs		*	*		*				*					*				*	*					*	
Aesculus × carnea		*			*				*					*				*	*					*	
flava		*			*				*					*										*	
hippocastanum & cvs		*	*	*	*				*			*		*			*	*						*	
indica		*	*	*	*				*			*		*										*	
neglecta		*			*				*					*										*	
pavia	*				*				*					*										*	
Ailanthus altissima		*	*	*	*				*			*		*		*								*	
Albizia julibrissin	*		*	*	*				*				*	*										*	
Alnus cordata		*	*	*	*			*	*					*											
glutinosa & g. 'Aurea'		*	*	*	*				*					*				*				*	*		
incana & i. 'Aurea'		*	*	*	*				*					*				*				*	*		
Amelanchier canadensis	*				*				*										*			*		*	
laevis	*				*				*										*			*		*	
lamarckii	*		*	*	*				*										*			*		*	

Flowers								Flowering season				Situations suitable										Uses	
White/cream	Yellow	Red	Pink	Purple/mauve	Blue	Bicolored	Fragrant	Spring	Summer	Autumn	Winter	Moist	Wet	Dry	Lime-hating	Shade	Small gardens	Exposed sites	Coastal sites	Containers	Windbreak/hedge	Climate zone	
															*			*	*			3	*Abies* balsamea
															*							6	concolor
															*	*						5	delavayi
															*							6	grandis
															*							4	homolepis
															*	*						5	koreana
															*							6	nordmanniana
	*							*							*	*		*	*			9	*Acacia* baileyana
	*						*	*										*	*			9	dealbata
	*							*								*	*	*	*			9	longifolia
*								*										*	*			9	melanoxylon
	*						*	*								*		*	*			9	pravissima
	*							*										*	*			9	retinodes
	*							*								*	*	*	*			9	verticillata
														*			*	*	*		*	5	*Acer* campestre & cvs
																	*					6	capillipes
	*							*									*					6	cappadocicum & cvs
																	*					5	carpinifolium
																						6	davidii
*							*	*									*					5	ginnala
																	*					6	griseum
																						6	hersii
		*						*								*	*					5	japonicum & cvs
												*					*	*				3	negundo & cvs
		*						*								*	*					5	palmatum & cvs
																	*					3	pensylvanicum
	*							*				*										4	platanoides & cvs
												*						*	*			5	pseudoplatanus & cvs
		*						*											*			3	rubrum & cvs
																						6	rufinerve & cvs
																			*			3	saccharinum & cvs
																						3	saccharum & cvs
		*	*					*				*										4	*Aesculus* × *carnea*
	*							*	*			*										5	flava
*						*	*	*	*			*	*									4	hippocastanum & cvs
*	*		*			*			*			*										7	indica
*								*	*			*										5	neglecta
		*	*					*														5	pavia
														*					*			5	*Ailanthus* altissima
			*						*	*								*	*			6	*Albizia* julibrissin
	*							*				*							*			5	*Alnus* cordata
	*							*				*	*						*			4	glutinosa & g. 'Aurea'
	*							*				*							*			2	incana & i. 'Aurea'
*								*				*			*				*			5	*Amelanchier* canadensis
*								*				*							*			5	laevis
*		*						*				*							*			5	lamarckii

Trees

	Size				Type			Shape				Features						Foliage color				Season of foliage color			
	Small (7.5–10m)	Medium (10–18m)	Large (over 18m)	Fast-growing	Deciduous	Evergreen	Conifer	Erect	Spreading	Pyramid	Weeping	Bold leaves	Ferny leaves	Ornamental foliage	Scented leaves	Ornamental bark	Ornamental fruit	Yellow/gold/russet	Purple/red	Gray/silver	Variegated	Spring	Summer	Autumn	Winter
Annona *cherimola*	*				*				*					*			*								
reticulata	*					*			*								*								
squamosa	*				*				*								*								
Aralia *elata* & cvs	*				*				*			*	*	*							*		*	*	
spinosa	*		*	*	*				*			*	*	*											
Araucaria *araucana*		*				*	*		*			*		*											
heterophylla		*	*			*	*	*		*		*		*											
Arbutus *andrachne*	*					*			*							*	*								
× andrachnoides	*					*			*							*	*								
menziesii		*				*			*			*		*		*	*								
unedo & cvs	*					*			*							*	*								
Bauhinia *variegata*	*				*				*			*		*											
Beaucarnea *recurvata*	*					*		*				*		*		*									
Betula *albo-sinensis*		*	*	*					*							*									
ermanii		*	*	*					*							*									
jacquemontii		*	*	*					*							*									
lenta		*	*					*						*		*		*						*	
lutea		*	*	*					*							*		*						*	
maximowicziana			*	*					*			*		*		*								*	
nigra		*	*	*					*							*									
papyrifera		*	*	*					*							*								*	
pendula 'Youngii'	*				*						*					*		*						*	
pendula cultivars		*	*	*	*				*		*					*		*	*					*	
Brassaia *actinophylla*	*					*			*			*		*		*									
Buxus *sempervirens*	*					*			*	*				*								*	*	*	*
Calocedrus *decurrens* & cvs			*	*		*	*	*						*	*							*	*	*	*
Carpinus *betulus* & cvs		*			*				*									*						*	
caroliniana	*				*				*									*						*	
Carya *cordiformis*		*	*		*				*			*						*						*	
ovata		*			*				*			*		*	*			*						*	
Castanea *sativa* & cvs		*	*		*				*			*		*							*	*	*	*	
Catalpa *bignonioides* & cvs		*			*				*			*		*		*		*				*	*	*	
× erubescens		*			*				*					*											
speciosa		*	*		*				*			*		*											
Ceanothus *arboreus*	*					*		*																	
thyrsiflorus	*					*		*																	
Cedrus *atlantica* & cvs		*				*	*			*	*			*						*		*	*	*	*
deodara & cvs		*	*			*	*		*					*				*		*			*		
libani		*				*	*		*					*						*					
Cercidiphyllum *japonicum*		*	*		*				*					*	*			*	*			*		*	
Cercis *canadensis*	*				*				*			*		*										*	
siliquastrum & cvs	*				*				*			*		*										*	
Chamaecyparis *lawsoniana* & cvs	*	*	*	*		*	*		*					*	*					*	*	*	*	*	*
obtusa & cvs	*	*	*			*	*		*					*	*			*				*	*	*	*
pisifera & cvs	*	*	*			*	*		*					*	*			*		*	*	*	*	*	*
Cladastris *lutea*		*			*				*					*										*	

Flowers								Flowering season				Situations suitable									Uses		
White/cream	Yellow	Red	Pink	Purple/mauve	Blue	Bicolored	Fragrant	Spring	Summer	Autumn	Winter	Moist	Wet	Dry	Lime-hating	Shade	Small gardens	Exposed sites	Coastal sites	Containers	Windbreak/hedge	Climate zone	
	*						*	*									*			*		10	**Annona** cherimola
	*							*									*			*		10	reticulata
	*							*									*			*		10	squamosa
*									*	*						*	*			*		3	**Aralia** elata & cvs
*									*				*			*	*			*		4	spinosa
																						7	**Araucaria** araucana
																		*	*			9	heterophylla
*								*						*			*		*	*		8	**Arbutus** andrachne
*										*	*			*			*		*	*		8	× andrachnoides
*								*														7	menziesii
*		*								*	*			*			*	*	*	*		8	unedo & cvs
			*					*									*					10	**Bauhinia** variegata
*								*									*	*	*	*		10	**Beaucarnea** recurvata
	*							*						*			*					6	**Betula** albo-sinensis
	*							*						*			*					6	ermanii
	*							*						*			*					6	jacquemontii
														*			*					3	lenta
	*							*						*			*					2	lutea
	*							*						*								5	maximowicziana
	*							*				*	*				*					5	nigra
	*							*				*	*				*					4	papyrifera
	*							*				*	*				*	*	*			2	pendula 'Youngii'
	*							*				*	*				*	*	*			2	pendula cultivars
		*						*	*	*						*	*		*	*		9	**Brassaia** actinophylla
						*		*								*	*			*		5	**Buxus** sempervirens
																						6	**Calocedrus** decurrens & cvs
	*							*						*			*				*	5	**Carpinus** betulus & cvs
												*	*									2	caroliniana
												*										5	**Carya** cordiformis
																						5	ovata
														*					*			6	**Castanea** sativa & cvs
*	*			*				*														5	**Catalpa** bignonioides & cvs
*	*		*					*														5	× erubescens
*	*			*				*														5	speciosa
					*			*									*		*			8	**Ceanothus** arboreus
					*			*									*		*			8	thyrsiflorus
																						6	**Cedrus** atlantica & cvs
																						6	deodara & cvs
																						6	libani
																						5	**Cercidiphyllum** japonicum
			*					*						*			*					6	**Cercis** canadensis
*		*	*					*						*			*	*				6	siliquastrum & cvs
		*						*									*	*		*		5	**Chamaecyparis** lawsoniana & cvs
																	*	*		*		3	obtusa & cvs
																	*	*		*		3	pisifera & cvs
*						*		*														3	**Cladastris** lutea

Trees

	Size				Type			Shape				Features						Foliage color				Season of foliage color			
	Small (7.5–10 m)	Medium (10–18 m)	Large (over 18 m)	Fast-growing	Deciduous	Evergreen	Conifer	Erect	Spreading	Pyramid	Weeping	Bold leaves	Ferny leaves	Ornamental foliage	Scented leaves	Ornamental bark	Ornamental fruit	Yellow/gold/russet	Purple/red	Gray/silver	Variegated	Spring	Summer	Autumn	Winter
Cordyline *australis* & cvs	*					*		*				*		*		*			*			*	*	*	*
terminalis	*					*		*				*		*		*									
Cornus *capitata*		*	*			*			*							*									
controversa variegated cultivars		*			*				*					*						*	*	*	*		
florida large cultivars		*			*				*	*						*		*						*	
kousa	*				*				*							*		*						*	
nuttallii		*			*				*								*	*						*	
Corylus *avellana* & cvs	*		*	*	*				*	*				*			*		*				*		
colurna & cvs	*				*					*															
maxima	*		*	*	*					*				*					*				*		
Cotinus *obovatus*	*				*				*					*				*	*			*	*		
Cotoneaster *frigidus*	*		*	*	*				*							*									
Crataegus *crus-galli*	*				*				*							*	*	*						*	
laciniata	*				*				*					*		*									
laevigata & cvs	*		*	*	*				*							*									
× *lavallei* & × *grignonensis*	*				*				*							*	*	*						*	
mollis	*				*				*							*									
monogyna & cvs	*		*	*	*				*		*					*					*	*	*		
× *mordenensis* cultivars	*				*				*																
prunifolia	*				*				*							*	*	*						*	
tanacetifolia	*				*				*							*	*								
Cryptomeria *japonica* & cvs	*	*	*	*		*	*			*				*	*				*						*
Cunninghamia *lanceolata* & cvs		*				*	*			*				*											
× ***Cupressocyparis*** *leylandii* & cvs		*	*			*	*			*				*	*			*			*	*	*	*	*
Cupressus *arizonica* & *glabra*		*	*			*	*			*				*	*	*				*		*	*	*	*
cashmeriana		*	*			*	*			*	*			*	*										
macrocarpa & cvs		*	*			*	*			*	*			*	*			*				*	*	*	*
sempervirens & *s.* 'Swane's Gold'		*	*			*	*	*		*				*	*			*				*	*	*	*
Cyathea *arborea*	*					*			*			*	*	*											
medullaris	*					*			*			*	*	*											
Cydonia *oblonga*	*				*				*							*	*							*	
Davidia *involucrata*		*			*				*					*				*						*	
Embothrium *coccineum*	*	*				*			*																
Eucalyptus *camaldulensis*		*	*			*			*					*	*	*									
citriodora	*	*		*		*			*					*	*	*				*		*	*	*	*
coccifera	*	*		*		*			*					*	*	*				*		*	*	*	*
dalrympleana		*	*			*			*	*	*			*	*	*				*		*	*	*	*
ficifolia & hybrids	*			*		*			*					*	*										
gunnii		*	*			*			*	*	*			*	*	*				*		*	*	*	*
pauciflora	*			*		*			*					*	*	*				*		*	*	*	*
pauciflora niphophila	*			*		*			*					*	*	*				*		*	*	*	*
perriniana	*		*	*		*			*					*	*	*				*		*	*	*	*
pulverulenta		*	*			*			*					*	*	*				*		*	*	*	*
stellulata	*		*	*		*			*					*	*										
urnigera		*	*			*			*					*	*	*				*		*	*	*	*
Eucommia *ulmoides*		*	*	*	*				*					*											

White/cream	Yellow	Red	Pink	Purple/mauve	Blue	Bicolored	Fragrant	Spring	Summer	Autumn	Winter	Moist	Wet	Dry	Lime-hating	Shade	Small gardens	Exposed sites	Coastal sites	Containers	Windbreak/hedge	Climate zone	Name
*							*		*								*	*	*	*		8	**Cordyline** *australis* & cvs
*									*								*		*	*		9	*terminalis*
*									*			*				*		*				8	**Cornus** *capitata*
*									*							*	*					5	*controversa* variegated cultivars
*		*	*					*	*			*				*						5	*florida* large cultivars
*								*	*			*				*						5	*kousa*
*								*	*			*				*						5	*nuttallii*
	*							*									*		*			4	**Corylus** *avellana* & cvs
	*							*														5	*colurna* & cvs
	*							*									*		*			5	*maxima*
								*	*			*	*			*	*					5	**Cotinus** *obovatus*
*									*								*		*			7	**Cotoneaster** *frigidus*
*								*	*							*	*		*			5	**Crataegus** *crus-galli*
*									*			*				*						6	*laciniata*
*		*	*					*					*	*	*	*	*	*	*		*	5	*laevigata* & cvs
*									*							*	*		*			5	× *lavallei* & × *grignonensis*
*									*							*	*		*			5	*mollis*
*						*	*	*							*	*	*	*	*		*	5	*monogyna* & cvs
*			*					*								*	*	*				4	× *mordenensis* cultivars
*									*							*	*		*			6	*prunifolia*
*									*							*	*		*			6	*tanacetifolia*
												*			*		*			*		5	**Cryptomeria** *japonica* & cvs
												*			*							7	**Cunninghamia** *lanceolata* & cvs
																	*	*	*		*	6	× **Cupressocyparis** *leylandii* & cvs
														*			*	*		*	*	6	**Cupressus** *arizonica* & *glabra*
																			*			9	*cashmeriana*
																	*	*	*		*	7	*macrocarpa* & cvs
																	*	*	*		*	8	*sempervirens* & s. 'Swane's Gold'
												*	*		*	*			*	*		9	**Cyathea** *arborea*
												*	*		*	*			*	*		9	*medullaris*
*			*					*	*								*	*				5	**Cydonia** *oblonga*
*								*	*							*						6	**Davidia** *involucrata*
		*						*	*			*			*	*	*		*			8	**Embothrium** *coccineum*
*									*								*					9	**Eucalyptus** *camaldulensis*
*									*								*					9	*citriodora*
*									*								*	*				8	*coccifera*
*										*							*					8	*dalyrympleana*
		*							*								*	*	*			9	*ficifolia* & hybrids
*									*								*	*				8	*gunnii*
*									*								*	*	*			8	*pauciflora*
*									*								*	*	*			7	*pauciflora niphophila*
*									*								*	*	*			8	*perriniana*
*								*	*								*					9	*pulverulenta*
*									*								*	*				8	*stellulata*
*									*								*	*				8	*urnigera*
																						5	**Eucommia** *ulmoides*

Trees

	Size				Type			Shape				Features						Foliage color				Season of foliage color			
	Small (7.5–10m)	Medium (10–18m)	Large (over 18m)	Fast-growing	Deciduous	Evergreen	Conifer	Erect	Spreading	Pyramid	Weeping	Bold leaves	Ferny leaves	Ornamental foliage	Scented leaves	Ornamental bark	Ornamental fruit	Yellow/gold/russet	Purple/red	Gray/silver	Variegated	Spring	Summer	Autumn	Winter
Eucryphia cordifolia	*	*				*		*				*		*											
glutinosa	*				*			*										*	*					*	
× intermedia	*		*			*		*																	
lucida	*					*		*						*											
× nymansensis	*	*	*			*		*						*											
Evodia hupehensis		*	*	*	*				*			*			*										
Fagus orientalis		*			*			*						*				*						*	
sylvatica & cvs		*	*	*					*	*				*				*	*		*		*	*	
Ficus benjamina		*	*			*					*			*							*	*	*	*	*
carica	*				*				*			*		*		*							*	*	*
elastica		*	*	*		*			*			*		*							*	*	*	*	*
lyrata		*				*			*			*		*											
macrophylla		*				*			*			*		*											
Fraxinus americana		*	*	*	*				*									*	*					*	
excelsior & cvs		*	*	*	*				*		*					*		*						*	*
ornus	*				*				*																
oxycarpa & cvs	*				*				*										*					*	
pennsylvanica	*		*	*	*				*												*			*	*
Genista aethnensis	*				*				*																
Ginkgo biloba & cvs		*	*	*	*		*	*		*		*		*				*						*	
Gleditsia triacanthos & cvs		*			*				*		*		*	*		*		*					*	*	
Grevillea robusta		*	*			*							*	*											
Gymnocladus dioica		*			*				*				*	*				*						*	
Halesia carolina	*				*				*							*	*							*	
Hoheria glabrata	*		*	*	*			*																	
lyallii	*		*	*	*			*																	
Howea belmoreana	*					*		*				*		*		*									
forsterana	*					*		*				*		*		*									
Idesia polycarpa		*			*				*			*		*			*								
Ilex × altaclerensis & cvs		*				*			*			*		*			*				*	*	*	*	*
aquifolium & cvs	*	*				*			*		*	*		*			*	*			*	*	*	*	*
ciliospinosa	*					*		*				*					*								
corallina	*					*		*						*			*								
decidua	*		*		*			*									*								
fargesii	*					*		*									*								
integra	*					*		*									*								
× koehneana	*					*		*				*		*			*								
latifolia	*	*				*		*				*					*								
opaca	*	*				*		*				*					*								
perado	*					*		*									*								
pernyi	*					*		*				*					*								
Jacaranda acutifolia		*	*	*	*				*				*	*											
mimosifolia		*	*	*	*				*				*	*		*									
Juglans ailanthifolia		*			*				*			*		*	*										
cinera		*	*	*	*				*			*		*	*										
nigra		*	*	*	*				*			*		*	*										

Flowers								Flowering season				Situations suitable										Uses	
White/cream	Yellow	Red	Pink	Purple/mauve	Blue	Bicolored	Fragrant	Spring	Summer	Autumn	Winter	Moist	Wet	Dry	Lime-hating	Shade	Small gardens	Exposed sites	Coastal sites	Containers	Windbreak/hedge	Climate zone	
*									*			*				*						7	**Eucryphia** cordifolia
*									*			*			*	*	*		*			7	glutinosa
*									*			*			*	*	*					8	× intermedia
*									*			*			*	*	*					8	lucida
*									*	*		*				*	*					7	× nymansensis
																*						6	**Evodia** hupehensis
																	*					5	**Fagus** orientalis
														*			*				*	5	sylvatica & cvs
																				*		9	**Ficus** benjamina
																	*					6	carica
																				*		10	elastica
																				*		10	lyrata
																						9	macrophylla
												*										4	**Fraxinus** americana
														*			*	*				4	excelsior & cvs
*									*					*								6	ornus
																	*					6	oxycarpa & cvs
												*										3	pennsylvanica
	*								*								*		*			8	**Genista** aethnensis
																	*					5	**Ginkgo** biloba & cvs
														*			*					5	**Gleditsia** triacanthos & cvs
																	*		*			9	**Grevillea** robusta
																						5	**Gymnocladus** dioica
*								*									*					5	**Halesia** carolina
*									*								*					7	**Hoheria** glabrata
*									*								*					7	lyallii
																*	*		*	*		10	**Howea** belmoreana
																*	*		*	*		10	forsterana
	*								*													6	**Idesia** polycarpa
*								*									*	*	*	*	*	7	**Ilex** × altaclerensis & cvs
*								*						*			*	*	*	*	*	7	aquifolium & cvs
																	*					5	ciliospinosa
																	*			*		8	corallina
												*		*			*					5	decidua
																	*			*		7	fargesii
																	*					6	integra
																	*			*		7	× koehneana
																	*			*		7	latifolia
														*			*			*		6	opaca
																	*					9	perado
																	*					6	pernyi
				*	*				*										*	*		9	**Jacaranda** acutifolia
				*	*				*										*	*		9	mimosifolia
																						5	**Juglans** ailanthifolia
												*										3	cinera
													*			*						5	nigra

Trees

	Size				Type			Shape				Features						Foliage color				Season of foliage color			
	Small (7.5–10m)	Medium (10–18m)	Large (over 18m)	Fast-growing	Deciduous	Evergreen	Conifer	Erect	Spreading	Pyramid	Weeping	Bold leaves	Ferny leaves	Ornamental foliage	Scented leaves	Ornamental bark	Ornamental fruit	Yellow/gold/russet	Purple/red	Gray/silver	Variegated	Spring	Summer	Autumn	Winter
Juglans *regia* & cvs		*			*				*							*									
Juniperus *chinensis* & cvs		*				*	*	*						*			*	*		*		*	*	*	
rigida	*					*	*	*		*				*		*	*								
scopulorum & cvs	*					*	*	*		*				*		*				*		*	*	*	*
virginiana & cvs		*				*	*	*		*				*		*	*			*		*	*	*	*
wallichiana	*					*	*			*				*											
Kalopanax *pictus*	*	*		*	*			*				*													
Kigelia *pinnata*		*				*			*			*				*									
Koelreuteria *paniculata*	*				*				*					*			*	*						*	
× ***Laburnocytisus*** *adamii*	*				*				*																
Laburnum *alpinum* & cvs	*		*		*				*		*														
anagyroides & cvs	*		*		*				*									*					*	*	
× *watereri* & cvs	*		*		*				*		*														
Larix *decidua* & cvs		*	*	*	*		*	*		*				*				*						*	
× *eurolepis*		*	*	*	*		*	*		*				*				*						*	
kaempferi & cvs		*	*	*	*		*	*		*				*				*						*	
Laurus *nobilis* & cvs	*					*		*				*		*	*			*					*		*
Leucodendron *argenteum*	*		*			*		*						*						*					
Liquidambar *formosana*		*			*			*						*					*				*	*	
styraciflua		*			*					*				*					*	*				*	
Liriodendron *tulipifera* & cvs		*	*		*			*				*		*				*		*				*	
Livistona *australis*	*	*				*		*				*	*												
Lyonothamnus *floribundus*	*					*		*						*	*	*									
Macadamia *ternifolia*	*					*		*																	
Maclura *pomifera*		*			*				*							*	*							*	
Magnolia *acuminata*	*	*	*		*					*		*		*											
ashei	*				*			*				*		*											
campbellii		*			*			*						*											
dawsoniana	*	*			*			*				*		*											
delavayi		*				*		*				*		*	*										
denudata		*			*			*						*											
grandiflora		*				*		*				*		*	*										
kobus	*		*		*			*						*											
macrophylla	*	*	*		*			*				*		*											
sargentiana		*			*			*						*											
sieboldii	*				*			*						*											
sprengeri		*	*		*			*						*											
× *watsonii*	*				*			*						*											
wilsonii	*				*			*						*											
Malus × *atrosanguinea*	*		*		*			*						*											
baccata	*	*			*			*						*											
coronaria & cvs	*				*			*										*	*					*	
floribunda	*		*		*			*						*											
hupehensis	*				*			*								*	*								
ioensis	*				*			*						*											
× *magdeburgensis*	*				*			*						*											

Flowers								Flowering season				Situations suitable										Uses	
White/cream	Yellow	Red	Pink	Purple/mauve	Blue	Bicolored	Fragrant	Spring	Summer	Autumn	Winter	Moist	Wet	Dry	Lime-hating	Shade	Small gardens	Exposed sites	Coastal sites	Containers	Windbreak/hedge	Climate zone	
																						6	**Juglans** regia & cvs
														*			*	*	*	*		4	**Juniperus** chinensis & cvs
														*			*	*	*	*		6	rigida
														*			*	*	*	*	*	4	scopulorum & cvs
														*			*	*	*	*	*	2	virginiana & cvs
														*			*	*				7	wallichiana
*										*						*						5	**Kalopanax** pictus
		*							*													10	**Kigelia** pinnata
	*								*								*					6	**Koelreuteria** paniculata
	*		*						*								*					6	× **Laburnocytisus** adamii
	*						*	*	*								*	*				5	**Laburnum** alpinum & cvs
	*							*	*								*	*				6	anagyroides & cvs
	*						*	*	*								*	*				6	× watereri & cvs
																	*					3	**Larix** decidua & cvs
																	*					5	× eurolepis
																	*					5	kaempferi & cvs
*								*									*	*	*	*		7	**Laurus** nobilis & cvs
														*			*	*	*			9	**Leucodendron** argenteum
																						6	**Liquidambar** formosana
												*										5	styraciflua
	*								*			*										5	**Liriodendron** tulipifera & cvs
												*					*		*	*		10	**Livistona** australis
*								*	*					*			*	*	*	*		9	**Lyonothamnus** floribundus
*							*	*									*		*			9	**Macadamia** ternifolia
																	*				*	6	**Maclura** pomifera
	*							*	*													5	**Magnolia** acuminata
*							*	*														7	ashei
*			*	*				*		*												7	campbellii
*			*					*														7	dawsoniana
*										*	*											8	delavayi
*							*	*									*					6	denudata
*							*		*	*		*							*			7	grandiflora
*							*	*									*					6	kobus
*				*					*							*						8	macrophylla
			*					*														7	sargentiana
*							*		*								*					6	sieboldii
*			*				*	*								*						7	sprengeri
*							*		*													6	× watsonii
*									*	*					*	*						6	wilsonii
		*	*			*	*	*						*			*					5	**Malus** × atrosanguinea
*						*	*	*						*			*					3	baccata
			*					*						*			*					5	coronaria & cvs
*		*				*		*						*			*		*			5	floribunda
*			*				*	*									*	*				4	hupehensis
*			*					*						*			*					3	ioensis
		*	*			*		*						*			*					4	× magdeburgensis

Trees

Species	Size				Type			Shape				Features								Foliage color		Season of foliage color			
	Small (7.5–10m)	Medium (10–18m)	Large (over 18m)	Fast-growing	Deciduous	Evergreen	Conifer	Erect	Spreading	Pyramid	Weeping	Bold leaves	Ferny leaves	Ornamental foliage	Scented leaves	Ornamental bark	Ornamental fruit	Yellow/gold/russet	Purple/red	Gray/silver	Variegated	Spring	Summer	Autumn	Winter
Malus × *micromalus*	*				*			*									*								
prunifolia & cvs	*				*				*	*							*								
pumila cultivars	*				*				*								*								
× *purpurea*	*			*	*				*								*		*					*	
× *robusta*	*			*	*				*								*								
spectabilis	*				*				*																
trilobata		*			*			*							*				*					*	
tschonoskii		*	*	*	*			*	*							*	*	*						*	
Melaleuca *leucadendron*		*	*			*		*							*						*	*	*	*	*
quinquenervia	*		*			*				*	*				*										
Melia *azedarach*	*		*		*				*			*	*			*									
Meliosma *oldhamii*	*				*				*			*	*	*										*	
veitchiorum	*				*			*				*	*	*		*								*	
Mespilus *germanica*	*				*				*					*		*	*							*	
Metasequoia *glyptostroboides*		*	*	*	*		*			*			*	*		*								*	
Metrosideros *excelsus*		*	*			*			*					*											
Michelia *doltsopa*	*	*				*			*					*	*										
Morus *alba* & cvs	*	*		*	*				*	*	*	*				*	*							*	
nigra	*			*	*				*			*				*	*							*	
Neopanax *arboreus*	*					*			*			*		*		*									
Nothofagus *antarctica*		*	*	*	*				*							*								*	
dombeyi	*	*	*			*			*																
fusca		*			*			*											*					*	
obliqua			*	*	*				*							*	*							*	
procera			*	*	*				*							*	*							*	
Nyssa *sylvatica*		*			*					*						*	*							*	
Olea *europaea*	*				*			*						*						*		*	*	*	*
Ostrya *carpinifolia*		*			*				*							*	*							*	
virginiana	*				*				*	*						*	*							*	
Oxydendrum *arboreum*	*				*			*								*	*							*	
Pandanus *tectorius* & cvs	*					*		*	*			*		*		*				*		*	*	*	*
Parrotia *persica*	*				*				*		*					*		*	*					*	
Paulownia *tomentosa*	*	*		*	*				*			*		*											
Persea *americana* & cvs		*	*		*				*			*					*								
Phellodendron *amurense*	*	*			*				*			*		*	*	*	*	*					*		
Phillyrea *latifolia*	*					*			*					*											
Phoenix *canariensis*		*				*		*				*		*		*	*								
dactylifera		*				*		*				*		*		*	*								
Photinia *serrulata*	*					*			*			*		*			*		*			*	*		
Picea *abies* & cvs		*	*			*	*			*	*			*											
breweriana	*					*	*			*	*			*											
engelmannii	*					*	*			*				*		*				*		*	*	*	*
glauca		*				*	*			*				*						*		*	*	*	*
mariana	*					*	*			*				*		*			*	*		*	*	*	*
omorika & cvs		*	*			*	*	*		*	*			*		*									
orientalis & cvs		*	*			*	*			*				*						*				*	

| Flowers | | | | | | | | Flowering season | | | | Situations suitable | | | | | | | | | | Climate zone | Uses |
White/cream	Yellow	Red	Pink	Purple/mauve	Blue	Bicolored	Fragrant	Spring	Summer	Autumn	Winter	Moist	Wet	Dry	Lime-hating	Shade	Small gardens	Exposed sites	Coastal sites	Containers	Windbreak/hedge	Climate zone	
		*	*					*						*			*					4	**Malus** × *micromalus*
		*	*			*		*						*			*					4	*prunifolia* & cvs
			*					*						*			*					4	*pumila* cultivars
		*						*						*			*		*			4	× *purpurea*
*		*						*						*			*					4	× *robusta*
		*	*			*	*	*						*			*					5	*spectabilis*
*								*										*				5	*trilobata*
*			*					*						*								6	*tschonoskii*
*									*			*	*				*	*	*			9	**Melaleuca** *leucadendron*
*		*	*									*	*				*	*	*			9	*quinquenervia*
				*			*	*									*		*			9	**Melia** *azedarach*
*									*								*					6	**Meliosma** *oldhamii*
*							*	*									*					6	*veitchiorum*
*								*	*			*					*					6	**Mespilus** *germanica*
												*										5	**Metasequoia** *glyptostroboides*
	*								*									*	*			9	**Metrosideros** *excelsus*
*							*	*							*				*			9	**Michelia** *doltsopa*
																			*			5	**Morus** *alba* & cvs
														*					*			6	*nigra*
																	*	*	*	*		9	**Neopanax** *arboreus*
															*							7	**Nothofagus** *antarctica*
															*							8	*dombeyi*
																						7	*fusca*
															*							6	*obliqua*
															*							7	*procera*
													*									5	**Nyssa** *sylvatica*
*						*		*									*	*	*	*		9	**Olea** *europaea*
	*							*														6	**Ostrya** *carpinifolia*
	*							*									*					5	*virginiana*
*									*	*		*			*		*					5	**Oxydendrum** *arboreum*
						*											*	*	*	*		10	**Pandanus** *tectorius* & cvs
		*						*									*	*				6	**Parrotia** *persica*
				*			*	*	*													6	**Paulownia** *tomentosa*
																			*	*		9	**Persea** *americana* & cvs
	*							*														4	**Phellodendron** *amurense*
*								*									*	*	*	*		6	**Phillyrea** *latifolia*
*	*							*	*									*	*	*		9	**Phoenix** *canariensis*
*	*							*	*											*		10	*dactylifera*
*								*									*					7	**Photinia** *serrulata*
																	*	*	*		*	2	**Picea** *abies* & cvs
																						6	*breweriana*
																		*	*		*	3	*engelmannii*
																		*	*		*	3	*glauca*
																		*	*		*	3	*mariana*
																		*	*		*	4	*omorika* & cvs
																			*		*	5	*orientalis* & cvs

Trees

	Size			Type				Shape				Features						Foliage color				Season of foliage color			
	Small (7.5–10 m)	Medium (10–18 m)	Large (over 18 m)	Fast-growing	Deciduous	Evergreen	Conifer	Erect	Spreading	Pyramid	Weeping	Bold leaves	Ferny leaves	Ornamental foliage	Scented leaves	Ornamental bark	Ornamental fruit	Yellow/gold/russet	Purple/red	Gray/silver	Variegated	Spring	Summer	Autumn	Winter
***Picea* pungens & cvs**	*	*	*			*	*			*				*	*					*		*	*	*	*
sitchensis			*	*		*	*			*				*	*					*		*	*	*	*
smithiana		*				*	*			*				*		*									
***Pinus* aristata**	*					*	*			*				*		*				*		*	*	*	*
armandii		*	*			*	*			*				*		*									
ayacahuite			*	*		*	*		*	*		*		*		*			*			*	*	*	*
banksiana		*		*		*	*			*				*		*									
bungeana	*	*				*	*			*				*		*	*								
cembra		*				*	*			*				*		*			*			*	*	*	*
cembroides	*					*	*			*				*		*			*			*	*	*	*
contorta		*	*	*		*	*			*				*											
coulteri		*	*	*		*	*			*		*		*		*			*			*	*	*	*
densiflora		*	*			*	*			*				*	*										
gerardiana	*					*	*			*				*	*										
jeffreyi		*	*			*	*			*				*		*			*			*	*	*	*
leucodermis	*					*	*			*				*		*									
montezumae		*				*	*	*						*											
muricata		*	*			*	*			*				*		*			*			*	*	*	*
nigra & cvs		*	*			*	*			*				*		*			*			*	*	*	*
parviflora	*	*				*	*			*				*		*			*			*	*	*	*
peuce		*	*	*		*	*			*				*		*						*	*	*	*
pinaster		*	*			*	*			*				*		*									
ponderosa	*	*				*	*			*				*		*									
radiata		*	*			*	*			*				*		*	*								
strobus		*	*			*	*			*				*		*									
sylvestris & cvs		*	*			*	*			*				*		*		*		*		*	*	*	*
thunbergii		*				*	*			*				*		*				*		*	*	*	*
wallichiana		*	*			*	*			*		*		*		*				*		*	*	*	*
***Pittosporum* tenuifolium & cvs**	*					*		*	*			*		*				*	*	*	*	*	*	*	*
undulatum & cvs	*					*			*			*		*							*	*	*	*	*
***Platanus* × acerifolia & cvs**		*	*	*	*				*	*		*		*		*	*				*		*	*	
occidentalis		*	*	*	*				*			*		*		*	*								
orientalis		*			*				*					*		*	*								
***Plumeria* rubra**	*					*			*			*		*											
***Podocarpus* hallii**	*					*	*			*				*	*										
***Populus* alba & cvs**			*	*	*			*										*		*		*	*		
balsamifera		*		*	*			*						*	*			*						*	
× canadensis		*	*	*	*			*										*						*	
× canescens		*	*	*	*			*										*	*			*	*		
× generosa		*	*	*	*			*						*				*						*	
× gileadensis & cvs		*		*	*			*							*			*			*	*	*		
lasiocarpa		*		*	*			*				*		*											
nigra & cvs		*	*	*	*			*										*						*	
× robusta		*	*	*	*			*								*		*	*			*			
tremula & cvs		*	*	*	*			*			*	*		*										*	
tremuloides & cvs	*		*	*	*			*		*				*										*	

White/cream	Yellow	Red	Pink	Purple/mauve	Blue	Bicolored	Fragrant	Spring	Summer	Autumn	Winter	Moist	Wet	Dry	Lime-hating	Shade	Small gardens	Exposed sites	Coastal sites	Containers	Windbreak/hedge	Climate zone	Name
																	*	*			*	3	**Picea** *pungens* & cvs
													*				*	*			*	3	*sitchensis*
																						7	*smithiana*
														*			*	*	*		*	5	**Pinus** *aristata*
														*			*				*	6	*armandii*
														*					*			8	*ayacahuite*
														*	*		*	*	*		*	3	*banksiana*
														*			*		*			5	*bungeana*
														*				*			*	3	*cembra*
														*			*	*			*	7	*cembroides*
														*				*	*		*	6	*contorta*
														*								7	*coulteri*
														*				*			*	4	*densiflora*
														*		*						7	*gerardiana*
														*				*			*	5	*jeffreyi*
														*				*				6	*leucodermis*
														*								8	*montezumae*
														*	*			*	*		*	7	*muricata*
														*				*	*		*	4	*nigra* & cvs
														*		*	*	*			*	4	*parviflora*
														*				*			*	5	*peuce*
														*				*	*		*	7	*pinaster*
														*				*			*	9	*ponderosa*
														*				*	*		*	7	*radiata*
														*				*	*		*	3	*strobus*
														*				*	*		*	3	*sylvestris* & cvs
														*				*	*		*	5	*thunbergii*
														*				*				6	*wallichiana*
		*		*				*									*		*		*	8	**Pittosporum** *tenuifolium* & cvs
*				*				*	*								*		*			9	*undulatum* & cvs
																			*			6	**Platanus** × *acerifolia* & cvs
												*	*						*			5	*occidentalis*
																			*			6	*orientalis*
*	*		*			*			*					*			*			*		10	**Plumeria** *rubra*
																	*			*		8	**Podocarpus** *hallii*
												*	*				*	*				4	**Populus** *alba* & cvs
												*										2	*balsamifera*
												*									*	3	× *canadensis*
		*									*	*	*						*			5	× *canescens*
		*						*				*										4	× *generosa*
												*										2	× *gileadensis* & cvs
			*					*				*										5	*lasiocarpa*
												*					*				*	3	*nigra* & cvs
		*						*				*					*					2	× *robusta*
			*					*			*	*	*				*	*				3	*tremula* & cvs
			*					*			*	*										2	*tremuloides* & cvs

Trees

	Small (7.5–10m)	Medium (10–18m)	Large (over 18m)	Fast-growing	Deciduous	Evergreen	Conifer	Erect	Spreading	Pyramid	Weeping	Bold leaves	Ferny leaves	Ornamental foliage	Scented leaves	Ornamental bark	Ornamental fruit	Yellow/gold/russet	Purple/red	Gray/silver	Variegated	Spring	Summer	Autumn	Winter
Populus *trichocarpa*		*	*	*	*			*						*	*	*		*						*	
Prunus × 'Accolade'	*		*	*					*	*															
× *amygdalo-persica*	*		*	*					*																
armeniaca	*			*					*																
avium & cvs		*	*	*	*				*	*						*	*		*					*	
× *blireiana*	*			*					*										*				*		
cerasifera & cvs	*		*	*					*	*							*		*			*	*	*	
cerasus & cvs	*			*					*	*							*								
davidiana & cvs	*		*	*					*																
dulcis & cvs	*		*	*					*																
× *hillieri* & cvs	*	*	*	*					*	*									*					*	
incisa	*		*	*					*										*	*				*	
Japanese cultivars	*	*	*	*					*	*									*	*		*			
maackii	*			*				*								*									
mume & cvs	*			*					*	*															
× 'Okame'	*		*	*					*																
padus & cvs		*	*	*					*										*				*		
persica & cvs	*		*	*					*	*															
sargentii		*	*	*					*									*	*					*	
serotina		*	*	*					*										*					*	
serrula	*			*					*							*									
subhirtella & cvs	*			*					*	*								*	*					*	
triloba	*		*	*					*																
yedoensis	*		*	*					*	*															
Pseudolarix *amabilis*		*	*	*	*		*			*				*			*	*						*	
Pseudotsuga *menziesii* & cvs	*	*	*	*		*	*			*	*			*	*		*			*		*	*	*	*
Pyrus *calleryana* & cvs		*		*					*	*							*							*	
communis	*	*		*					*							*	*							*	
salicifolia & cvs	*			*						*				*			*	*		*					
ussuriensis	*	*		*					*								*	*						*	
Quercus *alba*		*	*	*					*			*							*			*		*	
cerris		*	*	*					*																
coccinea		*	*	*					*					*					*					*	
frainetto		*	*	*					*			*		*											
× *hispanica*		*				*			*																
ilex		*				*			*																
macranthera		*		*					*			*		*											
myrsinifolia	*					*		*						*					*			*			
palustris		*		*					*					*					*					*	
phellos & cvs		*		*					*					*				*						*	
robur & cvs		*		*					*	*								*	*		*			*	*
rubra & cvs		*	*	*					*					*				*	*					*	*
suber		*				*			*							*									
velutina		*		*					*			*		*				*	*					*	
virginiana	*					*			*																
Ravenala *madagascariensis*	*					*			*			*	*												

Flowers								Flowering season				Situations suitable										Uses	
White/cream	Yellow	Red	Pink	Purple/mauve	Blue	Bicolored	Fragrant	Spring	Summer	Autumn	Winter	Moist	Wet	Dry	Lime-hating	Shade	Small gardens	Exposed sites	Coastal sites	Containers	Windbreak/hedge	Climate zone	
												*										4	**Populus** *trichocarpa*
			*					*									*	*	*			5	**Prunus** × 'Accolade'
			*					*									*	*	*			6	× *amygdalo-persica*
*								*									*	*				5	*armeniaca*
*								*														4	*avium* & cvs
			*				*	*									*	*	*			4	× *blireiana*
*								*									*	*	*		*	4	*cerasifera* & cvs
*								*														4	*cerasus* & cvs
*		*						*			*						*					4	*davidiana* & cvs
			*					*									*	*				7	*dulcis* & cvs
			*					*									*	*				5	× *hillieri* & cvs
*			*					*									*	*	*			6	*incisa*
*			*					*									*					6	Japanese cultivars
*								*								*	*					2	*maackii*
*			*				*	*									*	*	*			6	*mume* & cvs
		*	*					*									*	*				7	× 'Okame'
*			*					*									*	*				4	*padus* & cvs
*			*					*									*	*	*			5	*persica* & cvs
			*					*														5	*sargentii*
*								*	*													4	*serotina*
*								*									*					6	*serrula*
			*					*		*	*						*	*	*			6	*subhirtella* & cvs
			*					*									*	*	*			5	*triloba*
			*				*	*									*	*				6	*yedoensis*
															*	*						5	**Pseudolarix** *amabilis*
																		*			*	4	**Pseudotsuga** *menziesii* & cvs
*								*														6	**Pyrus** *calleryana* & cvs
*								*				*										5	*communis*
*								*								*						5	*salicifolia* & cvs
*								*														5	*ussuriensis*
																						5	**Quercus** *alba*
																			*			7	*cerris*
																						5	*coccinea*
																						6	*frainetto*
																			*			7	× *hispanica*
																			*			7	*ilex*
																						6	*macranthera*
																*						7	*myrsinifolia*
												*										5	*palustris*
												*	*						*			5	*phellos* & cvs
												*						*	*			5	*robur* & cvs
																						5	*rubra* & cvs
																			*			8	*suber*
																						5	*velutina*
																			*			7	*virginiana*
																	*	*	*			10	**Ravenala** *madagascariensis*

Trees

	Size				Type			Shape				Features						Foliage color				Season of foliage color			
	Small (7.5–10m)	Medium (10–18m)	Large (over 18m)	Fast-growing	Deciduous	Evergreen	Conifer	Erect	Spreading	Pyramid	Weeping	Bold leaves	Ferny leaves	Ornamental foliage	Scented leaves	Ornamental bark	Ornamental fruit	Yellow/gold/russet	Purple/red	Gray/silver	Variegated	Spring	Summer	Autumn	Winter
Rhamnus purshiana	*				*				*					*		*									
Rhododendron arboreum	*					*			*			*		*											
barbatum	*					*			*			*		*	*										
falconeri	*					*			*			*		*											
fictolacteum	*					*			*			*		*											
maximum	*					*			*			*		*											
rex	*					*			*			*		*											
sinogrande	*					*			*			*		*											
Robinia pseudoacacia & cvs	*		*	*	*				*				*	*				*					*	*	
Roystonea regia		*				*		*				*		*											
Sabal palmetto		*				*		*				*		*											
Salix alba & cvs		*	*	*	*				*					*		*					*	*			
babylonica		*		*	*						*														
× chrysocoma		*		*	*						*			*											
daphnoides	*			*	*			*								*									
fragilis		*	*	*	*			*																	
matsudana & m. 'Tortuosa'		*		*	*			*	*							*									
× rubens		*	*	*	*			*																	
sachalinensis 'Sekka'	*			*	*			*								*									
Sassafras albidum		*			*					*		*		*	*			*	*					*	
Schefflera digitata	*					*			*			*		*		*									
Schinus molle	*					*			*		*		*	*		*									
terebinthifolius	*					*			*					*		*									
Sciadopitys verticillata		*				*	*			*				*											
Sequoia sempervirens		*				*	*			*				*		*									
Sequoiadendron giganteum		*				*	*			*				*		*									
Sesbania grandiflora	*		*		*				*			*	*			*									
Sophora japonica & cvs	*	*	*		*				*		*	*	*												
microphylla	*				*				*			*	*												
tetraptera	*				*				*			*	*												
Sorbus alnifolia		*			*				*								*	*	*					*	
americana	*				*				*					*			*	*	*					*	
aria & cvs	*	*		*	*				*	*				*				*		*			*	*	
aucuparia & cvs	*	*		*	*				*	*				*			*	*	*					*	
cashmiriana	*				*				*					*			*			*					
commixta	*				*				*					*			*	*	*					*	
cuspidata		*			*			*				*		*											
decora	*				*				*					*			*			*					
'Embley'		*			*				*					*			*		*					*	
hupehensis	*		*		*				*					*			*		*					*	
'Joseph Rock'	*				*				*					*			*	*	*					*	
pohuashanensis		*			*				*					*			*								
sargentiana	*				*				*					*			*	*						*	
scalaris	*				*				*					*			*	*						*	
thibetica 'John Mitchell'		*	*		*				*			*		*						*			*	*	
× thuringiaca	*				*				*			*		*			*								

Flowers								Flowering season				Situations suitable										Uses	
White/cream	Yellow	Red	Pink	Purple/mauve	Blue	Bicolored	Fragrant	Spring	Summer	Autumn	Winter	Moist	Wet	Dry	Lime-hating	Shade	Small gardens	Exposed sites	Coastal sites	Containers	Windbreak/hedge	Climate zone	
	*								*								*		*			7	**Rhamnus** *purshiana*
*	*	*	*					*							*							8	**Rhododendron** *arboreum*
	*							*							*	*						8	*barbatum*
	*							*							*							8	*falconeri*
	*							*							*							7	*fictolacteum*
*		*		*					*						*							4	*maximum*
*			*					*							*	*						7	*rex*
*								*							*							8	*sinogrande*
*							*	*						*					*			4	**Robinia** *pseudoacacia* & cvs
																	*		*	*		10	**Roystonea** *regia*
																	*			*		9	**Sabal** *palmetto*
												*							*			2	**Salix** *alba* & cvs
												*										6	*babylonica*
												*										2	× *chrysocoma*
	*							*				*				*						5	*daphnoides*
												*							*			5	*fragilis*
												*										4	*matsudana* & *m.* 'Tortuosa'
												*										5	× *rubens*
	*							*				*				*						4	*sachalinensis* 'Sekka'
	*							*				*			*	*						5	**Sassafras** *albidum*
									*								*	*	*	*		8	**Schefflera** *digitata*
	*							*									*		*			9	**Schinus** *molle*
*								*											*			9	*terebinthifolius*
															*	*	*					6	**Sciadopitys** *verticillata*
																			*			7	**Sequoia** *sempervirens*
																			*			6	**Sequoiadendron** *giganteum*
*		*							*								*	*	*			9	**Sesbania** *grandiflora*
*									*	*												5	**Sophora** *japonica* & cvs
	*							*	*								*		*	*		8	*microphylla*
	*							*	*								*		*	*		8	*tetraptera*
*								*	*													6	**Sorbus** *alnifolia*
*								*	*								*					3	*americana*
*								*	*					*				*	*			5	*aria* & cvs
*								*	*					*				*	*			3	*aucuparia* & cvs
			*					*	*								*					6	*cashmiriana*
*								*	*								*	*				5	*commixta*
*								*				*						*				6	*cuspidata*
*								*	*								*					3	*decora*
*								*	*										*			6	'Embley'
*								*	*								*	*				5	*hupehensis*
*								*	*								*					6	'Joseph Rock'
*								*									*	*				5	*pohuashanensis*
*								*	*								*					6	*sargentiana*
*								*									*	*				5	*scalaris*
*								*	*													6	*thibetica* 'John Mitchell'
*								*	*								*		*			5	× *thuringiaca*

Trees

Name	Size				Type			Shape				Features						Foliage color				Season of foliage color			
	Small (7.5–10 m)	Medium (10–18 m)	Large (over 18 m)	Fast-growing	Deciduous	Evergreen	Conifer	Erect	Spreading	Pyramid	Weeping	Bold leaves	Ferny leaves	Ornamental foliage	Scented leaves	Ornamental bark	Ornamental fruit	Yellow/gold/russet	Purple/red	Gray/silver	Variegated	Spring	Summer	Autumn	Winter
Sorbus torminalis		*			*			*									*	*						*	
vilmorinii	*				*					*		*	*	*			*		*						*	
Spathodea campanulata		*				*				*		*		*		*									
Stewartia koreana	*	*			*				*							*		*	*					*	
malacodendron	*				*				*									*	*					*	
pseudocamellia	*	*			*				*							*		*	*					*	
sinensis	*				*				*							*		*	*					*	
Styrax hemsleyana	*				*				*																
japonica	*				*				*																
obassia	*				*				*			*		*	*										
Symplocos paniculata	*				*				*								*								
Taxodium distichum & cvs			*		*		*			*	*		*	*		*		*	*					*	
Taxus baccata & cvs	*	*				*	*	*	*		*			*				*	*		*	*	*	*	*
cuspidata & cvs		*				*	*	*	*					*											
× media	*	*				*	*	*						*											
Thuja occidentalis & cvs		*				*	*			*				*	*			*				*	*	*	*
orientalis & cvs	*					*	*			*				*	*			*				*	*	*	*
plicata & cvs			*	*		*	*			*				*	*			*			*	*	*	*	*
Thujopsis dolabrata & cvs	*	*				*	*			*		*		*				*			*	*	*	*	*
Tilia americana		*	*	*	*				*			*													
cordata & cvs		*	*		*				*	*								*					*	*	
× euchlora		*	*	*	*				*									*						*	
× europaea		*	*	*	*				*									*					*	*	
oliveri		*	*		*				*											*					
petiolaris & cvs		*	*		*				*		*	*								*					
platyphyllos & cvs		*	*	*	*				*			*			*										
tomentosa		*			*				*			*								*					
Torreya californica	*	*				*	*		*			*		*											
Trachycarpus fortunei	*	*				*	*	*				*		*		*	*								
Tsuga canadensis & cvs		*	*			*	*			*	*			*				*					*		*
heterophylla & cvs			*			*	*	*		*	*			*											
Ulmus americana		*			*			*																	
carpinifolia & cvs		*			*				*					*				*			*		*	*	
glabra & cvs		*	*	*	*				*	*								*					*		
× hollandica & cvs		*	*	*	*				*									*					*		
parvifolia	*				*				*																
× sarniensis		*	*	*	*			*		*															
× vegeta		*	*	*	*				*																
Umbellularia californica		*				*			*						*										
Washingtonia filifera		*				*		*				*	*												
robusta		*				*		*				*	*												
Yucca aloifolia	*					*		*				*		*											
brevifolia	*					*		*	*			*		*											
elephantipes	*					*		*	*			*		*											
Zelkova carpinifolia		*			*				*							*				*				*	
serrata		*			*				*											*				*	

White/cream	Yellow	Red	Pink	Purple/mauve	Blue	Bicolored	Fragrant	Spring	Summer	Autumn	Winter	Moist	Wet	Dry	Lime-hating	Shade	Small gardens	Exposed sites	Coastal sites	Containers	Windbreak/hedge	Climate zone	Uses
																		*				5	**Sorbus** *torminalis*
*								*	*								*					5	*vilmorinii*
		*						*		*								*				10	**Spathodea** *campanulata*
*									*						*							6	**Stewartia** *koreana*
*				*					*						*	*						7	*malacodendron*
*									*						*							6	*pseudocamellia*
*									*						*	*						6	*sinensis*
*									*						*	*	*					7	**Styrax** *hemsleyana*
*							*		*						*	*	*					5	*japonica*
*							*		*						*	*	*					6	*obassia*
*								*	*						*	*						5	**Symplocos** *paniculata*
												*						*				5	**Taxodium** *distichum* & cvs
												*	*				*	*	*	*	*	6	**Taxus** *baccata* & cvs
														*		*	*	*	*	*	*	5	*cuspidata* & cvs
														*		*	*	*	*	*	*	4	× *media*
														*		*	*	*	*			2	**Thuja** *occidentalis* & cvs
																*	*	*				6	*orientalis* & cvs
														*		*	*	*	*		*	5	*plicata* & cvs
														*		*			*			7	**Thujopsis** *dolabrata* & cvs
																		*				3	**Tilia** *americana*
*									*													4	*cordata* & cvs
	*								*									*				5	× *euchlora*
*									*									*				4	× *europaea*
*									*													6	*oliveri*
*							*		*													6	*petiolaris* & cvs
*									*									*				4	*platyphyllos* & cvs
*									*													4	*tomentosa*
																		*				7	**Torreya** *californica*
	*								*							*		*	*			7	**Trachycarpus** *fortunei*
																	*	*		*	*	4	**Tsuga** *canadensis* & cvs
																*						4	*heterophylla* & cvs
														*								3	**Ulmus** *americana*
														*		*						5	*carpinifolia* & cvs
														*		*						5	*glabra* & cvs
														*		*						5	× *hollandica* & cvs
														*		*						6	*parvifolia*
														*		*						6	× *sarniensis*
														*		*						5	× *vegeta*
	*							*								*	*	*			*	7	**Umbellularia** *californica*
*								*	*								*	*				9	**Washingtonia** *filifera*
*								*	*								*	*	*			9	*robusta*
*									*					*			*	*	*			9	**Yucca** *aloifolia*
*									*					*			*	*	*			9	*brevifolia*
*									*					*			*	*	*			9	*elephantipes*
																						6	**Zelkova** *carpinifolia*
												*				*		*				6	*serrata*

Shrubs

Definitions of chart headings

The shrubs in this section are all woody-stemmed plants less than 7.5 m (25 ft) tall, with one or more stems arising at, or just above or below, ground level. Within this definition they vary greatly in overall shape and height. Some shrubs form flat mats, for example, *Juniperus horizontalis* and *Cotoneaster dammeri*. Others form low bushes or shrublets to 30 cm (12 in) or so tall, for example, *Rhododendron camtschaticum, Salix × boydii* and *Fuchsia ×* 'Tom Thumb'. Many dwarf cultivars of trees are of shrub size, and therefore appear in this section. At the opposite extreme there are shrubs that, when fully grown, are nearly as tall as trees, for example, several sorts of *Berberis, Ceanothus, Cotoneaster, Rhododendron, Rosa* and *Viburnum*. For advice on choosing shrubs for your garden, see pages 20 and 23.

Height

The size given for each shrub is the minimum height it is likely to be when fully grown (this usually means more than ten years old).
Small Up to 1.5 m (5 ft).
Medium 1.5–3 m (5–10 ft).
Large 3–7.5 m (10–25 ft).
Fast-growing At least 30 cm (12 in) of growth in height each year. This assumes that the shrub has been established in its present position for two years, is happily sited, and is healthy.

Type

Deciduous Leafless from late autumn to midspring.
Evergreen Leafy throughout the year, although in some cases the leaves of the previous year fall when the new ones emerge. A few evergreen plants may lose their leaves in an exceptionally hard winter.
Conifer A member of the cone-bearing group of plants (*Coniferae*) that is typified by *Pinus* (pine), and *Picea* (spruce) species. Most are evergreen, with very narrow or needlelike leaves and bear their seeds in woody cones. There are exceptions – the cones of *Juniperus* (juniper) species, for example, are berry-like. Most of the shrub-size conifers are dwarf forms of trees.

Shape

Erect An upright plant formed principally of vertical stems.

Arundinaria nitida

Spreading A shrub that is as wide as or wider than it is tall, with its branches growing more or less horizontally.

Hamamelis mollis

Pyramid A triangular outline, broadest at the base.

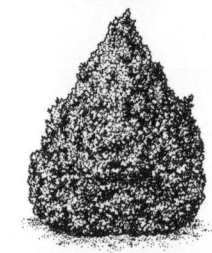

Picea glauca 'Albertiana Conica'

Weeping A plant with spreading stems or branches that curve downward or hang vertically.

Cotoneaster 'Hybridus Pendulus'

Features

Bold leaves Large leaves (at least 3.5 cm/1.5 in long) with a distinctive shape. In conifers and small-leaved shrubs, densely

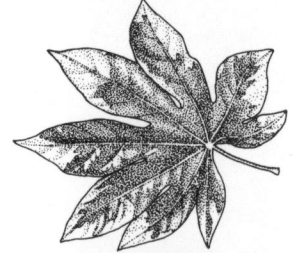

Fatsia japonica

borne needle-leaves that create a tree with a bold outline.

Ferny leaves Leaves formed of finely cut leaflets, like those of most ferns.

Ornamental foliage Leaves that are attractive in their own right, without the embellishment of flowers. It is usually their effect *en masse* that is appealing.

Hebe × andersonii 'Variegata'

Scented leaves Leaves that give off a sweet or aromatic smell either when bruised, or naturally in warm weather.

Ornamental bark Bark on branches or stems that is colored, or peels or flakes attractively.

Ornamental fruit Berries, seed pods or other fruits that are colored or attractively shaped.

Foliage color

Two or more colors given for one plant indicate either that the leaves on different individuals or varieties of that species can vary, or that leaf color changes from season to season.

Gray/silver These colors are often due to a layer of felty or cottonlike white hairs covering the leaves.

Variegated Speckled, blotched, lined, or margined with a contrasting color, usually white, cream or yellow.

Flowers

Two or more colors given for one plant indicate either that the flowers on different individuals or varieties of that species can vary or, if the flowers are bicolored, that each flower is made up of two or more boldly contrasting colors.

Flowering season

Two or more seasons given for one plant indicate continuous or recurrent flowering.

Situations suitable

Moist Requires a soil that stays moist but never becomes waterlogged.

Wet Tolerates or prefers a soil that is more or less permanently wet, although usually less so in summer.

Dry Tolerates or prefers a well-drained soil that dries out fairly rapidly after rain.

Lime-hating Will fail to thrive, turn yellow, and sometimes die where there is too much lime, as in most chalk and limestone soils. If in doubt about your soil's alkalinity, use a soil-testing kit. A pH reading of 4.5–6.5 is necessary for these plants, with a result of around 5 being the ideal reading.

Shade Tolerates or prefers the mainly sunless shade of high north-facing walls or hedges that are open to the sky above, or the dappled shade of deciduous trees. (Most plants that require direct sunlight will tolerate half-day illumination.)

Small gardens Sites less than 250 m² ($\frac{1}{16}$ acre or 300 yd²).

Exposed sites Hillsides or flat areas with no protection from strong prevailing winds.

Camellia japonica

Coastal sites Within one mile of the seashore.

Rock gardens Naturalistic arrangements of rocks and well-drained soil for growing and displaying the many small plants native to rocky or sandy places and alpine regions.

Containers Suitable for long-term cultivation in pots, tubs or windowboxes (see p.35 for how to do this).

Uses

Hedge Dense-growing, vigorous shrubs that can be grown as a hedge and will stand being clipped once or twice a year. (See p.12 for how to plant a hedge.)

Groundcover An attractive low shrub that will cover the soil completely, preventing or curtailing the growth of weeds.

Specimen A dramatic shrub that looks good when grown on its own due to its strong geometric shape, handsome foliage or beautiful flowers.

Climate zone See "Climate zones and plant hardiness" (pp.244–5).

Shrubs

	Size				Type			Shape				Features						Foliage color				Season of foliage color			
	Small (up to 1.5m)	Medium (1.5–3m)	Large (over 3m)	Fast-growing	Deciduous	Evergreen	Conifer	Erect	Spreading	Pyramid	Weeping	Bold leaves	Ferny leaves	Ornamental foliage	Scented leaves	Ornamental bark	Ornamental fruit	Yellow/gold/russet	Purple/red	Gray/silver	Variegated	Spring	Summer	Autumn	Winter
Abelia _chinensis_	*		*		*				*																
floribunda		*	*			*			*																
× grandiflora & cvs	*		*			*			*										*			*	*	*	*
schumannii		*	*			*			*																
Abutilon _darwinii_		*	*			*			*			*	*												
× hybridum cultivars	*	*	*	*		*			*			*	*								*	*	*	*	*
megapotamicum & cvs	*	*				*			*												*	*	*	*	*
striatum	*	*				*			*			*	*								*	*	*	*	*
× suntense	*	*				*			*			*													
vitifolium & _v._ 'Album'		*	*			*			*			*	*												
Acacia _armata_		*	*			*			*																
cultriformis	*		*			*			*			*	*							*		*	*	*	*
podalyriifolia	*		*			*					*	*	*	*						*		*	*	*	*
Acalypha _hispida_	*		*			*			*			*	*												
wilkesiana & cvs	*		*			*			*			*	*						*			*	*	*	*
Acokanthera _spectabilis_		*				*		*							*										
Aesculus _parviflora_		*	*		*				*			*	*					*	*			*		*	
Allamanda _neriifolia_	*					*		*																	
Alloplectus _teuscheri_	*					*			*			*	*												
Andromeda _polifolia_	*					*			*																
Arcterica _nana_	*					*			*																
Arctostaphylos _manzanita_		*				*			*			*		*	*	*									
nevadensis	*					*			*									*							
uva-ursi cultivars	*					*			*									*							
Aronia _arbutifolia_		*			*				*									*	*					*	
Artemisia _abrotanum_	*				*				*				*	*	*					*		*	*	*	*
arborescens		*	*			*			*				*	*	*					*		*	*	*	*
Arundinaria _anceps_		*	*			*		*				*		*											
japonica		*				*		*				*													
murielae		*				*		*				*													
nitida		*				*		*				*		*											
viridistriata	*					*		*				*									*	*	*	*	*
Asclepias _physocarpa_	*		*			*		*									*								
Asystasia _bella_		*	*			*			*			*	*												
Aucuba _japonica_ & cvs	*					*			*			*		*							*	*	*	*	*
Azara _microphylla_		*	*			*			*																
serrata		*	*			*			*																
Ballota _acetabulosa_	*		*			*			*			*	*							*		*	*	*	*
Bauera _rubioides_		*	*			*			*																
Bauhinia _purpurea_		*			*				*			*	*			*									
tomentosa		*				*			*			*	*			*									
Begonia _coccinea_		*	*			*		*				*						*				*	*	*	*
× corallina		*	*			*		*				*						*			*	*	*	*	*
fuchsioides	*					*			*			*													
× 'Lucerna'		*	*			*		*				*	*					*			*	*	*	*	*
metallica	*					*			*			*	*			*									

White/cream	Yellow	Orange	Red	Pink	Purple/mauve	Blue	Bicolored	Fragrant	Spring	Summer	Autumn	Winter	Moist	Wet	Dry	Lime-hating	Shade	Small gardens	Exposed sites	Coastal sites	Rock gardens	Containers	Hedge	Ground cover	Specimen	Climate zone	
			*					*		*	*							*	*	*						8	***Abelia** chinensis*
		*	*							*								*	*	*						8	*floribunda*
*				*				*		*	*							*	*	*						6	*× grandiflora & cvs*
			*							*	*							*	*	*						7	*schumannii*
		*	*						*	*								*	*	*						9	***Abutilon** darwinii*
*	*	*	*	*					*	*								*	*	*					*	9	*× hybridum cultivars*
	*		*						*		*							*	*	*						8	*megapotamicum & cvs*
		*	*						*	*								*	*	*					*	9	*striatum*
					*				*									*	*	*					*	8	*× suntense*
*					*				*							*	*	*	*	*					*	8	*vitifolium & v. 'Album'*
	*								*			*			*	*		*	*	*			*			9	***Acacia** armata*
	*								*						*	*		*	*	*						9	*cultriformis*
	*								*			*			*	*		*	*	*						9	*podalyriifolia*
			*							*							*		*	*		*			*	10	***Acalypha** hispida*
																	*		*	*		*				10	*wilkesiana & cvs*
*								*	*			*				*	*	*		*					*	9	***Acokanthera** spectabilis*
*										*	*		*				*								*	5	***Aesculus** parviflora*
	*								*	*	*							*	*	*						10	***Allamanda** neriifolia*
	*	*							*	*	*					*	*			*						10	***Alloplectus** teuscheri*
				*					*	*			*	*		*	*			*	*			*		2	***Andromeda** polifolia*
*									*				*			*	*	*			*			*		3	***Arcterica** nana*
*				*					*							*	*			*	*					8	***Arctostaphylos** manzanita*
*									*							*	*	*	*	*	*			*		6	*nevadensis*
				*					*							*	*	*	*	*				*		4	*uva-ursi cultivars*
*				*					*				*			*	*					*				5	***Aronia** arbutifolia*
	*									*						*		*	*	*						6	***Artemisia** abrotanum*
																*		*	*	*	*					8	*arborescens*
																	*					*				8	***Arundinaria** anceps*
													*				*	*				*				7	*japonica*
																	*					*			*	7	*murielae*
																	*					*			*	7	*nitida*
																	*	*		*					*	7	*viridistriata*
*				*						*						*		*		*						10	***Asclepias** physocarpa*
				*					*	*							*	*		*						10	***Asystasia** bella*
				*					*						*		*	*	*	*		*	*			7	***Aucuba** japonica & cvs*
	*							*	*			*					*	*		*						8	***Azara** microphylla*
	*								*	*							*	*		*						8	*serrata*
				*						*					*			*	*	*				*		8	***Ballota** acetabulosa*
*				*					*	*						*		*	*	*		*	*			9	***Bauera** rubioides*
				*	*			*			*	*				*		*					*			9	***Bauhinia** purpurea*
	*			*					*							*		*					*			9	*tomentosa*
		*	*						*	*	*						*	*				*				10	***Begonia** coccinea*
			*						*	*	*						*	*				*				10	*× corallina*
			*							*							*	*				*				10	*fuchsioides*
			*	*					*	*	*						*	*				*				10	*× 'Lucerna'*
*				*					*	*	*						*	*				*				10	*metallica*

Shrubs

Column groups: **Size** · **Type** · **Shape** · **Features** · **Foliage color** · **Season of foliage color**

Name	Small (up to 1.5 m)	Medium (1.5–3 m)	Large (over 3 m)	Fast-growing	Deciduous	Evergreen	Conifer	Erect	Spreading	Pyramid	Weeping	Bold leaves	Ferny leaves	Ornamental foliage	Scented leaves	Ornamental bark	Ornamental fruit	Yellow/gold/russet	Purple/red	Gray/silver	Variegated	Spring	Summer	Autumn	Winter
Begonia scharffii	*					*		*				*		*			*								
Berberis aggregata	*		*	*	*			*									*		*					*	
buxifolia	*					*		*																	
candidula	*					*		*				*	*												
× carminea cultivars		*	*	*	*			*									*		*					*	
darwinii		*	*	*		*		*				*	*												
dictyophylla		*	*	*	*			*				*	*	*		*		*	*					*	
gagnepainii	*	*	*			*		*																	
hookeri	*		*			*		*																	
julianae		*	*			*		*																	
linearifolia		*				*		*																	
× lologensis		*				*		*																	
× ottawensis & cvs		*	*		*			*									*		*			*	*	*	
× 'Parkjuweel'	*					*		*											*					*	
pruinosa		*	*	*		*		*				*	*			*									
× rubrostilla	*				*			*											*						
sargentiana		*	*			*		*				*	*												
× stenophylla cultivars		*	*			*		*																	
thunbergii & cvs	*				*			*									*		*		*		*	*	
verruculosa	*	*				*		*				*	*												
wilsoniae	*					*		*									*		*					*	
Bouvardia × domestica	*		*			*		*																	
longiflora	*		*			*		*																	
Brachyglottis repanda		*	*			*		*				*	*							*		*	*	*	*
Breynia nivosa	*					*		*				*	*								*	*	*	*	*
Bruckenthalia spiculifolia	*					*		*																	
Brunfelsia calycina	*					*		*																	
undulata	*	*				*		*																	
Buddleia davidii & cvs		*	*	*	*			*				*	*								*		*		
fallowiana & cvs		*	*	*	*			*				*	*							*			*		
globosa		*	*	*		*		*				*	*												
× 'Lochinch'		*	*	*	*			*				*	*							*			*	*	
× weyeriana		*	*	*	*			*				*	*												
Bupleurum fruticosum	*		*			*		*				*													
Buxus microphylla & cvs	*					*		*																	
sempervirens bush cultivars		*	*			*		*													*	*	*	*	*
Caesalpinia gilliesii		*	*	*	*			*				*	*	*											
pulcherrima		*	*		*			*				*	*	*											
Callicarpa bodinieri		*			*			*									*								
Callistemon citrinus		*	*	*		*		*							*										
linearis	*	*		*		*		*																	
salignus		*		*		*		*							*										
speciosus		*		*		*		*																	
subulatus	*	*		*		*		*																	
Calluna vulgaris & cvs	*					*		*										*	*	*		*	*	*	*
Calocephalus brownii	*					*		*						*						*		*	*	*	*

Flowers									Flowering season				Situations suitable										Uses				
White/cream	Yellow	Orange	Red	Pink	Purple/mauve	Blue	Bicolored	Fragrant	Spring	Summer	Autumn	Winter	Moist	Wet	Dry	Lime-hating	Shade	Small gardens	Exposed sites	Coastal sites	Rock gardens	Containers	Hedge	Ground cover	Specimen	Climate zone	
*			*						*	*	*						*	*		*		*				10	**Begonia** *scharffii*
	*								*						*		*	*	*				*			6	**Berberis** *aggregata*
	*								*		*				*		*	*	*	*	*		*			6	*buxifolia*
	*								*						*		*	*	*	*	*		*			6	*candidula*
	*								*						*		*	*	*	*			*			6	× *carminea* cultivars
	*	*							*						*		*	*	*	*			*		*	7	*darwinii*
	*								*						*		*	*	*	*			*			6	*dictyophylla*
	*								*						*		*	*	*	*			*			6	*gagnepainii*
	*								*						*		*	*	*	*			*			6	*hookeri*
	*								*		*				*		*	*	*	*			*			6	*julianae*
		*							*						*		*	*	*							6	*linearifolia*
	*	*							*						*		*	*	*							6	× *lologensis*
	*								*						*		*	*		*			*			5	× *ottawensis* & cvs
	*								*						*		*	*		*			*			6	× 'Parkjuweel'
	*								*						*		*	*		*			*			6	*pruinosa*
	*								*						*		*	*		*						6	× *rubrostilla*
	*								*		*				*		*	*		*			*			6	*sargentiana*
	*	*							*						*		*	*		*			*			6	× *stenophylla* cultivars
	*								*	*					*		*	*	*	*			*			5	*thunbergii* & cvs
	*								*						*		*	*	*	*			*			6	*verruculosa*
	*								*						*		*	*	*	*						6	*wilsoniae*
*			*	*					*	*	*						*	*		*	*					9	**Bouvardia** × *domestica*
*										*							*	*		*	*					9	*longiflora*
*								*	*								*	*		*	*				*	9	**Brachyglottis** *repanda*
																	*	*		*						10	**Breynia** *nivosa*
				*					*	*						*	*	*	*	*	*			*		6	**Bruckenthalia** *spiculifolia*
*					*	*		*	*	*		*					*	*				*				9	**Brunfelsia** *calycina*
*	*							*		*							*	*				*				9	*undulata*
*		*	*	*	*			*		*	*				*		*	*	*	*						6	**Buddleia** *davidii* & cvs
*					*			*		*	*				*		*	*	*	*						8	*fallowiana* & cvs
		*								*					*			*	*							7	*globosa*
					*			*		*	*						*	*	*	*						7	× 'Lochinch'
	*	*			*					*							*	*	*	*						8	× *weyeriana*
	*									*	*	*			*			*	*	*			*			7	**Bupleurum** *fruticosum*
															*		*	*	*	*		*	*	*		6	**Buxus** *microphylla* & cvs
							*	*	*						*		*	*	*	*		*	*			6	*sempervirens* bush cultivars
	*		*						*	*								*	*	*					*	9	**Caesalpinia** *gilliesii*
	*	*	*						*	*								*	*	*					*	9	*pulcherrima*
					*					*								*								6	**Callicarpa** *bodinieri*
			*							*			*			*	*	*	*	*						9	**Callistemon** *citrinus*
			*							*			*			*		*	*	*						9	*linearis*
	*		*							*			*			*		*		*						9	*salignus*
			*							*			*			*		*	*	*					*	9	*speciosus*
			*							*			*			*	*	*	*	*						8	*subulatus*
*				*	*				*	*	*		*		*	*	*	*	*	*		*		*		5	**Calluna** *vulgaris* & cvs
	*									*					*			*	*	*	*					9	**Calocephalus** *brownii*

Shrubs

	Size				Type			Shape				Features						Foliage color				Season of foliage color			
	Small (up to 1.5m)	Medium (1.5–3m)	Large (over 3m)	Fast-growing	Deciduous	Evergreen	Conifer	Erect	Spreading	Pyramid	Weeping	Bold leaves	Ferny leaves	Ornamental foliage	Scented leaves	Ornamental bark	Ornamental fruit	Yellow/gold/russet	Purple/red	Gray/silver	Variegated	Spring	Summer	Autumn	Winter
Calycanthus *floridus*	*				*			*							*										
occidentalis	*				*			*							*										
Camellia × 'Cornish Snow'	*					*		*																	
cuspidata	*					*		*																	
granthamiana		*				*		*				*		*											
'Inspiration'	*					*		*				*		*											
japonica & cvs	*	*				*		*				*		*											
reticulata & cvs	*	*				*		*																	
saluenensis	*	*				*		*																	
sasanqua & cvs	*					*		*																	
sinensis	*	*				*		*																	
× *williamsii* cultivars	*	*				*		*				*		*											
Caragana *arborescens*		*	*	*				*				*	*	*		*									
Carissa *grandiflora* & cvs	*	*				*		*									*								
Carpenteria *californica*	*	*				*		*																	
Caryopteris × *clandonensis*	*		*	*	*			*												*			*	*	
Cassia *artemisioides*	*				*			*				*	*	*						*		*	*	*	*
corymbosa	*	*	*		*			*																	
Cassinia *fulvida*	*		*			*		*										*				*	*	*	*
vauvilliersii	*		*			*		*												*		*	*	*	*
Cassiope Hybrid cultivars	*					*		*																	
hypnoides	*					*		*																	
lycopodioides	*					*		*																	
mertensiana	*					*		*																	
selaginoides	*					*		*																	
tetragona	*					*		*																	
Catharanthus *roseus*	*					*		*																	
Ceanothus *arboreus* bush cultivars		*	*			*		*																	
× 'Autumnal Blue'		*	*			*		*																	
× *burkwoodii*		*	*			*		*																	
caeruleus		*	*	*		*		*																	
cyaneus		*	*			*		*																	
× *delilianus* cultivars		*	*	*	*			*																	
× 'Edinburgh'		*	*			*		*																	
foliosus	*		*			*		*																	
gloriosus	*		*			*		*																	
impressus		*	*			*			*																
× *lobbianus*	*	*	*			*		*																	
Cephalotaxus *harringtonia*	*					*	*	*				*		*			*								
Ceratostigma *plumbaginoides*	*		*	*	*			*											*					*	
willmottianum	*	*	*	*	*			*											*					*	
Cestrum *aurantiacum*	*	*			*			*																	
elegans	*	*			*			*									*								
'Newellii'		*			*			*									*								
nocturnum	*	*			*			*									*								
parqui	*	*			*			*																	

Flowers									Flowering season				Situations suitable										Uses			Climate zone	
White/cream	Yellow	Orange	Red	Pink	Purple/mauve	Blue	Bicolored	Fragrant	Spring	Summer	Autumn	Winter	Moist	Wet	Dry	Lime-hating	Shade	Small gardens	Exposed sites	Coastal sites	Rock gardens	Containers	Hedge	Ground cover	Specimen	Climate zone	
		*						*	*	*			*				*									5	**Calycanthus** *floridus*
		*						*	*	*			*				*									7	*occidentalis*
*									*							*	*			*		*	*			8	**Camellia** × 'Cornish Snow'
*									*							*	*					*	*			7	*cuspidata*
*									*							*	*			*		*	*			9	*granthamiana*
				*					*							*	*			*		*	*		*	8	'Inspiration'
*			*	*					*	*		*				*	*			*		*	*		*	7	*japonica* & cvs
				*					*							*	*					*	*		*	8	*reticulata* & cvs
				*					*							*	*					*	*		*	7	*saluenensis*
*			*						*		*	*				*	*					*	*		*	8	*sasanqua* & cvs
*				*					*			*				*	*					*	*			9	*sinensis*
*		*	*						*							*	*					*	*		*	7	× *williamsii* cultivars
	*								*						*			*	*				*		*	2	**Caragana** *arborescens*
*								*	*											*		*	*			9	**Carissa** *grandiflora* & cvs
*								*		*					*			*	*	*					*	8	**Carpenteria** *californica*
					*					*	*				*			*	*	*		*	*			8	**Caryopteris** × *clandonensis*
	*									*					*			*	*	*						9	**Cassia** *artemisioides*
	*								*	*	*							*	*	*						9	*corymbosa*
*										*					*			*	*	*						7	**Cassinia** *fulvida*
*										*					*			*	*	*						8	*vauvilliersii*
*									*				*			*	*	*	*		*	*				4	**Cassiope** Hybrid cultivars
*									*				*			*	*	*	*		*	*				2	*hypnoides*
*									*				*			*	*	*	*		*	*				3	*lycopodioides*
*									*				*			*	*	*	*		*	*				5	*mertensiana*
*									*				*			*	*	*	*		*	*				4	*selaginoides*
*									*				*			*	*	*	*		*	*				3	*tetragona*
				*					*	*					*			*	*	*		*				9	**Catharanthus** *roseus*
						*			*						*			*	*						*	8	**Ceanothus** *arboreus* bush cultivars
						*			*	*	*				*			*	*	*					*	7	× 'Autumnal Blue'
						*			*	*	*				*			*	*	*					*	8	× *burkwoodii*
						*			*	*	*				*			*	*							9	*caeruleus*
						*			*	*					*			*	*	*						8	*cyaneus*
						*				*					*			*	*	*						7	× *delilianus* cultivars
						*			*	*					*			*	*	*					*	8	× 'Edinburgh'
						*			*						*			*	*	*				*		8	*foliosus*
						*			*						*			*	*	*				*		8	*gloriosus*
						*			*						*			*	*	*					*	7	*impressus*
						*			*	*					*			*	*	*					*	8	× *lobbianus*
																	*		*				*			5	**Cephalotaxus** *harringtonia*
						*				*	*				*			*	*	*	*					7	**Ceratostigma** *plumbaginoides*
						*				*	*				*			*	*	*	*				*	7	*willmottianum*
	*	*						*	*									*	*	*						8	**Cestrum** *aurantiacum*
			*						*									*	*	*						8	*elegans*
			*						*									*	*	*						8	'Newellii'
*								*	*									*	*	*						8	*nocturnum*
*	*							*	*									*	*	*						8	*parqui*

Shrubs

	Size				Type			Shape				Features						Foliage color				Season of foliage color			
	Small (up to 1.5m)	Medium (1.5–3m)	Large (over 3m)	Fast-growing	Deciduous	Evergreen	Conifer	Erect	Spreading	Pyramid	Weeping	Bold leaves	Ferny leaves	Ornamental foliage	Scented leaves	Ornamental bark	Ornamental fruit	Yellow/gold/russet	Purple/red	Gray/silver	Variegated	Spring	Summer	Autumn	Winter
Chaenomeles × *californica*	*	*			*			*									*								
japonica	*				*				*								*								
speciosa & cvs		*			*				*								*								
× *superba* cultivars	*	*		*	*			*	*								*								
Chamaedaphne *calyculata*	*					*		*																	
Chamaedorea *elegans*		*				*		*				*	*	*			*								
Chamaerops *humilis*	*					*		*	*			*		*		*									
Chimonanthus *praecox*		*			*			*	*																
Chionanthus *virginicus*		*	*		*				*								*	*						*	
Choisya *ternata*		*				*		*				*		*	*										
Chorizema *cordatum*	*					*		*				*		*											
Cistus × *aguilari*	*			*		*			*						*										
× *corbariensis*	*			*		*			*																
creticus	*			*		*			*											*		*	*	*	*
× *cyprius*	*	*		*		*		*							*					*		*	*	*	*
hirsutus	*			*		*			*											*					
ladanifer	*	*		*		*		*							*										
laurifolius	*	*		*		*		*																	
monspeliensis	*			*		*			*																
palhinhae	*			*		*			*						*										
parviflorus	*			*		*			*											*		*	*	*	*
× *purpureus*	*			*		*			*						*										
salviifolius	*			*		*			*																
× *skanbergii*	*			*		*			*											*		*	*	*	*
Citrus *aurantium*		*	*			*			*			*			*		*								
limon		*	*			*			*			*			*		*								
mitis		*				*			*			*			*		*								
× *paradisi*		*	*			*			*			*			*		*								
reticulata		*	*			*			*			*			*		*								
sinensis		*	*			*			*			*			*		*								
Clerodendrum *speciosissimum*	*	*				*		*	*			*			*										
trichotomum		*			*			*	*								*								
Clethra *alnifolia*	*	*			*				*						*		*							*	
arborea		*	*		*			*	*						*										
barbinervis		*	*		*				*									*	*					*	
Cleyera *japonica*	*	*				*			*			*		*		*									
Clianthus *puniceus*		*		*	*	*			*																
Codiaeum *variegatum* cultivars		*				*		*				*		*				*	*		*	*	*	*	*
Coffea *arabica*		*	*	*		*		*				*		*		*									
Colletia *armata*		*	*		*				*																
Colutea *arborescens* & hybrids		*			*				*								*								
Comptonia *peregrina*	*				*				*			*	*	*	*										
Coprosma *lucida*		*				*			*							*									
repens & cvs	*					*			*			*		*		*					*	*	*	*	*
Cordyline *terminalis* cultivars	*					*		*				*		*		*					*	*	*	*	*
Coriaria *terminalis*	*		*		*				*							*									

Flowers									Flowering season				Situations suitable										Uses				
White/cream	Yellow	Orange	Red	Pink	Purple/mauve	Blue	Bicolored	Fragrant	Spring	Summer	Autumn	Winter	Moist	Wet	Dry	Lime-hating	Shade	Small gardens	Exposed sites	Coastal sites	Rock gardens	Containers	Hedge	Ground cover	Specimen	Climate zone	Name
		*	*						*									*	*	*			*			6	**Chaenomeles** × californica
	*	*							*									*	*	*			*			5	japonica
*		*	*						*									*	*	*			*			5	speciosa & cvs
*		*	*	*					*									*	*	*			*			5	× superba cultivars
*									*					*		*		*	*		*			*		2	**Chamaedaphne** calyculata
	*									*			*				*	*				*				10	**Chamaedorea** elegans
	*									*					*			*	*	*		*			*	9	**Chamaerops** humilis
	*							*	*			*						*								7	**Chimonanthus** praecox
*								*	*				*													5	**Chionanthus** virginicus
*								*	*	*							*	*	*			*	*		*	8	**Choisya** ternata
		*	*						*	*						*		*				*		*		9	**Chorizema** cordatum
*										*					*			*	*	*		*				8	**Cistus** × aguilari
*										*					*			*	*	*		*				8	× corbariensis
				*						*					*			*	*	*	*	*				8	creticus
*		*								*					*			*	*	*		*				8	× cyprius
*	*									*					*			*	*	*		*				8	hirsutus
*		*								*					*			*	*	*		*			*	8	ladanifer
*										*					*			*	*	*		*				7	laurifolius
*										*					*			*	*	*		*				8	monspeliensis
*										*					*			*	*	*		*			*	8	palhinhae
				*						*					*			*	*	*		*				8	parviflorus
		*								*					*			*	*	*		*			*	8	× purpureus
*										*					*			*	*	*		*				8	salviifolius
		*								*					*			*	*	*	*	*				8	× skanbergii
*									*	*		*						*				*				9	**Citrus** aurantium
*									*	*		*						*				*				9	limon
*									*	*		*					*	*				*				9	mitis
*									*	*		*						*				*				9	× paradisi
*									*	*		*					*	*				*				9	reticulata
*									*	*		*						*				*				9	sinensis
		*								*	*	*						*	*			*			*	10	**Clerodendrum** speciosissimum
*		*	*					*		*	*							*							*	6	trichotomum
*								*		*			*	*		*	*	*								4	**Clethra** alnifolia
*								*		*						*	*	*							*	9	arborea
*								*		*			*	*		*		*								6	barbinervis
*									*							*	*	*				*				8	**Cleyera** japonica
			*						*	*						*	*	*				*			*	9	**Clianthus** puniceus
																	*	*	*			*	*			10	**Codiaeum** variegatum cultivars
*										*								*	*			*				10	**Coffea** arabica
*											*				*			*	*	*						7	**Colletia** armata
	*	*								*					*			*	*	*			*			6	**Colutea** arborescens & hybrids
	*								*							*	*	*	*							2	**Comptonia** peregrina
																		*	*	*		*		*		9	**Coprosma** lucida
																		*	*	*		*		*		9	repens & cvs
*			*							*							*	*	*	*		*			*	9	**Cordyline** terminalis cultivars
	*									*	*				*			*	*			*				7	**Coriaria** terminalis

Shrubs

Plant	Size				Type			Shape				Features						Foliage color				Season of foliage color			
	Small (up to 1.5 m)	Medium (1.5–3 m)	Large (over 3 m)	Fast-growing	Deciduous	Evergreen	Conifer	Erect	Spreading	Pyramid	Weeping	Bold leaves	Ferny leaves	Ornamental foliage	Scented leaves	Ornamental bark	Ornamental fruit	Yellow/gold/russet	Purple/red	Gray/silver	Variegated	Spring	Summer	Autumn	Winter
Cornus alba & cvs		*		*	*			*								*	*	*	*		*		*	*	
alternifolia			*		*				*							*	*	*			*		*	*	
controversa			*		*				*								*		*		*		*	*	
florida			*		*				*							*	*	*			*		*	*	
mas & cvs			*		*				*							*									
stolonifera		*		*	*			*	*							*	*								
Corokia cotoneaster	*	*		*		*			*								*								
× virgata	*	*		*		*		*	*								*								
Coronilla emerus	*	*		*	*			*	*								*								
valentina	*					*		*																	
Correa alba		*				*		*	*																
backhousiana		*	*			*		*																	
reflexa		*				*		*	*																
Corylopsis pauciflora	*	*			*			*										*	*					*	
platypetala	*	*	*		*			*										*	*					*	
Corylus maxima bush cultivars	*	*	*		*			*						*		*			*				*	*	
Cotinus coggygria & cvs		*	*		*			*						*					*				*	*	
Cotoneaster adpressus	*				*			*									*		*					*	
apiculatus		*			*			*									*								
bullatus		*	*	*	*			*				*		*			*	*						*	
buxifolius	*					*		*									*								
congestus	*					*		*									*								
conspicuus	*	*		*		*		*									*								
× 'Cornubius'		*	*	*		*		*				*		*			*								
dammeri & cvs	*					*		*									*								
dielsianus		*			*			*									*		*					*	
divaricatus		*			*			*									*		*					*	
× exburyensis			*	*	*			*				*		*			*								
foveolatus		*	*		*			*										*	*					*	
franchetii	*	*		*		*		*									*								
glaucophyllus	*	*		*		*		*									*								
henryanus		*	*	*		*		*									*								
horizontalis	*			*	*												*		*					*	
'Hybridus Pendulus'	*	*		*	*						*						*								
lacteus		*	*			*		*				*		*			*								
microphyllus	*					*		*				*		*			*								
pannosus		*	*			*		*				*		*			*								
salicifolius		*	*			*		*						*			*								
simonsii		*		*	*			*	*							*	*							*	
wardii		*	*			*		*				*		*			*								
Crinodendron hookerianum		*				*		*	*																
Crossandra infundibuliformis	*					*		*	*																
Cyathodes colensoi	*					*		*						*		*				*		*	*	*	*
Cycas revoluta		*				*		*				*	*	*		*									
Cyrilla racemiflora	*				*			*											*					*	
Cytisus battandieri			*	*	*			*	*			*			*					*		*	*	*	

Column groups: **Flowers** (White/cream – Fragrant) · **Flowering season** (Spring – Winter) · **Situations suitable** (Moist – Containers) · **Uses** (Hedge – Specimen) · **Climate zone**

White/cream	Yellow	Orange	Red	Pink	Purple/mauve	Blue	Bicolored	Fragrant	Spring	Summer	Autumn	Winter	Moist	Wet	Dry	Lime-hating	Shade	Small gardens	Exposed sites	Coastal sites	Rock gardens	Containers	Hedge	Ground cover	Specimen	Climate zone	Name
*										*	*		*				*	*	*	*			*			2	**Cornus** alba & cvs
*										*	*						*								*	3	alternifolia
*											*						*								*	5	controversa
*				*					*		*					*	*								*	5	florida
	*								*			*			*		*						*			5	mas & cvs
*										*				*			*	*	*	*						2	stolonifera
	*							*	*	*					*			*	*	*		*				8	**Corokia** cotoneaster
	*								*	*								*	*	*		*				8	× virgata
	*								*	*	*		*	*				*	*	*						7	**Coronilla** emerus
	*							*	*	*			*	*				*	*	*		*				8	valentina
*									*									*	*	*		*				8	**Correa** alba
	*								*									*	*	*		*	*			8	backhousiana
	*								*									*	*	*		*				8	reflexa
	*							*	*							*	*									6	**Corylopsis** pauciflora
	*							*	*								*								*	6	platypetala
	*								*								*		*	*			*			5	**Corylus** maxima bush cultivars
			*							*	*				*		*	*				*	*		*	5	**Cotinus** coggygria & cvs
			*							*	*				*		*	*	*	*				*		5	**Cotoneaster** adpressus
				*						*	*				*		*	*	*				*			5	apiculatus
*				*						*	*				*		*	*					*			5	bullatus
*										*					*			*	*	*				*		7	buxifolius
*				*						*					*			*	*	*				*		6	congestus
*										*					*			*	*							6	conspicuus
*										*					*		*	*	*				*		*	6	× 'Cornubius'
*										*					*			*	*	*		*		*		5	dammeri & cvs
*			*							*	*				*		*	*	*	*			*			5	dielsianus
*			*	*						*	*				*		*	*	*	*			*			5	divaricatus
*										*					*		*	*	*				*			6	× exburyensis
*			*							*	*				*		*	*	*				*			5	foveolatus
*			*							*					*		*		*				*			6	franchetii
*										*					*		*		*				*			6	glaucophyllus
*										*					*		*		*	*			*			7	henryanus
*				*						*	*				*		*	*	*	*				*		5	horizontalis
*										*	*				*		*	*	*	*				*		6	'Hybridus Pendulus'
*										*					*		*	*	*				*		*	7	lacteus
*										*					*		*	*	*	*	*	*		*		6	microphyllus
*										*					*		*	*	*	*			*			6	pannosus
*										*					*		*	*	*	*			*			5	salicifolius
*										*					*		*	*	*	*			*			6	simonsii
*										*					*		*	*	*	*			*			6	wardii
			*							*						*	*		*						*	8	**Crinodendron** hookerianum
		*	*						*	*	*						*	*		*		*				9	**Crossandra** infundibuliformis
*										*						*	*	*			*	*				8	**Cyathodes** colensoi
	*									*								*	*	*		*			*	9	**Cycas** revoluta
*										*	*	*	*			*	*	*								6	**Cyrilla** racemiflora
	*							*		*					*			*							*	7	**Cytisus** battandieri

Shrubs

	Size				Type			Shape				Features						Foliage color				Season of foliage color			
	Small (up to 1.5m)	Medium (1.5–3m)	Large (over 3m)	Fast-growing	Deciduous	Evergreen	Conifer	Erect	Spreading	Pyramid	Weeping	Bold leaves	Ferny leaves	Ornamental foliage	Scented leaves	Ornamental bark	Ornamental fruit	Yellow/gold/russet	Purple/red	Gray/silver	Variegated	Spring	Summer	Autumn	Winter
Cytisus × _beanii_	*		*		*				*																
decumbens	*				*				*																
demissus	*				*				*																
× _kewensis_	*				*				*																
monspessulanus		*			*				*																
multiflorus		*		*	*				*											*		*	*	*	
nigricans	*					*			*																
× _praecox_ cultivars	*				*				*																
purpureus	*				*				*																
scoparius & cvs		*		*	*				*																
× _spachianus_		*	*		*				*																
Daboecia _cantabrica_ & cvs	*					*			*																
Danae _racemosa_	*					*			*			*	*			*									
Daphne _alpina_	*				*			*						*											
arbuscula	*					*			*			*	*			*									
blagayana	*					*			*																
× _burkwoodii_	*		*			*			*																
cneorum	*					*			*																
collina	*					*			*																
mezereum	*		*		*			*								*									
odora & cvs	*					*			*			*	*								*	*	*	*	*
retusa	*					*			*			*	*			*									
Daphniphyllum _macropodum_		*	*			*			*			*	*			*									
Datura _arborea_		*	*		*				*			*			*										
cornigera		*	*		*				*			*			*										
sanguinea		*	*		*				*						*										
suaveolens		*	*		*				*						*										
Decaisnea _fargesii_		*			*			*				*	*			*									
Dendromecon _rigida_		*	*		*			*																	
Desfontainea _spinosa_		*	*			*		*				*			*										
Deutzia × _elegantissima_	*	*			*				*																
gracilis	*				*				*																
× _kalmiiflora_	*				*				*																
× _magnifica_		*			*				*																
monbeigii	*				*				*																
'Mont Rose'	*	*		*	*				*																
× _rosea_ cultivars	*				*				*																
scabra cultivars	*	*	*	*	*				*									*	*					*	
Dipelta _floribunda_		*	*		*				*							*	*								
Dodonaea _viscosa_ & cvs		*				*			*					*					*			*	*	*	*
Dombeya × _cayeuxii_		*	*			*			*			*	*												
Dorycnium _hirsutum_	*					*			*							*				*		*	*	*	
Dracaena _deremensis_ & cvs		*	*			*		*				*	*								*	*	*	*	*
fragrans		*	*			*		*	*			*	*			*					*	*	*	*	*
godseffiana	*					*			*			*	*			*					*	*	*	*	*
marginata		*	*			*		*				*	*												

White/cream	Yellow	Orange	Red	Pink	Purple/mauve	Blue	Bicolored	Fragrant	Spring	Summer	Autumn	Winter	Moist	Wet	Dry	Lime-hating	Shade	Small gardens	Exposed sites	Coastal sites	Rock gardens	Containers	Hedge	Ground cover	Specimen	Climate zone	
	*						*		*						*			*	*	*	*			*		6	***Cytisus*** × *beanii*
	*	*							*						*			*	*	*	*			*		6	*decumbens*
	*								*						*			*	*	*	*			*		6	*demissus*
*	*								*						*			*	*	*	*			*		6	× *kewensis*
	*						*		*						*			*	*	*						8	*monspessulanus*
*									*	*					*			*	*	*						8	*multiflorus*
	*									*					*			*	*	*	*					6	*nigricans*
*	*						*		*						*			*	*	*	*					7	× *praecox* cultivars
					*				*						*			*	*	*	*					6	*purpureus*
	*		*	*			*	*	*						*	*		*	*	*					*	6	*scoparius* & cvs
	*								*			*			*			*	*	*						9	× *spachianus*
*			*							*	*					*		*	*	*	*			*		7	***Daboecia*** *cantabrica* & cvs
	*									*	*						*	*	*							7	***Danae*** *racemosa*
*								*	*								*	*		*						5	***Daphne*** *alpina*
				*					*	*							*			*	*					6	*arbuscula*
*									*	*							*			*	*					6	*blagayana*
				*					*	*							*	*								6	× *burkwoodii*
				*					*	*	*						*	*		*	*					5	*cneorum*
				*					*	*	*	*			*			*	*		*	*				7	*collina*
		*	*						*	*		*			*			*	*	*	*					5	*mezereum*
*			*	*					*	*		*						*	*	*		*				8	*odora* & cvs
*			*	*					*	*								*	*		*	*				6	*retusa*
																	*								*	7	***Daphniphyllum*** *macropodum*
*									*		*	*					*	*		*		*			*	9	***Datura*** *arborea*
*									*	*	*	*					*			*		*			*	9	*cornigera*
		*	*						*	*	*	*					*			*		*				9	*sanguinea*
*								*	*								*	*		*		*			*	9	*suaveolens*
	*								*								*									6	***Decaisnea*** *fargesii*
	*								*	*	*				*			*		*		*				8	***Dendromecon*** *rigida*
	*		*						*	*	*							*	*		*				*	8	***Desfontainea*** *spinosa*
*				*						*			*				*	*	*		*		*			6	***Deutzia*** × *elegantissima*
*							*		*	*			*				*	*	*		*		*			5	*gracilis*
*				*						*			*				*	*	*		*		*			6	× *kalmiiflora*
*										*			*				*	*	*		*		*			6	× *magnifica*
*										*							*	*	*		*		*			6	*monbeigii*
				*						*			*				*	*	*		*		*			6	'Mont Rose'
*				*						*			*				*	*	*		*		*			6	× *rosea* cultivars
				*						*			*				*	*	*	*	*		*			6	*scabra* cultivars
	*		*		*	*	*		*	*								*	*							6	***Dipelta*** *floribunda*
	*									*					*			*	*		*					9	***Dodonaea*** *viscosa* & cvs
				*					*			*			*			*		*	*				*	9	***Dombeya*** × *cayeuxii*
*				*						*	*				*			*	*	*	*		*			8	***Dorycnium*** *hirsutum*
		*								*								*		*	*				*	10	***Dracaena*** *deremensis* & cvs
	*							*		*								*		*	*				*	10	*fragrans*
*										*								*	*		*	*			*	10	*godseffiana*
																		*		*	*				*	10	*marginata*

Shrubs

	Small (up to 1.5 m)	Medium (1.5–3 m)	Large (over 3 m)	Fast-growing	Deciduous	Evergreen	Conifer	Erect	Spreading	Pyramid	Weeping	Bold leaves	Ferny leaves	Ornamental foliage	Scented leaves	Ornamental bark	Ornamental fruit	Yellow/gold/russet	Purple/red	Gray/silver	Variegated	Spring	Summer	Autumn	Winter
Dracaena *reflexa*		*				*		*				*		*							*	*	*	*	*
sanderiana	*					*		*				*		*							*	*	*	*	*
Drimys *winteri*		*	*	*		*			*			*		*											
Duranta *repens* & cvs		*	*	*		*			*					*			*				*	*	*	*	*
Echium *fastuosum*	*					*			*					*											
Edgworthia *chrysantha*	*				*				*						*										
Elaeagnus *angustifolia*		*	*		*				*						*					*			*	*	
commutata		*			*				*						*					*			*	*	
× *ebbingei*		*	*	*		*			*			*			*										
macrophylla		*	*	*		*			*			*													
pungens		*	*	*		*			*					*							*	*	*	*	*
umbellata		*	*		*				*						*					*				*	
Elsholtzia *stauntonii*	*				*				*						*										
Empetrum *nigrum*	*					*			*								*								
Enkianthus *campanulatus*	*	*			*				*									*	*					*	
cernuus	*	*			*				*									*	*					*	
perulatus	*	*			*				*										*					*	
Epigaea *asiatica*	*					*			*																
repens	*					*			*																
Eranthemum *pulchellum*	*					*			*			*		*											
Erica *arborea*		*	*			*			*																
australis		*				*		*																	
canaliculata		*	*			*		*																	
carnea & cvs	*					*			*									*					*	*	
ciliaris	*					*			*																
cinerea & cvs	*					*			*									*	*			*	*	*	*
× *darleyensis* cultivars	*					*			*																
erigena & cvs	*	*				*			*																
gracilis	*					*			*																
hyemalis	*					*		*																	
lusitanica		*				*		*																	
mackaiana	*					*			*																
pageana	*					*		*																	
× *praegeri*	*					*																			
terminalis	*	*				*																			
tetralix	*					*			*											*		*	*	*	*
umbellata	*					*			*																
vagans	*					*			*																
× *veitchii*	*	*				*		*																	
× *watsonii*	*					*			*																
× *williamsii*	*					*			*																
Eriobotrya *japonica*		*	*			*			*			*		*			*								
Erythrina *crista-galli*	*	*		*	*				*			*		*											
Escallonia × 'Iveyi'		*	*	*		*			*			*		*											
× *rigida* cultivars		*	*			*			*						*										
rubra		*	*			*			*						*										

White/cream	Yellow	Orange	Red	Pink	Purple/mauve	Blue	Bicolored	Fragrant	Spring	Summer	Autumn	Winter	Moist	Wet	Dry	Lime-hating	Shade	Small gardens	Exposed sites	Coastal sites	Rock gardens	Containers	Hedge	Ground cover	Specimen	Climate zone	
	*								*						*		*	*	*	*		*		*	*	10	**Dracaena** *reflexa*
																	*	*		*		*				10	*sanderiana*
*								*	*	*			*				*	*	*			*			*	8	**Drimys** *winteri*
*					*					*								*	*			*				9	**Duranta** *repens* & cvs
					*				*	*					*			*	*	*		*				9	**Echium** *fastuosum*
	*							*	*								*	*								8	**Edgworthia** *chrysantha*
*	*							*		*					*			*	*				*			2	**Elaeagnus** *angustifolia*
*	*							*	*	*					*			*	*				*			2	*commutata*
*								*			*							*	*				*			6	*× ebbingei*
*								*			*							*	*				*			7	*macrophylla*
*								*			*							*	*				*			7	*pungens*
*	*							*	*						*			*	*				*			3	*umbellata*
					*						*	*			*			*		*						4	**Elsholtzia** *stauntonii*
																*	*	*	*	*	*			*		2	**Empetrum** *nigrum*
	*	*							*				*			*	*	*				*				4	**Enkianthus** *campanulatus*
*		*							*				*			*	*	*				*				5	*cernuus*
*									*				*			*	*	*				*				5	*perulatus*
*			*						*				*			*	*	*			*	*				5	**Epigaea** *asiatica*
*				*					*				*			*	*	*		*	*	*				2	*repens*
					*						*	*					*	*				*				10	**Eranthemum** *pulchellum*
*								*	*						*	*	*	*	*		*	*	*		*	7	**Erica** *arborea*
			*	*					*							*	*	*	*	*		*				8	*australis*
*				*					*			*				*	*	*	*	*		*				9	*canaliculata*
*			*	*	*				*			*					*	*	*	*	*	*		*		5	*carnea* & cvs
			*	*						*	*					*	*	*	*	*	*	*		*		7	*ciliaris*
*			*	*						*					*	*	*	*	*	*	*	*		*		5	*cinerea* & cvs
*			*	*					*		*	*					*	*	*	*	*	*		*		6	*× darleyensis* cultivars
*			*	*					*			*					*	*	*	*	*	*		*		7	*erigena* & cvs
				*						*	*					*	*	*	*	*	*	*		*		9	*gracilis*
*				*								*				*	*	*	*	*	*	*		*		9	*hyemalis*
*									*			*				*	*	*	*	*				*		8	*lusitanica*
			*							*	*					*	*	*	*	*	*			*		5	*mackaiana*
	*								*							*	*	*	*	*	*	*		*		9	*pageana*
			*							*	*					*	*	*	*	*	*	*		*		4	*× praegeri*
			*							*	*						*	*	*	*						7	*terminalis*
*			*							*	*					*	*	*	*	*	*			*		3	*tetralix*
				*						*	*					*	*	*	*	*	*			*		8	*umbellata*
*			*	*						*	*		*			*	*	*	*	*	*			*		5	*vagans*
*								*	*							*	*	*	*							6	*× veitchii*
			*	*						*	*					*	*	*	*	*	*			*		4	*× watsonii*
				*						*	*					*	*	*	*	*	*			*		4	*× williamsii*
*								*			*							*		*					*	7	**Eriobotrya** *japonica*
			*							*					*			*		*					*	8	**Erythrina** *crista-galli*
*										*	*								*	*			*		*	8	**Escallonia** *× 'Iveyi'*
*			*	*				*		*					*			*	*	*			*			7	*× rigida* cultivars
				*						*							*	*	*	*			*			7	*rubra*

Shrubs

Species	Small (up to 1.5m)	Medium (1.5–3m)	Large (over 3m)	Fast-growing	Deciduous	Evergreen	Conifer	Erect	Spreading	Pyramid	Weeping	Bold leaves	Ferny leaves	Ornamental foliage	Scented leaves	Ornamental bark	Ornamental fruit	Yellow/gold/russet	Purple/red	Gray/silver	Variegated	Spring	Summer	Autumn	Winter
Escallonia virgata		*	*			*			*																
Eucryphia milliganii		*				*		*																	
Eugenia ugni	*	*				*		*									*								
Euonymus alatus		*			*				*							*	*	*						*	
americanus		*			*				*								*	*						*	
europaeus		*			*				*								*	*					*	*	
japonicus		*	*			*			*			*					*				*	*	*	*	*
phellomanus		*			*				*							*	*	*						*	
sachalinensis		*	*		*				*								*	*						*	
Euphorbia characias wulfenii	*		*		*			*				*	*							*		*	*	*	*
pulcherrima		*	*	*	*			*				*	*												
Eurya japonica	*					*		*				*	*	*											
Euryops acraeus	*					*		*				*	*							*		*	*	*	*
pectinatus	*					*		*				*	*							*		*	*	*	*
Exochorda korolkowii		*	*	*	*				*																
× macrantha		*	*	*	*				*	*															
Fabiana imbricata forms	*	*				*		*																	
× Fatshedera lizei & cvs	*	*				*			*			*	*								*	*	*	*	*
Fatsia japonica		*	*			*			*			*	*				*				*	*	*	*	*
Feijoa sellowiana		*	*			*			*								*								
Ficus deltoidea	*	*				*			*			*	*				*								
Forsythia × 'Arnold Dwarf'	*				*				*																
× intermedia cultivars		*	*	*	*				*																
ovata & cvs		*		*	*				*																
suspensa & forms		*		*	*				*																
viridissima & forms		*		*	*				*																
Fothergilla gardenii	*				*				*									*						*	
major		*			*			*										*	*					*	
Fouquieria splendens		*	*		*				*							*									
Frankenia laevis	*					*			*																
Franklinia alatamaha		*			*				*			*	*					*						*	
Fremontodendron californicum		*	*		*				*			*	*												
mexicanum & cvs		*	*		*				*			*	*												
Fuchsia arborescens		*	*	*	*				*						*										
austromontana		*		*	*				*																
corymbiflora		*		*	*				*						*										
excorticata		*	*	*	*				*			*	*			*									
fulgens	*			*	*				*			*	*												
Hybrid cultivars	*	*		*	*				*																
magellanica & cvs		*		*	*				*												*			*	*
procumbens	*			*	*				*						*										
triphylla	*			*	*				*						*										
Gardenia jasminoides		*				*			*			*	*												
Garrya elliptica		*	*			*			*			*	*				*								
× Gaulnettya wisleyensis	*					*			*								*								
Gaultheria cuneata	*					*			*								*								

Flowers									Flowering season				Situations suitable										Uses			Climate zone	Name
White/cream	Yellow	Orange	Red	Pink	Purple/mauve	Blue	Bicolored	Fragrant	Spring	Summer	Autumn	Winter	Moist	Wet	Dry	Lime-hating	Shade	Small gardens	Exposed sites	Coastal sites	Rock gardens	Containers	Hedge	Ground cover	Specimen	Climate zone	
*										*					*			*	*	*			*			7	**_Escallonia_** _virgata_
*										*							*	*		*	*					8	**_Eucryphia_** _milliganii_
				*						*							*	*		*	*					9	**_Eugenia_** _ugni_
	*									*							*	*					*		*	3	**_Euonymus_** _alatus_
																	*	*								6	_americanus_
															*		*	*	*				*			3	_europaeus_
*										*								*		*			*			8	_japonicus_
																	*	*					*			5	_phellomanus_
		*	*	*			*		*								*	*								5	_sachalinensis_
	*								*						*		*	*	*		*				*	7	**_Euphorbia_** _characias wulfenii_
*		*	*						*			*			*		*	*	*	*	*	*				10	_pulcherrima_
*									*								*	*	*							7	**_Eurya_** _japonica_
	*									*					*		*	*	*		*					7	**_Euryops_** _acraeus_
	*									*					*			*	*	*						8	_pectinatus_
*									*	*								*	*							5	**_Exochorda_** _korolkowii_
*									*	*								*	*							5	× _macrantha_
*					*					*					*			*	*	*						7	**_Fabiana_** _imbricata_ forms
	*										*						*	*		*		*				7	× **_Fatshedera_** _lizei_ & cvs
*											*						*	*		*		*			*	7	**_Fatsia_** _japonica_
		*					*			*										*		*				8	**_Feijoa_** _sellowiana_
																	*	*				*				10	**_Ficus_** _deltoidea_
	*								*						*		*	*	*	*	*			*		5	**_Forsythia_** × 'Arnold Dwarf'
	*								*						*		*	*	*	*			*			5	× _intermedia_ cultivars
	*								*						*		*	*	*				*			4	_ovata_ & cvs
	*								*						*		*	*	*	*			*			5	_suspensa_ & forms
	*								*						*		*	*	*	*						5	_viridissima_ & forms
*								*	*				*	*		*	*	*								5	**_Fothergilla_** _gardenii_
*								*	*				*			*	*	*								5	_major_
		*	*						*	*					*			*	*	*		*	*			9	**_Fouquieria_** _splendens_
				*						*					*			*	*	*	*	*		*		7	**_Frankenia_** _laevis_
*										*	*					*	*	*				*			*	5	**_Franklinia_** _alatamaha_
	*									*	*				*			*	*	*						8	**_Fremontodendron_** _californicum_
	*									*	*				*			*	*	*						8	_mexicanum_ & cvs
				*	*		*		*								*	*				*				9	**_Fuchsia_** _arborescens_
			*	*					*								*	*				*				9	_austromontana_
			*						*								*	*				*				9	_corymbiflora_
			*	*					*								*	*	*				*			8	_excorticata_
		*	*							*							*	*				*				9	_fulgens_
*			*	*	*		*			*	*						*	*				*				9	Hybrid cultivars
			*	*	*					*	*						*	*	*	*		*	*			7	_magellanica_ & cvs
	*	*				*				*							*	*		*	*	*		*		8	_procumbens_
			*							*	*						*	*				*				9	_triphylla_
*								*		*							*	*				*				9	**_Gardenia_** _jasminoides_
*	*								*			*			*		*	*	*	*			*		*	7	**_Garrya_** _elliptica_
*										*						*	*	*	*	*				*		7	× **_Gaulnettya_** _wisleyensis_
*										*	*					*	*	*	*	*				*		6	**_Gaultheria_** _cuneata_

Shrubs

	Size				Type			Shape				Features						Foliage color				Season of foliage color			
	Small (up to 1.5m)	Medium (1.5–3m)	Large (over 3m)	Fast-growing	Deciduous	Evergreen	Conifer	Erect	Spreading	Pyramid	Weeping	Bold leaves	Ferny leaves	Ornamental foliage	Scented leaves	Ornamental bark	Ornamental fruit	Yellow/gold/russet	Purple/red	Gray/silver	Variegated	Spring	Summer	Autumn	Winter
Gaultheria itoana	*					*			*								*								
miqueliana	*					*			*								*								
procumbens	*					*			*								*								
shallon	*	*		*		*			*								*								
Genista hispanica	*					*			*																
lydia	*					*			*																
pilosa	*					*			*																
sagittalis	*					*			*																
tinctoria	*					*			*																
Gordonia axillaris		*				*			*			*		*											
lasianthus		*				*			*			*		*											
Graptophyllum pictum	*	*		*		*			*			*		*							*	*	*	*	*
Grevillea alpina	*					*			*											*		*	*	*	*
rosmarinifolia	*	*		*		*			*																
sulphurea	*	*				*			*																
Griselinia littoralis & cvs		*	*			*			*			*		*							*	*	*	*	*
× **Halimiocistus** ingwersenii	*					*			*																
sahucii	*					*			*																
Halimium halimifolium	*					*			*											*			*		
lasianthum	*					*			*											*			*		
Hamamelis × intermedia		*	*		*				*								*	*						*	
japonica		*	*		*				*									*						*	
mollis		*	*		*				*									*						*	
vernalis	*	*			*				*								*	*						*	
virginiana		*			*				*									*						*	
Hebe albicans	*					*			*			*								*		*	*	*	*
× andersonii & a. 'Variegata'	*					*			*			*									*	*	*	*	*
armstrongii	*					*			*			*						*				*	*	*	*
× 'Autumn Glory'	*					*			*																
brachysiphon	*					*			*																
buchananii varieties	*					*			*																
× 'Carl Teschner'	*					*			*																
cupressoides	*					*			*			*	*					*				*	*	*	*
× edinensis	*					*			*																
epacridea	*					*			*			*													
× franciscana cultivars	*					*			*			*									*	*	*	*	*
hectori	*					*			*			*						*				*	*	*	*
hulkeana	*					*			*			*													
macrantha	*					*			*			*													
× 'Midsummer Beauty'	*	*				*			*			*													
ochracea	*					*			*			*						*				*	*	*	*
odora	*					*			*																
× 'Pagei'	*					*			*			*								*		*	*	*	*
pinguifolia	*					*			*																
propinqua	*					*			*																
rakaiensis	*					*			*			*													

White/cream	Yellow	Orange	Red	Pink	Purple/mauve	Blue	Bicolored	Fragrant	Spring	Summer	Autumn	Winter	Moist	Wet	Dry	Lime-hating	Shade	Small gardens	Exposed sites	Coastal sites	Rock gardens	Containers	Hedge	Ground cover	Specimen	Climate zone	Name
*									*	*						*	*	*	*	*	*			*		6	**Gaultheria** *itoana*
*										*						*	*	*	*	*				*		5	*miqueliana*
*										*						*	*	*	*	*				*		3	*procumbens*
*										*			*			*	*	*	*							5	*shallon*
	*							*	*						*			*	*		*		*	*		6	**Genista** *hispanica*
	*								*	*					*			*	*	*	*					7	*lydia*
	*								*	*					*			*	*	*	*	*		*		5	*pilosa*
	*									*					*			*	*	*	*					5	*sagittalis*
	*									*	*				*			*	*	*	*					2	*tinctoria*
*									*			*				*		*		*					*	9	**Gordonia** *axillaris*
*										*						*		*		*					*	7	*lasianthus*
		*		*						*							*	*		*		*				9	**Graptophyllum** *pictum*
	*		*						*							*	*	*	*	*		*				8	**Grevillea** *alpina*
			*							*						*	*	*	*	*	*	*				8	*rosmarinifolia*
	*									*						*	*	*	*	*		*				8	*sulphurea*
										*							*	*	*	*		*	*			8	**Griselinia** *littoralis* & cvs
*										*					*			*	*	*	*	*				8	× **Halimiocistus** *ingwersenii*
*										*					*			*	*	*	*	*				8	*sahucii*
	*								*	*					*			*	*	*	*					8	**Halimium** *halimifolium*
	*						*	*	*	*					*			*	*	*	*					8	*lasianthum*
	*	*						*				*				*										4	**Hamamelis** × *intermedia*
	*							*				*				*									*	5	*japonica*
	*							*				*				*									*	5	*mollis*
	*							*				*				*	*									4	*vernalis*
	*										*	*				*									*	5	*virginiana*
*										*					*			*		*		*		*		8	**Hebe** *albicans*
				*						*					*			*		*		*				9	× *andersonii* & *a.* 'Variegata'
*										*					*			*		*		*		*		8	*armstrongii*
					*					*	*				*			*		*		*				8	× 'Autumn Glory'
*										*					*			*	*	*		*				8	*brachysiphon*
*										*					*			*	*	*	*	*				7	*buchananii* varieties
					*					*					*			*	*	*		*		*		8	× 'Carl Teschner'
					*					*					*			*	*	*						7	*cupressoides*
*										*					*			*	*	*	*			*		7	× *edinensis*
*							*			*					*			*	*	*				*		7	*epacridea*
				*	*					*	*				*			*	*	*		*	*			8	× *franciscana* cultivars
*										*	*				*			*	*	*	*					7	*hectori*
					*					*	*				*			*	*	*	*					8	*hulkeana*
*										*					*			*	*	*	*					8	*macrantha*
					*					*	*				*			*	*	*						8	× 'Midsummer Beauty'
*										*					*			*	*	*	*					7	*ochracea*
*							*			*					*			*	*	*						7	*odora*
*										*					*			*	*	*	*			*		7	× 'Pagei'
*										*					*			*	*	*	*			*		7	*pinguifolia*
*										*					*			*	*	*						7	*propinqua*
*										*					*			*	*	*				*		8	*rakaiensis*

Shrubs

	Size				Type			Shape				Features						Foliage color				Season of foliage color			
	Small (up to 1.5m)	Medium (1.5–3m)	Large (over 3m)	Fast-growing	Deciduous	Evergreen	Conifer	Erect	Spreading	Pyramid	Weeping	Bold leaves	Ferny leaves	Ornamental foliage	Scented leaves	Ornamental bark	Ornamental fruit	Yellow/gold/russet	Purple/red	Gray/silver	Variegated	Spring	Summer	Autumn	Winter
Hebe salicifolia & hybrid cvs		*	*			*			*			*		*											
speciosa & hybrid cvs	*	*				*			*			*		*											
Helianthemum apennimum	*					*			*											*		*	*	*	*
lunulatum	*					*			*																
nummularium hybrid cultivars	*		*			*			*											*		*	*	*	*
Helichrysum coralloides	*					*		*						*						*		*	*	*	*
italicum	*					*			*					*	*					*		*	*	*	*
ledifolium	*					*		*						*	*										
petiolatum	*		*			*			*					*						*		*	*	*	*
rosmarinifolium	*	*	*			*		*						*											
serpyllifolium	*		*			*			*					*						*		*	*	*	*
Heliotropium arborescens	*	*	*			*			*						*										
Hibiscus rosa-sinensis & hybrid cvs		*	*	*		*		*				*													
schizopetalus		*				*		*																	
syriacus		*			*			*																	
Hippophae rhamnoides		*	*	*	*				*					*			*			*			*	*	
Holodiscus discolor		*	*	*	*				*											*			*		
Hovenia dulcis		*	*		*				*							*									
Hoya bella	*					*			*																
Hydrangea arborescens	*				*				*																
aspera & varieties	*	*			*				*			*		*											
heteromalla & varieties	*	*			*				*					*											
macrophylla & cvs	*		*		*									*											
paniculata & varieties		*	*	*	*				*																
quercifolia	*	*			*				*			*		*				*	*					*	
Hypericum androsaemum	*		*	*					*								*								
calycinum	*		*			*			*																
fragile	*					*			*																
× 'Hidcote'	*		*			*			*																
× inodorum	*					*			*							*									
× moseranum & m. 'Tricolor'	*					*			*												*	*	*	*	*
patulum forms	*		*	*					*																
polyphyllum	*					*			*																
Hyssopus officinalis & varieties	*		*			*			*						*										
Ilex cornuta & cvs		*				*			*			*		*			*								
crenata & cvs		*				*			*					*				*			*	*	*	*	*
× meserveae		*				*			*			*		*			*								
opaca bush cultivars		*	*			*			*			*		*			*								
pedunculosa		*				*			*			*		*			*								
rugosa	*					*			*								*								
verticillata	*	*			*				*								*	*						*	
vomitoria		*				*			*								*								
Indigofera amblyantha	*	*		*	*				*																
gerardiana	*	*		*	*				*																
Itea ilicifolia		*	*	*		*			*			*		*											
virginica		*			*				*									*	*					*	

White/cream	Yellow	Orange	Red	Pink	Purple/mauve	Blue	Bicolored	Fragrant	Spring	Summer	Autumn	Winter	Moist	Wet	Dry	Lime-hating	Shade	Small gardens	Exposed sites	Coastal sites	Rock gardens	Containers	Hedge	Ground cover	Specimen	Climate zone	
*					*			*		*	*				*		*	*	*			*	*		*	7	***Hebe salicifolia*** & hybrid cvs
		*		*	*					*	*				*			*	*			*	*		*	9	*speciosa* & hybrid cvs
*									*	*					*			*	*	*	*			*		8	***Helianthemum apenninum***
	*								*						*			*	*	*	*					8	*lunulatum*
*	*	*	*	*					*	*					*			*	*	*	*		*		7	*nummularium* hybrid cultivars
	*									*					*			*	*	*	*				8	***Helichrysum coralloides***
	*									*					*			*	*	*	*	*			8	*italicum*
*								*		*					*			*	*		*			*	7	*ledifolium*
	*									*					*			*	*	*	*		*		9	*petiolatum*
*			*					*		*					*			*	*		*			*	8	*rosmarinifolium*
	*									*					*			*	*		*		*		9	*serpyllifolium*
*					*			*		*					*			*		*	*				9	***Heliotropium arborescens***
	*	*	*	*					*	*	*	*			*			*		*		*	*	*	10	***Hibiscus rosa-sinensis*** & hybrid cvs
		*	*						*	*	*	*			*			*		*			*	*	10	*schizopetalus*
*			*	*	*	*	*			*	*				*			*		*		*	*	*	5	*syriacus*
														*					*	*		*			3	***Hippophae rhamnoides***
*										*					*		*	*	*	*		*		*	5	***Holodiscus discolor***
																	*		*			*			5	***Hovenia dulcis***
*		*						*		*	*				*		*	*			*				9	***Hoya bella***
*										*							*	*	*	*	*				5	***Hydrangea arborescens***
			*	*						*	*						*	*		*	*			*	7	*aspera* & varieties
*										*							*	*		*	*				5	*heteromalla* & varieties
*		*	*	*	*					*	*						*	*		*	*				6	*macrophylla* & cvs
*				*						*	*						*	*		*				*	4	*paniculata* & varieties
*										*	*						*	*		*	*			*	5	*quercifolia*
	*									*	*				*		*	*	*			*			6	***Hypericum androsaemum***
	*									*	*				*		*	*	*			*		*	6	*calycinum*
	*									*								*	*	*	*	*			7	*fragile*
	*									*	*							*	*	*		*			7	× 'Hidcote'
	*									*	*							*	*	*		*			7	× *inodorum*
	*									*	*							*	*	*		*		*	7	× *moseranum* & *m.* 'Tricolor'
	*									*	*							*	*	*		*			6	*patulum* forms
	*									*								*	*	*	*	*			8	*polyphyllum*
*			*	*						*					*			*	*	*	*	*			5	***Hyssopus officinalis*** & varieties
*									*									*	*	*		*			7	***Ilex cornuta*** & cvs
*									*							*	*	*	*			*			6	*crenata* & cvs
*									*									*	*			*			5	× *meserveae*
*									*								*	*	*	*		*			6	*opaca* bush cultivars
*									*								*	*	*			*			6	*pedunculosa*
*									*								*	*	*						4	*rugosa*
*										*				*		*	*	*	*						3	*verticillata*
*									*	*								*	*			*			7	*vomitoria*
				*						*	*				*			*	*	*					5	***Indigofera amblyantha***
				*	*					*	*				*			*	*	*					6	*gerardiana*
*								*		*	*								*						7	***Itea ilicifolia***
*								*		*			*				*	*		*					5	*virginica*

Shrubs

| | Size | | | | Type | | | Shape | | | | Features | | | | | | Foliage color | | | | Season of foliage color | | | |
Name	Small (up to 1.5m)	Medium (1.5–3m)	Large (over 3m)	Fast-growing	Deciduous	Evergreen	Conifer	Erect	Spreading	Pyramid	Weeping	Bold leaves	Ferny leaves	Ornamental foliage	Scented leaves	Ornamental bark	Ornamental fruit	Yellow/gold/russet	Purple/red	Gray/silver	Variegated	Spring	Summer	Autumn	Winter
Ixora coccinea	*	*	*			*		*																	
Jasminum humile	*	*	*			*		*																	
mesnyi	*	*	*			*		*																	
nudiflorum	*	*	*	*	*			*																	
parkeri	*					*		*																	
Juanulloa aurantiaca	*		*			*		*																	
Juniperus communis & cvs	*	*				*	*	*	*					*											
conferta	*		*			*	*	*						*											
× dahurica	*					*	*							*											
horizontalis	*					*	*		*					*						*		*	*	*	*
× media	*	*				*	*		*					*				*				*	*	*	*
procumbens	*					*	*		*					*											
sabina & cvs	*	*				*	*		*					*											
squamata & cvs	*	*	*			*	*	*	*					*											
Justicia brandegeana	*					*		*																	
rizzinii	*					*		*																	
Kalmia latifolia		*	*			*		*																	
polifolia	*					*		*																	
Kalmiopsis leachiana	*					*		*																	
Kerria japonica & cvs	*	*	*	*	*			*						*							*	*	*		
Kohleria eriantha	*					*		*				*		*											
Kolkwitzia amabilis		*	*	*	*			*																	
Lagerstroemia indica		*	*	*	*			*								*									
Lantana camara & cvs	*		*			*		*									*								
Lavandula angustifolia & cvs	*					*		*							*					*			*	*	
lanata	*					*		*							*					*		*	*	*	*
stoechas	*					*		*							*										
Lavatera assurgentiflora		*	*	*		*		*				*		*											
olbia		*	*			*		*																	
Ledum groenlandicum	*					*		*						*											
palustre	*					*		*						*											
Leiophyllum buxifolium	*					*		*																	
Leptospermum laevigatum		*	*	*		*		*																	
lanigerum		*	*	*		*		*												*	*		*	*	*
scoparium & cvs		*	*	*		*		*																	
Leucothoe davisiae	*					*		*						*											
fontanesiana & cvs	*					*		*						*							*	*	*	*	*
keiskei	*					*		*						*											
populifolia	*	*				*		*						*											
Leycesteria formosa		*	*		*			*								*	*								
Ligustrum japonicum & cvs		*	*			*		*						*											
lucidum & cvs		*				*		*						*							*	*	*	*	*
ovalifolium & cvs		*	*	*		*		*													*	*	*	*	*
quihoui		*	*		*			*																	
vulgare & cvs	*	*	*		*			*									*								
Lindera obtusiloba		*			*			*						*			*	*						*	

White/cream	Yellow	Orange	Red	Pink	Purple/mauve	Blue	Bicolored	Fragrant	Spring	Summer	Autumn	Winter	Moist	Wet	Dry	Lime-hating	Shade	Small gardens	Exposed sites	Coastal sites	Rock gardens	Containers	Hedge	Ground cover	Specimen	Climate zone	Name
		*								*	*						*	*		*		*				10	**Ixora** *coccinea*
	*									*								*	*							7	**Jasminum** *humile*
	*								*			*						*	*	*						7	*mesnyi*
	*											*						*	*							5	*nudiflorum*
	*									*								*	*	*	*					7	*parkeri*
		*								*								*	*	*						9	**Juanulloa** *aurantiaca*
															*		*	*	*	*		*	*	*		2	**Juniperus** *communis* & cvs
															*		*	*	*	*		*		*		5	*conferta*
															*		*	*	*	*		*		*		5	*× dahurica*
															*		*	*	*	*		*		*		2	*horizontalis*
															*		*	*	*	*		*	*		*	5	*× media*
															*		*	*	*	*		*		*		2	*procumbens*
															*		*	*	*	*		*	*			4	*sabina* & cvs
															*		*	*	*	*		*	*		*	4	*squamata* & cvs
*		*							*	*	*	*						*	*			*				9	**Justicia** *brandegeana*
	*	*							*	*	*							*	*			*				9	*rizzinii*
			*	*						*			*	*		*						*			*	5	**Kalmia** *latifolia*
			*							*			*	*		*	*				*	*				5	*polifolia*
			*						*				*			*	*	*			*	*		*		6	**Kalmiopsis** *leachiana*
	*								*	*							*	*	*							4	**Kerria** *japonica* & cvs
*		*								*								*	*			*				10	**Kohleria** *eriantha*
				*					*	*							*		*	*					*	4	**Kolkwitzia** *amabilis*
				*	*					*	*							*	*						*	7	**Lagerstroemia** *indica*
*	*	*	*	*						*	*						*	*	*			*				9	**Lantana** *camara* & cvs
					*	*		*		*					*			*	*	*		*	*			7	**Lavandula** *angustifolia* & cvs
					*	*		*		*					*			*	*	*		*	*			8	*lanata*
					*	*		*		*					*			*	*	*	*	*				8	*stoechas*
				*						*					*			*	*	*						9	**Lavatera** *assurgentiflora*
				*						*	*				*			*	*	*						8	*olbia*
*									*	*				*		*	*	*	*	*						2	**Ledum** *groenlandicum*
*									*					*		*	*	*	*	*						2	*palustre*
*			*						*	*						*	*	*	*	*	*	*		*		5	**Leiophyllum** *buxifolium*
*										*					*	*		*	*	*		*	*			9	**Leptospermum** *laevigatum*
*										*					*	*		*	*	*		*	*			9	*lanigerum*
*			*	*						*					*	*		*	*	*		*				8	*scoparium* & cvs
*										*			*			*	*	*								6	**Leucothoe** *davisiae*
*									*				*	*		*	*	*							*	4	*fontanesiana* & cvs
*										*			*			*	*	*							*	5	*keiskei*
*										*			*			*	*	*								7	*populifolia*
*		*	*							*	*				*			*	*	*		*			*	7	**Leycesteria** *formosa*
*								*		*							*	*							*	7	**Ligustrum** *japonicum* & cvs
*								*		*	*						*	*							*	7	*lucidum* & cvs
*								*		*							*	*	*	*			*			5	*ovalifolium* & cvs
*								*			*							*							*	6	*quihoui*
*								*		*					*		*	*	*	*			*			4	*vulgare* & cvs
	*								*				*	*			*									6	**Lindera** *obtusiloba*

Shrubs

	Size				Type			Shape				Features						Foliage color				Season of foliage color			
	Small (up to 1.5 m)	Medium (1.5–3 m)	Large (over 3 m)	Fast-growing	Deciduous	Evergreen	Conifer	Erect	Spreading	Pyramid	Weeping	Bold leaves	Ferny leaves	Ornamental foliage	Scented leaves	Ornamental bark	Ornamental fruit	Yellow/gold/russet	Purple/red	Gray/silver	Variegated	Spring	Summer	Autumn	Winter
Lippia citriodora	*	*			*			*							*										
Lomatia ferruginea		*	*			*		*				*		*											
Lonicera fragrantissima	*		*		*			*							*										
nitida cultivars	*		*			*		*																	
pileata	*		*			*		*							*										
× purpusii	*	*	*		*			*							*										
standishii	*	*	*		*			*							*										
syringantha	*		*		*			*							*										
tatarica & cvs		*	*	*	*			*							*										
Lophomyrtus bullata		*	*	*		*		*						*	*		*								
Loropetalum chinense	*					*		*																	
Luculia gratissima		*	*			*		*				*		*											
pinceana		*	*			*		*				*		*											
Lupinus arboreus	*		*			*		*				*		*											
Lycium barbarum		*		*	*				*		*						*			*				*	
Lyonia ligustrina	*	*			*			*																	
mariana	*				*			*																	
Magnolia × highdownensis		*	*		*			*						*											
liliiflora	*	*			*			*				*		*	*										
× loebneri		*	*		*			*						*											
salicifolia		*	*		*			*						*											
× soulangiana cultivars		*	*		*			*				*		*	*										
stellata	*	*			*			*						*											
virginiana		*	*			*		*				*		*	*										
× **Mahoberberis** aquisargentii	*		*		*			*				*		*											
Mahonia aquifolium	*					*		*				*		*	*										
bealei		*				*		*				*		*	*										
fremontii	*	*				*		*				*		*	*			*				*	*	*	*
japonica		*				*		*				*		*	*										
lomariifolia		*				*		*				*		*											
× media cultivars	*	*				*		*				*		*											
nervosa	*					*		*				*		*			*								
pinnata		*				*		*				*		*											
Malus halliana		*			*			*									*								
sargentii		*			*			*									*								
sieboldii		*			*			*									*								
toringoides		*			*			*									*	*						*	
Malvaviscus arboreus		*	*	*		*		*																	
Manihot esculenta & cvs	*	*		*	*			*				*		*							*	*	*	*	*
Margyricarpus setosus	*		*			*		*						*			*								
Medinilla magnifica	*					*		*				*		*											
Megaskepasma erythrochlamys	*	*		*		*		*																	
Melaleuca armillaris		*	*	*		*		*								*									
ericifolia		*	*	*		*		*																	
hypericifolia	*	*		*		*		*																	
lateritia	*	*		*		*		*																	

White/cream	Yellow	Orange	Red	Pink	Purple/mauve	Blue	Bicolored	Fragrant	Spring	Summer	Autumn	Winter	Moist	Wet	Dry	Lime-hating	Shade	Small gardens	Exposed sites	Coastal sites	Rock gardens	Containers	Hedge	Ground cover	Specimen	Climate zone	
							*			*	*				*		*	*	*	*			*			9	*Lippia* citriodora
	*	*								*						*	*	*	*						*	9	*Lomatia* ferruginea
*							*	*	*			*					*	*	*							5	*Lonicera* fragrantissima
*										*					*		*	*	*	*			*			7	nitida cultivars
*										*					*		*	*	*					*		7	pileata
*							*	*	*			*					*	*	*							6	× *purpusii*
*							*	*	*			*					*	*	*							6	standishii
				*	*			*	*	*							*	*	*	*						4	syringantha
					*			*	*	*							*	*	*	*			*			3	tatarica & cvs
*										*								*	*	*					*	9	*Lophomyrtus* bullata
*									*			*				*	*	*	*						*	8	*Loropetalum* chinense
				*				*			*	*						*	*	*					*	9	*Luculia* gratissima
				*				*			*	*						*	*	*					*	9	pinceana
	*			*	*			*	*						*			*	*	*	*		*			7	*Lupinus* arboreus
	*			*	*					*	*				*			*	*				*			5	*Lycium* barbarum
*										*			*	*		*	*	*	*							3	*Lyonia* ligustrina
*				*					*	*						*	*	*	*							5	mariana
*							*		*	*								*							*	7	*Magnolia* × highdownensis
*					*				*	*								*	*						*	5	liliiflora
*					*		*		*									*							*	6	× loebneri
*									*							*	*								*	6	salicifolia
*				*	*				*									*	*						*	6	× soulangiana cultivars
*				*					*									*	*						*	5	stellata
*								*		*	*		*					*		*					*	5	virginiana
	*								*						*		*	*	*	*						5	× *Mahoberberis* aquisargentii
	*								*						*		*	*	*	*				*		5	*Mahonia* aquifolium
	*							*	*			*					*	*	*						*	6	bealei
	*								*	*					*			*	*							8	fremontii
	*							*	*			*					*	*	*						*	6	japonica
	*							*	*		*						*	*	*						*	8	lomariifolia
	*							*	*		*						*	*	*						*	7	× media cultivars
	*								*	*					*		*	*	*					*		5	nervosa
	*								*			*			*		*	*	*							6	pinnata
			*	*					*									*	*			*			*	5	*Malus* halliana
*			*						*									*	*			*			*	5	sargentii
*			*						*									*	*			*			*	5	sieboldii
*							*		*									*	*			*			*	5	toringoides
		*								*	*				*			*		*		*	*			10	*Malvaviscus* arboreus
*										*	*				*			*	*	*						10	*Manihot* esculenta & cvs
									*						*			*	*	*	*	*		*		7	*Margyricarpus* setosus
				*					*	*							*	*	*			*				10	*Medinilla* magnifica
			*	*						*	*							*	*			*				10	*Megaskepasma* erythrochlamys
*									*						*				*	*			*			9	*Melaleuca* armillaris
*									*						*				*	*	*		*			9	ericifolia
		*	*						*						*				*	*	*		*			9	hypericifolia
			*						*						*				*	*			*			9	lateritia

Shrubs

	Size				Type			Shape				Features						Foliage color				Season of foliage color			
	Small (up to 1.5m)	Medium (1.5–3m)	Large (over 3m)	Fast-growing	Deciduous	Evergreen	Conifer	Erect	Spreading	Pyramid	Weeping	Bold leaves	Ferny leaves	Ornamental foliage	Scented leaves	Ornamental bark	Ornamental fruit	Yellow/gold/russet	Purple/red	Gray/silver	Variegated	Spring	Summer	Autumn	Winter
Melaleuca *nesophila*		*	*			*		*						*											
Melianthus *major*	*					*						*								*		*	*	*	*
Menziesia *ciliicalyx*	*				*			*																	
purpurea	*				*			*																	
Microbiota *decussata*	*		*			*	*	*						*											
Mimosa *pudica*	*		*			*		*					*	*											
Mimulus *aurantiacus*	*		*			*		*																	
Moltkia *suffruticosa*	*					*		*																	
Muehlenbeckia *axillaris*	*		*			*		*						*											
platyclada	*		*			*		*				*		*											
Murraya *paniculata*		*	*			*		*						*											
Myoporum *laetum*		*	*	*		*		*						*											
Myrceugenia *luma*		*	*			*		*								*	*								
Myrica *gale*	*				*			*						*	*										
pensylvanica	*					*		*						*	*										
Myrtus *communis* & cvs		*	*			*		*						*	*						*	*	*	*	*
Nandina *domestica* & cvs		*				*		*						*					*			*	*	*	*
Neillia *thibetica*		*	*	*	*			*	*			*	*												
Nematanthus *gregarius*	*					*		*	*					*											
Nerium *oleander*		*	*			*		*													*	*	*	*	*
Notospartium *carmichaeliae*		*				*	*				*														
Ochna *serrulata*	*					*		*									*								
Olearia *albida*		*				*		*																	
avicenniaefolia		*				*		*																	
× *haastii*	*					*		*																	
ilicifolia	*	*				*		*				*	*												
macrodonta		*				*		*				*	*												
nummulariifolia	*					*		*																	
× *scilloniensis*	*		*			*		*																	
Orphium *frutescens*	*		*			*		*																	
Osmanthus × *burkwoodii*		*				*		*																	
decorus		*				*		*				*	*			*									
delavayi	*	*				*		*																	
heterophyllus & cvs		*				*		*				*	*								*	*	*	*	*
suavis		*				*		*				*	*												
Osmaronia *cerasiformis*	*		*	*	*			*									*								
Pachysandra *procumbens*	*					*		*						*											
terminalis & cvs	*					*		*						*							*	*	*	*	*
Pachystachys *coccinea*	*	*		*					*			*	*												
lutea	*		*						*				*												
Paeonia *delavayi*	*				*			*				*	*												
lutea & *l.* 'Ludlowii'	*				*			*				*	*												
suffruticosa & cvs	*				*			*				*	*												
Pandanus *sanderi*	*					*		*				*	*								*	*	*	*	*
veitchii	*	*				*		*				*	*			*					*	*	*	*	*
Parahebe *catarractae* & cvs	*		*			*		*																	

| | Flowers | | | | | | | | | Flowering season | | | | Situations suitable | | | | | | | | | | | | Uses | | |
White/cream	Yellow	Orange	Red	Pink	Purple/mauve	Blue	Bicolored	Fragrant	Spring	Summer	Autumn	Winter	Moist	Wet	Dry	Lime-hating	Shade	Small gardens	Exposed sites	Coastal sites	Rock gardens	Containers	Hedge	Ground cover	Specimen	Climate zone	Name
			*							*						*		*	*				*			9	***Melaleuca** nesophila*
		*							*	*																9	***Melianthus** major*
			*						*	*						*										5	***Menziesia** ciliicalyx*
			*		*				*	*						*										6	*purpurea*
																	*	*	*	*		*		*		3	***Microbiota** decussata*
				*						*	*							*	*			*				10	***Mimosa** pudica*
	*	*							*		*				*			*	*	*		*				9	***Mimulus** aurantiacus*
						*			*						*			*	*	*	*	*		*		7	***Moltkia** suffruticosa*
															*			*	*	*	*	*		*		6	***Muehlenbeckia** axillaris*
															*			*	*	*		*				6	*platyclada*
*								*	*	*	*				*			*				*	*			10	***Murraya** paniculata*
*					*				*	*					*			*	*	*		*	*			9	***Myoporum** laetum*
*										*	*							*	*			*	*		*	9	***Myrceugenia** luma*
	*								*				*		*			*	*	*						1	***Myrica** gale*
	*								*	*			*	*				*	*	*						2	*pensylvanica*
*								*		*					*			*	*	*		*	*		*	9	***Myrtus** communis & cvs*
*										*								*	*			*				7	***Nandina** domestica & cvs*
				*					*	*								*	*			*			*	6	***Neillia** thibetica*
	*	*					*		*	*	*	*						*		*		*		*		10	***Nematanthus** gregarius*
*	*		*	*	*			*	*		*				*			*	*	*		*	*			8	***Nerium** oleander*
				*						*					*			*	*			*			*	8	***Notospartium** carmichaeliae*
	*								*	*								*	*	*		*	*			10	***Ochna** serrulata*
*										*								*	*	*		*	*			8	***Olearia** albida*
*										*								*	*	*		*	*			8	*avicenniaefolia*
*										*					*			*	*	*		*	*			7	*× haastii*
*										*								*	*	*		*	*			8	*ilicifolia*
*										*								*	*	*		*	*		*	8	*macrodonta*
*										*								*	*	*		*				7	*nummulariifolia*
*									*	*					*			*	*	*		*				8	*× scilloniensis*
		*							*	*			*	*				*	*	*		*				10	***Orphium** frutescens*
*								*	*									*	*				*			7	***Osmanthus** × burkwoodii*
*								*	*									*	*				*			6	*decorus*
*								*	*									*	*						*	6	*delavayi*
*								*			*							*	*				*			6	*heterophyllus & cvs*
*								*	*									*	*							7	*suavis*
*								*	*				*				*	*								6	***Osmaronia** cerasiformis*
*									*				*			*	*	*						*		6	***Pachysandra** procumbens*
*									*			*	*			*	*	*						*		4	*terminalis & cvs*
		*							*			*						*	*	*		*	*			10	***Pachystachys** coccinea*
*	*									*	*							*	*			*				10	*lutea*
			*						*	*								*	*							5	***Paeonia** delavayi*
	*								*	*								*	*						*	6	*lutea & l. 'Ludlowii'*
*	*		*	*					*	*								*	*						*	5	*suffruticosa & cvs*
																		*	*	*		*			*	10	***Pandanus** sanderi*
														*				*	*	*		*			*	10	*veitchii*
*				*					*									*	*	*		*		*		6	***Parahebe** catarractae & cvs*

Shrubs

Column groups: **Size** (Small up to 1.5 m, Medium 1.5–3 m, Large over 3 m, Fast-growing) · **Type** (Deciduous, Evergreen, Conifer) · **Shape** (Erect, Spreading, Pyramid, Weeping) · **Features** (Bold leaves, Ferny leaves, Ornamental foliage, Scented leaves, Ornamental bark, Ornamental fruit) · **Foliage color** (Yellow/gold/russet, Purple/red, Gray/silver, Variegated) · **Season of foliage color** (Spring, Summer, Autumn, Winter)

Plant	Small (up to 1.5 m)	Medium (1.5–3 m)	Large (over 3 m)	Fast-growing	Deciduous	Evergreen	Conifer	Erect	Spreading	Pyramid	Weeping	Bold leaves	Ferny leaves	Ornamental foliage	Scented leaves	Ornamental bark	Ornamental fruit	Yellow/gold/russet	Purple/red	Gray/silver	Variegated	Spring	Summer	Autumn	Winter
Parahebe lyallii	*					*			*																
Parkinsonia aculeata		*	*	*	*				*			*	*												
Paxistima canbyi	*					*			*																
Pelargonium citriodorum	*		*			*			*			*		*	*										
crispum	*		*			*		*				*		*	*						*	*	*	*	*
× domesticum cultivars	*		*			*			*			*		*											
× fragrans	*		*			*			*			*		*	*										
graveolens	*		*			*			*			*		*	*										
× hortorum cultivars	*		*			*			*			*		*	*						*	*	*	*	*
odoratissimum	*		*			*			*					*	*										
peltatum cultivars	*		*			*			*		*			*							*	*	*	*	*
quercifolium	*		*			*			*					*	*										
tomentosum	*		*			*			*			*		*	*					*		*	*	*	*
violareum	*		*			*			*					*						*		*	*	*	*
zonale	*		*			*			*			*		*	*						*	*	*	*	*
Penstemon cordifolius	*	*	*			*		*																	
fruticosus & cvs	*					*			*																
heterophyllus	*					*		*												*		*	*	*	*
isophyllus	*		*			*		*																	
newberryi	*					*			*																
Pentas lanceolata	*		*			*			*																
Pernettya mucronata & cvs	*		*			*			*								*								
prostrata & cvs	*					*			*								*								
pumila	*					*			*																
tasmanica	*					*			*																
Petrophytum hendersonii	*					*			*											*		*	*	*	*
Philadelphus coronarius & cvs			*	*	*				*					*				*			*	*	*	*	*
× cymosus cultivars	*		*	*	*				*																
× lemoinei cultivars	*		*	*	*				*																
microphyllus	*		*	*	*				*																
× purpureo-maculatus & cvs	*	*	*	*	*				*																
× virginalis cultivars		*	*	*	*			*																	
Philesia magellanica	*					*			*			*		*											
Phillyrea angustifolia	*	*				*			*							*									
Philodendron × wend-imbe	*					*		*				*		*											
Phlomis fruticosa	*		*			*			*			*		*						*		*	*	*	*
Phoenix roebelenii	*	*				*		*				*	*			*									
Photinia × fraseri cultivars		*	*	*		*			*					*					*				*		
glabra		*	*	*		*			*					*			*		*				*		
Phygelius aequalis & cvs	*		*			*		*																	
capensis cultivars	*		*			*		*																	
Phyllodoce breweri	*					*			*																
caerulea	*					*			*																
empetriformis	*					*			*																
× intermedia	*					*			*																
Phyllostachys aurea		*	*			*		*								*		*							

	Flowers									Flowering season				Situations suitable										Uses			
White/cream	Yellow	Orange	Red	Pink	Purple/mauve	Blue	Bicolored	Fragrant	Spring	Summer	Autumn	Winter	Moist	Wet	Dry	Lime-hating	Shade	Small gardens	Exposed sites	Coastal sites	Rock gardens	Containers	Hedge	Ground cover	Specimen	Climate zone	Name
*					*				*									*	*	*		*		*		6	**Parahebe** *lyallii*
	*								*						*			*	*		*		*			9	**Parkinsonia** *aculeata*
																	*	*	*	*				*		6	**Paxistima** *canbyi*
*										*	*				*			*	*			*				9	**Pelargonium** *citriodorum*
*			*	*						*	*				*			*	*			*				9	*crispum*
*		*	*							*	*				*			*	*			*				9	× *domesticum* cultivars
*		*								*	*				*			*	*			*				9	× *fragrans*
			*	*						*	*				*			*	*			*				9	*graveolens*
*		*	*	*	*				*		*				*			*	*	*		*				9	× *hortorum* cultivars
*		*								*					*			*	*			*				9	*odoratissimum*
*		*	*	*						*	*				*			*	*			*				9	*peltatum* cultivars
					*					*	*				*			*	*			*				9	*quercifolium*
*		*								*					*			*	*			*				9	*tomentosum*
*		*								*	*				*			*	*			*				9	*violareum*
*		*							*		*				*			*	*			*				9	*zonale*
	*									*								*		*		*				7	**Penstemon** *cordifolius*
					*					*								*	*	*	*	*				6	*fruticosus* & cvs
					*	*				*								*	*	*	*	*				7	*heterophyllus*
			*							*					*			*		*		*				7	*isophyllus*
			*							*								*	*	*	*	*				6	*newberryi*
*				*	*					*	*				*			*		*		*				10	**Pentas** *lanceolata*
*										*						*	*	*	*	*				*		7	**Pernettya** *mucronata* & cvs
*										*						*	*	*	*	*				*		7	*prostrata* & cvs
*										*						*	*	*	*	*	*	*		*		7	*pumila*
*										*						*	*	*	*	*	*	*		*		7	*tasmanica*
*										*								*			*	*				6	**Petrophytum** *hendersonii*
*								*		*					*			*	*				*			4	**Philadelphus** *coronarius* & cvs
*								*		*					*			*	*				*			4	× *cymosus* cultivars
*								*		*					*			*	*				*			5	× *lemoinei* cultivars
*								*		*					*			*	*				*			6	*microphyllus*
*					*			*		*					*			*	*				*			5	× *purpureo-maculatus* & cvs
*								*		*					*			*	*				*			5	× *virginalis* cultivars
			*	*						*						*	*	*				*		*		8	**Philesia** *magellanica*
*	*							*		*					*		*	*	*	*		*	*			6	**Phillyrea** *angustifolia*
																	*	*		*		*				10	**Philodendron** × *wend-imbe*
	*									*					*			*	*	*			*			7	**Phlomis** *fruticosa*
																	*	*		*		*			*	9	**Phoenix** *roebelenii*
*										*	*						*	*		*			*		*	7	**Photinia** × *fraseri* cultivars
*										*	*						*	*		*			*		*	7	*glabra*
	*		*							*	*				*			*		*		*				7	**Phygelius** *aequalis* & cvs
		*								*	*				*			*		*		*				7	*capensis* cultivars
			*	*					*	*						*	*	*	*	*	*	*		*		6	**Phyllodoce** *breweri*
					*				*	*						*	*	*	*	*	*	*		*		2	*caerulea*
			*		*				*	*						*	*	*	*	*	*	*		*		6	*empetriformis*
			*		*				*	*	*					*	*	*	*	*	*	*		*		6	× *intermedia*
																	*						*		*	7	**Phyllostachys** *aurea*

Shrubs

	Size				Type			Shape				Features						Foliage color				Season of foliage color			
	Small (up to 1.5m)	Medium (1.5–3m)	Large (over 3m)	Fast-growing	Deciduous	Evergreen	Conifer	Erect	Spreading	Pyramid	Weeping	Bold leaves	Ferny leaves	Ornamental foliage	Scented leaves	Ornamental bark	Ornamental fruit	Yellow/gold/russet	Purple/red	Gray/silver	Variegated	Spring	Summer	Autumn	Winter
Phyllostachys *nigra* 'Henon'		*	*			*		*						*		*									
Physocarpus *opulifolius* & cvs	*	*		*	*			*								*	*						*	*	
Picea *abies* dwarf cultivars	*	*				*	*	*	*					*				*			*	*	*	*	*
glauca dwarf cultivars	*	*				*	*		*					*							*	*	*	*	*
mariana dwarf cultivars	*					*	*	*	*					*				*			*	*	*	*	*
omorika dwarf cultivars	*	*				*	*	*	*					*							*	*	*	*	*
orientalis dwarf cultivars	*	*				*	*	*			*			*				*				*	*	*	*
pungens dwarf forms	*	*				*	*	*	*					*							*	*	*	*	*
sitchensis dwarf cultivars	*					*	*	*						*							*	*	*	*	*
Pieris *floribunda*	*	*				*		*																	
formosa & cvs		*	*			*		*											*				*		
japonica & cvs		*				*		*											*		*	*	*	*	*
Pimelea *prostrata*	*		*			*		*								*									
Pinus *densiflora* dwarf cultivars	*	*				*	*	*						*											
leucodermis dwarf cultivars	*	*				*	*	*	*	*				*											
mugo dwarf cultivars	*					*	*	*	*	*	*			*				*				*	*	*	*
nigra dwarf cultivars	*					*	*	*						*				*							*
parviflora dwarf cultivars	*					*	*	*						*						*		*	*	*	*
pumila dwarf cultivars	*					*	*	*						*						*		*	*	*	*
strobus dwarf cultivars	*					*	*	*						*							*	*	*	*	*
sylvestris dwarf cultivars	*					*	*	*						*				*				*	*	*	*
Piptanthus *nepalensis*		*	*	*	*			*						*											
Pittosporum *crassifolium*		*	*			*		*						*											
tobira		*	*	*		*		*						*											
Podocarpus *acutifolius*		*	*			*	*	*						*											
andinus		*	*			*	*	*						*											
nivalis	*					*	*	*						*		*									
Polygala *chamaebuxus*	*					*		*																	
myrtifolia	*		*			*		*																	
Polyscias *balfouriana*		*	*			*		*				*		*							*	*	*	*	*
guilfoylei cultivars		*	*			*		*				*		*							*	*	*	*	*
Poncirus *trifoliata*		*	*		*			*								*	*								
Portulacaria *afra*	*	*		*		*		*										*			*	*	*	*	*
Potentilla *arbuscula*	*			*	*			*																	
× 'Elizabeth'	*			*	*			*																	
fruticosa & cvs	*			*	*			*										*					*	*	
Prostanthera *cuneata*	*					*		*							*										
melissifolia	*	*		*		*		*							*										
Protea *cynaroides*	*					*		*				*		*											
grandiceps	*					*		*				*		*											
neriifolia	*					*		*						*											
Prunus × *cistena*		*		*	*			*						*			*		*				*	*	
glandulosa & cvs	*				*			*																	
laurocerasus & cvs	*	*	*	*		*		*				*		*			*				*	*	*	*	*
lusitanica & cvs		*	*	*		*		*				*		*			*				*	*	*	*	*
spinosa & cvs		*	*	*	*			*									*		*				*	*	

Flowers									Flowering season				Situations suitable										Uses				
White/cream	Yellow	Orange	Red	Pink	Purple/mauve	Blue	Bicolored	Fragrant	Spring	Summer	Autumn	Winter	Moist	Wet	Dry	Lime-hating	Shade	Small gardens	Exposed sites	Coastal sites	Rock gardens	Containers	Hedge	Ground cover	Specimen	Climate zone	
																	*						*		*	7	*Phyllostachys nigra* 'Henon'
*				*						*				*		*	*	*					*			2	*Physocarpus opulifolius* & cvs
																	*	*	*	*	*			*	*	2	*Picea abies* dwarf cultivars
																	*	*	*	*	*				*	2	*glauca* dwarf cultivars
																	*	*	*	*	*				*	2	*mariana* dwarf cultivars
																	*	*	*	*	*					4	*omorika* dwarf cultivars
																	*	*	*	*	*				*	5	*orientalis* dwarf cultivars
																	*	*	*			*		*	*	3	*pungens* dwarf forms
																	*	*	*	*	*	*				6	*sitchensis* dwarf cultivars
*									*				*			*	*	*								5	*Pieris floribunda*
*									*				*			*	*	*							*	7	*formosa* & cvs
*				*					*				*			*	*	*							*	6	*japonica* & cvs
*										*							*	*	*	*	*			*		8	*Pimelea prostrata*
																	*	*	*	*	*				*	4	*Pinus densiflora* dwarf cultivars
																	*	*	*	*	*				*	3	*leucodermis* dwarf cultivars
																	*	*	*	*	*			*		2	*mugo* dwarf cultivars
																	*	*	*	*	*					4	*nigra* dwarf cultivars
																	*	*	*	*	*				*	4	*parviflora* dwarf cultivars
																	*	*	*	*	*			*		3	*pumila* dwarf cultivars
																	*	*	*	*	*			*	*	3	*strobus* dwarf cultivars
																	*	*	*	*	*			*	*	3	*sylvestris* dwarf cultivars
	*									*					*	*	*									7	*Piptanthus nepalensis*
					*		*		*	*					*			*	*			*	*		*	9	*Pittosporum crassifolium*
*							*		*	*					*			*	*			*	*		*	8	*tobira*
																	*	*	*	*			*			8	*Podocarpus acutifolius*
																	*	*					*			8	*andinus*
																	*	*	*	*	*			*		7	*nivalis*
*	*				*				*	*		*					*	*	*	*	*			*		6	*Polygala chamaebuxus*
*					*				*	*	*						*	*	*							9	*myrtifolia*
																	*	*		*		*	*			10	*Polyscias balfouriana*
																	*	*		*		*	*			10	*guilfoylei* cultivars
*									*						*			*	*				*			5	*Poncirus trifoliata*
			*							*					*			*	*			*	*			10	*Portulacaria afra*
	*									*	*				*			*	*	*		*	*			4	*Potentilla arbuscula*
	*									*	*				*			*	*	*			*			4	× 'Elizabeth'
*	*	*	*	*						*	*				*			*	*	*		*	*			2	*fruticosa* & cvs
*					*					*					*			*	*	*		*	*			9	*Prostanthera cuneata*
					*					*	*				*			*	*	*		*	*			9	*melissifolia*
			*	*						*					*			*	*	*	*				*	9	*Protea cynaroides*
		*	*							*					*			*	*	*	*				*	9	*grandiceps*
			*							*					*			*	*	*	*				*	9	*neriifolia*
*									*									*	*				*		*	2	*Prunus* × *cistena*
*				*					*									*		*						4	*glandulosa* & cvs
*									*									*	*				*	*		7	*laurocerasus* & cvs
*										*								*	*	*			*		*	6	*lusitanica* & cvs
*									*						*			*	*	*			*			4	*spinosa* & cvs

Shrubs

	Size				Type			Shape				Features						Foliage color				Season of foliage color			
	Small (up to 1.5 m)	Medium (1.5–3 m)	Large (over 3 m)	Fast-growing	Deciduous	Evergreen	Conifer	Erect	Spreading	Pyramid	Weeping	Bold leaves	Ferny leaves	Ornamental foliage	Scented leaves	Ornamental bark	Ornamental fruit	Yellow/gold/russet	Purple/red	Gray/silver	Variegated	Spring	Summer	Autumn	Winter
Prunus tenella	*			*	*			*																	
tomentosa		*			*			*									*								
Pseuderanthemum atropurpureum	*		*			*		*				*		*					*		*	*	*	*	*
Pseudotsuga menziesii dwarf cultivars	*	*					*	*						*						*		*	*	*	*
Psidium guajava		*				*		*									*								
Ptelea trifoliata & cvs		*	*		*			*									*	*					*	*	
Punica granatum & cvs	*	*			*			*									*								
Pyracantha angustifolia		*	*	*		*		*									*								
coccinea & cvs		*	*	*		*		*									*								
crenulata & cvs		*	*	*		*		*									*								
rogersiana & cvs		*	*	*		*		*									*								
× watereri		*	*	*		*		*									*								
Quercus vacciniifolia	*					*		*																	
Rhamnus alaternus & cvs		*	*			*		*									*				*	*	*	*	*
Rhododendron albrechtii		*			*			*										*						*	
arborescens		*			*			*																	
atlanticum	*				*			*																	
augustinii		*	*			*		*																	
auriculatum		*				*		*				*		*											
Azaleodendron cultivars	*	*				*		*																	
beanianum		*				*		*																	
bureavii		*				*		*				*		*					*				*		
calendulaceum		*			*			*																	
campylocarpum	*	*				*		*																	
campylogynum	*					*		*																	
camtschaticum	*				*			*																	
carolinianum	*	*				*		*																	
catawbiense		*	*			*		*																	
caucasicum		*				*		*																	
chryseum	*					*		*																	
× cilpinense	*					*		*																	
cinnabarinum & varieties		*	*			*		*						*											
dauricum		*				*		*																	
decorum		*				*		*																	
degronianum	*					*		*																	
discolor		*				*		*				*		*											
Evergreen hybrid cultivars	*	*	*			*		*																	
Evergreen Indian azaleas	*					*		*																	
fargesii		*	*			*		*																	
fastigiatum	*					*		*						*						*		*	*	*	*
forrestii	*					*		*																	
fortunei		*				*		*				*		*											
Ghent azaleas		*			*			*										*	*					*	
griersonianum		*				*		*						*											
hippophaeoides	*					*		*						*											
impeditum	*					*		*						*											

Flowers									Flowering season				Situations suitable											Uses			
White/cream	Yellow	Orange	Red	Pink	Purple/mauve	Blue	Bicolored	Fragrant	Spring	Summer	Autumn	Winter	Moist	Wet	Dry	Lime-hating	Shade	Small gardens	Exposed sites	Coastal sites	Rock gardens	Containers	Hedge	Ground cover	Specimen	Climate zone	
			*	*					*						*			*	*							2	*Prunus* tenella
*				*					*						*			*	*	*			*		*	3	tomentosa
*				*					*	*						*	*	*		*						10	*Pseuderanthemum* atropurpureum
																	*	*	*	*	*					4	*Pseudotsuga* menziesii dwarf cvs
*								*	*	*					*			*	*	*						10	*Psidium* guajava
	*							*	*								*								*	4	*Ptelea* trifoliata & cvs
		*							*						*		*	*	*		*					7	*Punica* granatum & cvs
*									*						*		*	*	*				*			7	*Pyracantha* angustifolia
*									*						*											6	coccinea & cvs
*									*						*		*	*	*				*			6	crenulata & cvs
*									*						*											6	rogersiana & cvs
*									*						*		*	*	*				*			6	× watereri
																	*	*		*	*					6	*Quercus* vacciniifolia
	*								*						*			*	*				*			7	*Rhamnus* alaternus & cvs
				*					*							*	*	*								5	*Rhododendron* albrechtii
*							*	*	*							*	*									4	arborescens
*				*			*	*	*							*	*	*			*					6	atlanticum
					*	*			*							*	*								*	7	augustinii
*							*	*		*						*	*								*	7	auriculatum
*	*						*	*	*	*						*	*	*								6	Azaleodendron cultivars
			*						*							*	*									8	beanianum
*		*	*						*							*	*	*							*	6	bureavii
	*	*	*						*	*						*	*	*								5	calendulaceum
	*								*							*	*	*							*	7	campylocarpum
			*	*					*	*						*		*			*	*				7	campylogynum
				*	*				*							*	*	*			*					2	camtschaticum
				*	*				*	*						*	*	*								5	carolinianum
*			*	*						*						*	*		*			*				5	catawbiense
*									*	*						*	*	*								5	caucasicum
	*								*							*	*				*					6	chryseum
*				*					*							*	*	*			*					8	× cilpinense
	*	*							*							*	*									8	cinnabarinum & varieties
				*	*				*			*				*	*	*								4	dauricum
*			*						*	*						*	*								*	5	decorum
				*					*							*	*				*					7	degronianum
				*						*						*	*								*	6	discolor
*	*	*	*	*	*	*		*	*	*		*				*	*	*								7	Evergreen hybrid cultivars
*			*	*	*				*	*		*				*	*	*								8	Evergreen Indian azaleas
			*	*					*							*	*								*	5	fargesii
					*				*							*	*	*			*					7	fastigiatum
			*						*							*	*	*			*					7	forrestii
			*	*					*							*	*				*			*	*	6	fortunei
*	*	*	*	*			*		*	*						*	*	*								4	Ghent azaleas
			*							*						*	*	*							*	8	griersonianum
					*	*			*				*			*	*	*			*					7	hippophaeoides
					*	*			*							*	*	*			*					7	impeditum

Shrubs

	Size				Type			Shape				Features						Foliage color				Season of foliage color			
	Small (up to 1.5m)	Medium (1.5–3m)	Large (over 3m)	Fast-growing	Deciduous	Evergreen	Conifer	Erect	Spreading	Pyramid	Weeping	Bold leaves	Ferny leaves	Ornamental foliage	Scented leaves	Ornamental bark	Ornamental fruit	Yellow/gold/russet	Purple/red	Gray/silver	Variegated	Spring	Summer	Autumn	Winter
***Rhododendron* imperator**	*					*			*																
indicum cultivars	*	*				*			*										*					*	
japonicum hybrid cultivars	*	*			*				*																
kaempferi	*	*				*			*																
kiusianum	*					*			*																
Knap Hill & Exbury azaleas		*			*				*									*	*					*	
Kurume azaleas	*					*			*																
luteum		*			*				*									*	*					*	
maximum hybrid cultivars			*	*		*			*																
mollis cultivars	*	*			*				*																
moupinense	*					*			*																
mucronatum cultivars	*					*			*																
× *nobleanum*		*	*			*			*																
nudiflorum		*			*				*																
obtusum	*					*			*																
occidentale cultivars		*			*				*																
orbiculare		*				*			*			*		*											
pemakoense	*					*			*																
ponticum & cvs		*	*	*		*			*												*	*	*	*	*
× *praecox*	*					*			*																
prunifolium		*			*				*																
quinquefolium		*	*		*				*					*				*	*					*	
racemosum	*					*			*																
roseum		*	*		*				*																
rubiginosum		*				*			*						*										
russatum	*					*			*					*											
Rustica azaleas	*	*			*				*																
saluenense	*					*			*					*	*										
sargentianum	*					*			*					*	*										
schlippenbachii		*	*		*				*									*	*					*	
simsii & cvs	*					*			*																
smirnowii		*				*			*					*											
thomsonii			*			*			*			*		*		*									
vaseyi		*			*				*									*	*					*	
viscosum		*			*				*																
Vuyk azaleas	*					*			*																
wardii		*	*			*			*					*											
williamsianum	*					*			*					*											
yakushimanum	*					*			*			*		*											
yunnanense		*	*			*			*																
***Rhodotypos* scandens**	*			*	*				*																
***Rhus* copallina**	*	*			*				*								*	*						*	
glabra		*			*				*								*	*	*					*	
typhina		*	*	*	*				*							*	*	*	*					*	
***Ribes* aureum & odoratum**	*	*		*	*				*									*	*					*	
× *gordonianum*		*		*	*				*															*	

White/cream	Yellow	Orange	Red	Pink	Purple/mauve	Blue	Bicolored	Fragrant	Spring	Summer	Autumn	Winter	Moist	Wet	Dry	Lime-hating	Shade	Small gardens	Exposed sites	Coastal sites	Rock gardens	Containers	Hedge	Ground cover	Specimen	Climate zone	Name
			*	*					*							*	*	*			*	*		*		6	**Rhododendron** *imperator*
*		*	*	*						*						*	*	*								6	*indicum* cultivars
		*							*							*	*	*								5	*japonicum* hybrid cultivars
			*	*	*				*	*						*	*	*								4	*kaempferi*
*			*		*				*	*						*		*			*	*				5	*kiusianum*
*	*	*	*	*				*	*	*						*	*	*								5	Knap Hill & Exbury azaleas
*			*	*	*				*	*						*	*	*								6	Kurume azaleas
	*							*	*							*	*	*								5	*luteum*
*			*	*				*		*			*			*	*	*				*				3	*maximum* hybrid cultivars
*	*	*	*	*					*	*						*	*	*								7	*mollis* cultivars
*			*	*				*	*			*				*	*	*			*					5	*moupinense*
*								*	*							*	*	*			*					5	*mucronatum* cultivars
			*	*								*				*	*									6	× *nobleanum*
			*					*	*					*		*	*	*								3	*nudiflorum*
		*							*							*	*	*			*					6	*obtusum*
*			*					*		*						*	*	*								6	*occidentale* cultivars
			*						*							*	*	*							*	6	*orbiculare*
			*	*					*							*		*	*		*	*				7	*pemakoense*
			*	*					*	*						*	*		*	*			*			6	*ponticum* & cvs
			*	*					*			*				*	*	*				*				5	× *praecox*
		*	*							*						*	*	*								7	*prunifolium*
*									*							*	*									6	*quinquefolium*
				*					*							*		*	*		*					5	*racemosum*
				*				*	*							*	*									3	*roseum*
				*	*				*							*	*	*				*				7	*rubiginosum*
					*	*			*							*		*	*		*					7	*russatum*
*		*					*	*	*	*						*	*	*								6	Rustica azaleas
				*	*				*							*		*	*	*	*		*			7	*saluenense*
*	*								*							*		*	*	*	*					6	*sargentianum*
				*					*							*	*									4	*schlippenbachii*
*			*	*					*							*						*				8	*simsii* & cvs
			*	*	*				*	*						*	*	*								4	*smirnowii*
			*						*							*	*								*	8	*thomsonii*
*				*					*							*	*	*								4	*vaseyi*
*								*		*			*	*		*	*	*								3	*viscosum*
*		*	*	*	*				*	*						*	*	*								6	Vuyk azaleas
	*								*							*	*								*	7	*wardii*
				*					*							*	*	*			*					6	*williamsianum*
*				*					*							*	*	*			*					6	*yakushimanum*
				*					*	*						*	*	*				*				6	*yunnanense*
*									*	*							*									5	**Rhodotypos** *scandens*
															*		*	*								4	**Rhus** *copallina*
															*		*	*	*	*						2	*glabra*
															*		*		*	*						3	*typhina*
	*							*	*								*					*				2	**Ribes** *aureum* & *odoratum*
	*	*							*								*	*	*							6	× *gordonianum*

Shrubs

	Size				Type			Shape				Features						Foliage color				Season of foliage color			
	Small (up to 1.5 m)	Medium (1.5–3 m)	Large (over 3 m)	Fast-growing	Deciduous	Evergreen	Conifer	Erect	Spreading	Pyramid	Weeping	Bold leaves	Ferny leaves	Ornamental foliage	Scented leaves	Ornamental bark	Ornamental fruit	Yellow/gold/russet	Purple/red	Gray/silver	Variegated	Spring	Summer	Autumn	Winter
Ribes *laurifolium*	*					*			*		*	*		*											
sanguineum & cvs		*	*	*	*				*					*	*				*				*	*	
speciosum		*		*	*				*							*									
Ricinus *communis*		*	*	*	*				*			*		*			*		*				*	*	
Rondeletia *odorata* & *amoena*	*	*		*		*			*																
Rosa Bourbon & Hybrid Perpetual cvs	*	*			*				*																
californica & *c.* 'Plena'		*			*				*								*								
canina & hybrid cvs		*	*	*	*				*								*								
China hybrids	*	*			*				*																
chinensis & cvs	*	*			*				*								*								
Cluster-flowered Bush cultivars	*	*		*	*				*																
ecae	*				*				*					*											
foetida & cvs	*	*			*				*																
gallica & cvs	*				*			*						*											
× *highdownensis*		*			*				*							*									
hugonis		*			*				*					*											
Hybrid Musk cultivars		*	*	*	*				*																
Large-flowered Bush cultivars	*	*		*	*				*																
Miniature cultivars	*				*				*																
Modern Shrub cultivars	*	*	*	*	*				*								*								
moyesii & cvs		*	*		*				*								*								
Old Shrub cultivars	*	*			*				*																
omeiensis		*			*				*																
pimpinellifolia & cvs	*				*				*					*			*								
polyantha hybrid cultivars	*				*				*								*								
rubiginosa & cvs		*	*		*				*							*	*								
rubrifolia		*	*		*				*			*		*			*		*				*	*	
rugosa & cvs		*			*				*			*		*			*	*						*	
rugosa hybrid cultivars		*			*				*			*		*			*	*						*	
virginiana		*			*				*			*		*			*	*	*					*	
webbiana	*	*			*				*					*			*								
xanthina & cvs		*			*				*																
Rosmarinus *lavandulaceus*	*		*			*			*		*			*	*										
officinalis cultivars	*		*			*			*					*	*										
Rubus *biflorus*		*	*		*				*							*	*								
calycinoides	*		*	*		*			*			*		*											
cockburnianus		*	*	*	*				*							*	*								
deliciosus		*	*	*	*				*					*											
illecebrosus	*				*				*			*													
laciniatus		*	*	*	*				*					*	*		*								
phoenicolasius	*	*	*	*	*				*			*					*								
spectabilis	*	*			*				*																
thibetanus		*	*	*	*				*					*		*	*								
tricolor	*		*			*			*			*		*											
× *tridel* 'Benenden'		*	*	*	*				*																
Ruellia *macrantha*	*		*			*		*																	

Flowers									Flowering season				Situations suitable										Uses				
White/cream	Yellow	Orange	Red	Pink	Purple/mauve	Blue	Bicolored	Fragrant	Spring	Summer	Autumn	Winter	Moist	Wet	Dry	Lime-hating	Shade	Small gardens	Exposed sites	Coastal sites	Rock gardens	Containers	Hedge	Ground cover	Specimen	Climate zone	Name
*									*								*				*	*				7	**_Ribes_** _laurifolium_
*			*	*					*								*	*	*	*			*			5	_sanguineum_ & cvs
			*						*						*		*	*								7	_speciosum_
	*		*							*	*				*		*	*	*	*		*			*	10	**_Ricinus communis_**
	*	*	*	*						*	*						*	*		*		*				10	**_Rondeletia_** _odorata_ & _amoena_
*			*	*	*			*		*	*							*					*			6	**_Rosa_** Bourbon & Hybrid Ptl cvs
				*				*		*								*	*							5	_californica_ & _c._ 'Plena'
				*				*		*								*	*	*			*			3	_canina_ & hybrid cvs
	*		*	*						*								*								6	China hybrids
*			*	*						*								*								7	_chinensis_ & cvs
*	*	*	*	*	*			*		*								*				*	*			6	Cluster-flowered Bush cvs
	*									*								*								6	_ecae_
	*	*	*				*			*								*	*						*	4	_foetida_ & cvs
			*	*				*		*								*					*		*	5	_gallica_ & cvs
				*				*		*								*							*	6	× _highdownensis_
	*								*	*								*					*		*	5	_hugonis_
*	*		*	*				*		*								*					*		*	6	Hybrid Musk cultivars
*	*	*	*	*	*			*		*								*				*	*			6	Large-flowered Bush cultivars
*	*	*	*	*						*								*				*	*			6	Miniature cultivars
*	*		*	*				*		*								*				*			*	5	Modern Shrub cultivars
			*							*								*							*	5	_moyesii_ & cvs
*			*	*	*			*		*								*					*			6	Old Shrub cultivars
*									*	*								*							*	4	_omeiensis_
*			*				*		*	*								*	*	*						4	_pimpinellifolia_ & cvs
*	*		*	*				*		*								*				*	*			6	_polyantha_ hybrid cultivars
				*				*		*								*	*				*			4	_rubiginosa_ & cvs
				*						*								*	*				*			2	_rubrifolia_
*			*	*				*	*		*							*	*	*						2	_rugosa_ & cvs
*			*	*	*			*		*	*							*					*		*	3	_rugosa_ hybrid cultivars
				*						*								*							*	3	_virginiana_
				*						*								*								5	_webbiana_
	*									*								*							*	5	_xanthina_ & cvs
					*	*				*					*			*	*	*		*		*		9	**_Rosmarinus_** _lavandulaceus_
					*	*				*					*			*	*	*		*	*			6	_officinalis_ cultivars
*										*							*	*					*			6	**_Rubus_** _biflorus_
*										*							*	*	*					*		7	_calycinoides_
			*							*							*	*					*			5	_cockburnianus_
*									*	*							*	*								4	_deliciosus_
*										*							*	*						*		5	_illecebrosus_
*				*						*							*	*	*							5	_laciniatus_
				*						*							*	*								5	_phoenicolasius_
			*	*				*	*								*	*								5	_spectabilis_
				*						*							*	*					*			6	_thibetanus_
*										*							*	*						*		7	_tricolor_
*									*	*							*	*							*	6	× _tridel_ 'Benenden'
			*						*	*	*	*					*	*		*		*				10	**_Ruellia_** _macrantha_

Shrubs

	Size				Type			Shape				Features						Foliage color				Season of foliage color			
	Small (up to 1.5m)	Medium (1.5–3m)	Large (over 3m)	Fast-growing	Deciduous	Evergreen	Conifer	Erect	Spreading	Pyramid	Weeping	Bold leaves	Ferny leaves	Ornamental foliage	Scented leaves	Ornamental bark	Ornamental fruit	Yellow/gold/russet	Purple/red	Gray/silver	Variegated	Spring	Summer	Autumn	Winter
Ruscus *aculeatus*	*					*		*				*					*								
Ruta *graveolens*	*					*		*						*	*					*			*	*	
Salix *arbuscula*	*				*			*																	
× *boydii*	*				*			*						*											
caprea & cvs			*	*	*				*		*														
fargesii		*			*			*				*		*		*									
hastata & cvs	*				*			*																	
irrorata		*		*	*			*																	
lanata	*				*			*				*		*						*			*		
melanostachys		*		*	*			*																	
repens & forms	*				*				*																
reticulata	*				*			*						*						*	*				
triandra			*	*	*			*				*		*		*									
viminalis		*	*	*	*				*			*		*											
Salvia *elegans*	*					*		*							*										
grahamii	*		*			*		*																	
greggii	*		*			*		*																	
neurepia	*					*		*							*										
officinalis & cvs	*					*		*						*	*				*		*		*	*	
Sambucus *canadensis* & cvs		*	*	*	*			*				*		*			*	*					*	*	
nigra cultivars		*	*	*	*			*					*	*			*	*	*		*		*	*	
racemosa & cvs		*	*	*	*			*					*	*			*	*					*	*	
Santolina *chamaecyparissus*	*		*			*		*					*	*	*					*		*	*	*	*
Sarcococca *confusa*	*					*		*																	
hookeriana & varieties	*					*		*																	
ruscifolia & varieties	*					*		*									*								
Sasa *palmata*		*	*			*		*				*		*											
veitchii	*					*		*						*							*	*	*	*	*
Schefflera *arboricola* & cvs	*	*				*			*			*		*							*	*	*	*	*
Senecio *bicolor*	*		*			*		*				*		*						*		*	*	*	*
greyi	*					*		*				*		*						*		*	*	*	*
monroi	*					*		*				*		*											
× 'Sunshine'	*					*		*						*						*		*	*	*	*
vira-vira	*		*			*		*						*						*		*	*	*	*
Sequoia *sempervirens* dwarf cultivars	*	*				*	*	*						*					*	*		*	*	*	*
Serissa *foetida*	*					*		*													*	*	*	*	*
Shepherdia *argentea*		*		*	*			*						*			*			*		*	*	*	
Skimmia *japonica*	*		*			*		*									*								
laureola	*		*			*		*									*								
reevesiana	*		*			*		*									*								
Solanum *aviculare*	*	*				*		*				*		*											
capsicastrum	*					*		*									*								
crispum & *c.* 'Glasnevin'	*	*				*		*																	
pseudocapsicum	*					*		*									*								
Sophora *davidii*		*		*	*			*					*	*											
Sorbaria *aitchisonii*		*	*	*	*			*					*	*											

White/cream	Yellow	Orange	Red	Pink	Purple/mauve	Blue	Bicolored	Fragrant	Spring	Summer	Autumn	Winter	Moist	Wet	Dry	Lime-hating	Shade	Small gardens	Exposed sites	Coastal sites	Rock gardens	Containers	Hedge	Ground cover	Specimen	Climate zone	
*									*						*		*	*	*				*			7	**Ruscus** *aculeatus*
	*									*					*			*	*	*	*	*	*			5	**Ruta** *graveolens*
	*								*									*	*		*	*				5	**Salix** *arbuscula*
																		*	*		*	*				5	× *boydii*
	*								*					*				*	*	*	*		*			4	*caprea* & cvs
										*			*					*	*	*					*	6	*fargesii*
	*								*					*				*	*	*	*					5	*hastata* & cvs
	*	*							*					*				*	*							4	*irrorata*
	*								*	*								*	*							3	*lanata*
		*							*										*							5	*melanostachys*
	*								*					*				*	*	*	*	*		*		4	*repens* & forms
	*								*	*								*	*		*	*				1	*reticulata*
	*								*	*				*				*	*	*			*			5	*triandra*
	*								*					*				*	*	*			*			3	*viminalis*
		*								*	*				*			*		*		*				9	**Salvia** *elegans*
		*								*	*				*			*		*		*				8	*grahamii*
		*								*	*				*			*		*		*				8	*greggii*
		*								*	*				*			*		*		*				8	*neurepia*
					*					*	*				*			*		*		*		*		6	*officinalis* & cvs
*										*				*			*	*	*	*			*			3	**Sambucus** *canadensis* & cvs
*										*				*			*	*	*				*			6	*nigra* cultivars
*										*				*			*	*	*	*			*		*	4	*racemosa* & cvs
	*									*					*			*	*	*		*	*	*		7	**Santolina** *chamaecyparissus*
*							*	*	*			*			*		*	*	*			*	*			8	**Sarcococca** *confusa*
*								*				*			*		*	*	*			*	*			8	*hookeriana* & varieties
*							*	*	*			*			*		*	*	*			*	*			7	*ruscifolia* & varieties
																	*						*		*	6	**Sasa** *palmata*
																	*	*				*				6	*veitchii*
																*	*	*	*	*		*	*		*	10	**Schefflera** *arboricola* & cvs
	*									*					*			*	*	*			*			9	**Senecio** *bicolor*
	*									*					*			*	*	*			*			8	*greyi*
	*									*								*	*	*			*			8	*monroi*
	*									*					*			*	*	*			*			8	× 'Sunshine'
	*									*					*			*	*	*			*			9	*vira-vira*
																	*	*	*		*					7	**Sequoia** *sempervirens* dwarf cvs
*			*							*					*		*		*		*					9	**Serissa** *foetida*
	*								*						*			*	*	*		*				3	**Shepherdia** *argentea*
*		*					*		*								*	*		*		*	*			7	**Skimmia** *japonica*
	*						*		*								*	*		*		*	*			7	*laureola*
*							*		*								*	*		*		*	*			8	*reevesiana*
					*					*	*				*		*	*	*							8	**Solanum** *aviculare*
*										*								*		*		*				9	*capsicastrum*
					*	*				*	*							*	*							9	*crispum* & c. 'Glasnevin'
*										*								*		*		*				9	*pseudocapsicum*
*						*				*								*	*							5	**Sophora** *davidii*
*										*							*						*		*	6	**Sorbaria** *aitchisonii*

Shrubs

	Size				Type			Shape				Features						Foliage color				Season of foliage color			
	Small (up to 1.5m)	Medium (1.5–3m)	Large (over 3m)	Fast-growing	Deciduous	Evergreen	Conifer	Erect	Spreading	Pyramid	Weeping	Bold leaves	Ferny leaves	Ornamental foliage	Scented leaves	Ornamental bark	Ornamental fruit	Yellow/gold/russet	Purple/red	Gray/silver	Variegated	Spring	Summer	Autumn	Winter
Sorbaria arborea		*	*	*	*				*			*	*												
sorbifolia	*	*		*	*				*			*	*												
Sorbus reducta	*				*			*									*								
Sparmannia africana		*	*	*		*			*			*		*											
Spartium junceum		*		*	*	*		*																	
Spiraea × arguta	*	*			*				*																
× billiardii		*	*	*	*				*																
× bumalda		*			*				*									*	*			*	*	*	
douglasii		*		*	*				*																
japonica & cvs	*				*				*									*	*			*	*	*	*
menziesii	*	*		*	*			*																	
prunifolia		*			*				*										*					*	
salicifolia		*		*	*			*																	
thunbergii	*				*				*																
× vanhouttei		*		*	*				*																
Stachyurus praecox	*	*		*	*				*																
Staphylea holocarpa & h. 'Rosea'		*	*		*				*							*									
pinnata		*	*		*				*							*									
Stephanandra incisa & cvs	*	*		*	*				*				*	*				*						*	
tanakae		*		*	*				*				*	*		*		*						*	
Stranvaesia davidiana		*	*	*		*			*					*					*					*	*
Symphoricarpos albus	*			*	*				*								*								
× chenaultii cultivars	*			*	*				*								*								
× doorenbosii	*			*	*				*								*								
orbiculatus	*	*		*	*				*								*	*						*	*
rivularis	*	*		*	*				*								*								
rotundifolius	*			*	*				*								*								
Syringa × chinensis		*	*	*	*				*																
× hyacinthiflora cultivars		*	*	*	*				*																
× josiflexa cultivars		*	*		*				*																
microphylla & m. 'Superba'	*	*			*				*																
× persica		*			*				*																
× prestoniae cultivars		*	*	*	*				*																
reflexa		*			*				*																
velutina	*	*			*				*																
vulgaris & cvs		*	*		*				*																
Tamarix gallica		*	*	*	*				*					*											
hispida		*	*	*	*				*					*											
ramosissima		*	*	*	*				*					*											
tetrandra		*	*	*	*				*					*											
Tecomaria capensis	*	*				*		*																	
Telopea truncata	*	*				*			*																
Teucrium chamaedrys	*					*			*																
fruticans	*	*	*			*			*					*						*		*	*	*	*
marum	*					*			*						*					*		*	*	*	*
subspinosum	*					*			*																

Flowers									Flowering season				Situations suitable										Uses			Climate zone	Name
White/cream	Yellow	Orange	Red	Pink	Purple/mauve	Blue	Bicolored	Fragrant	Spring	Summer	Autumn	Winter	Moist	Wet	Dry	Lime-hating	Shade	Small gardens	Exposed sites	Coastal sites	Rock gardens	Containers	Hedge	Ground cover	Specimen	Climate zone	Name
*										*							*						*		*	6	**Sorbaria** *arborea*
*										*							*	*								6	*sorbifolia*
*										*								*		*	*	*				6	**Sorbus** *reducta*
*	*		*						*	*							*	*				*			*	9	**Sparmannia** *africana*
	*							*	*	*	*				*		*	*	*				*			7	**Spartium** *junceum*
*									*								*	*	*				*			4	**Spiraea** × *arguta*
			*							*							*	*	*				*			4	× *billiardii*
			*	*					*	*	*		*		*		*	*	*	*	*		*			3	× *bumalda*
			*							*							*	*	*				*			4	*douglasii*
*			*	*						*							*	*					*			5	*japonica* & cvs
			*							*							*	*	*				*			5	*menziesii*
*									*	*					*		*	*					*			4	*prunifolia*
			*							*							*	*	*				*			5	*salicifolia*
*									*								*	*					*			4	*thunbergii*
*										*					*		*	*	*				*			4	× *vanhouttei*
	*								*			*					*	*								6	**Stachyurus** *praecox*
*			*						*	*					*		*		*						*	5	**Staphylea** *holocarpa* & *h.* 'Rosea'
*									*						*		*		*							6	*pinnata*
*										*					*		*	*	*				*			5	**Stephanandra** *incisa* & cvs
*										*					*		*	*	*			*	*			6	*tanakae*
*										*							*		*	*					*	7	**Stranvaesia** *davidiana*
				*						*					*		*	*	*				*			3	**Symphoricarpos** *albus*
				*						*							*	*	*				*	*		4	× *chenaultii* cultivars
				*						*							*	*	*				*			5	× *doorenbosii*
				*						*					*		*	*	*				*			2	*orbiculatus*
				*						*							*	*	*				*			3	*rivularis*
				*						*					*		*	*	*				*			6	*rotundifolius*
					*			*	*								*	*								5	**Syringa** × *chinensis*
			*	*	*	*		*	*								*	*								5	× *hyacinthiflora* cultivars
					*			*	*	*								*							*	3	× *josiflexa* cultivars
					*	*				*	*							*								5	*microphylla* & *m.* 'Superba'
*					*			*	*									*								5	× *persica*
			*	*	*				*	*								*								2	× *prestoniae* cultivars
					*				*	*								*							*	5	*reflexa*
					*	*			*								*	*								4	*velutina*
*	*		*	*	*	*		*	*								*	*								3	*vulgaris* & cvs
				*						*					*				*	*			*			5	**Tamarix** *gallica*
				*						*					*				*	*			*			6	*hispida*
				*						*					*				*	*			*			6	*ramosissima*
				*						*					*				*	*			*			5	*tetrandra*
	*		*								*	*					*	*		*						9	**Tecomaria** *capensis*
			*							*						*		*	*						*	9	**Telopea** *truncata*
				*	*					*					*			*	*	*		*		*		6	**Teucrium** *chamaedrys*
					*	*				*					*			*	*	*		*				8	*fruticans*
				*	*					*					*			*	*	*	*	*				7	*marum*
				*	*					*					*			*	*	*	*	*				7	*subspinosum*

Shrubs

	Size				Type			Shape				Features							Foliage color			Season of foliage color			
	Small (up to 1.5m)	Medium (1.5–3m)	Large (over 3m)	Fast-growing	Deciduous	Evergreen	Conifer	Erect	Spreading	Pyramid	Weeping	Bold leaves	Ferny leaves	Ornamental foliage	Scented leaves	Ornamental bark	Ornamental fruit	Yellow/gold/russet	Purple/red	Gray/silver	Variegated	Spring	Summer	Autumn	Winter
Tibouchina *urvilleana*		*	*	*		*		*				*		*											
Tsusiophyllum *tanakae*	*				*				*									*	*					*	
Turraea *obtusifolia*	*		*			*		*																	
Ulex *europaeus* & *e.* 'Plenus'	*	*		*		*		*																	
Ursinia *anethoides*	*					*		*																	
Vaccinium *corymbosum* & cvs		*			*			*									*		*					*	
floribundum	*					*			*								*								
glauco-album	*	*				*			*			*		*			*								
macrocarpum	*					*			*								*								
nummularia	*					*			*								*								
oxycoccus	*					*			*								*								
vitis-idaea	*					*			*								*								
Viburnum *acerifolium*	*		*		*				*								*	*						*	
alnifolium		*			*				*			*		*			*	*	*					*	
betulifolium		*	*		*				*								*								
bitchiuense		*			*				*																
× *bodnantense* cultivars		*	*	*	*			*																	
× *burkwoodii*		*				*			*										*						*
× *carlcephalum*		*			*				*																
carlesii & cvs		*			*				*									*	*					*	
davidii	*					*			*			*		*			*								
dilatatum		*	*		*				*								*								
farreri	*	*			*			*																	
grandiflorum		*			*			*																	
henryi		*				*			*								*								
hupehense		*	*		*				*								*	*						*	
× *juddii*	*	*			*				*																
macrocephalum		*				*			*																
opulus & cvs	*		*	*	*				*								*	*					*	*	
plicatum & cvs	*	*			*				*										*					*	
prunifolium		*			*			*									*	*						*	
× *rhytidophylloides*		*	*			*			*			*		*											
rhytidophyllum		*	*			*			*			*		*						*		*	*	*	*
sargentii		*			*				*								*	*	*					*	
sieboldii	*	*	*		*				*			*		*			*	*						*	
tinus & cvs		*	*			*			*			*		*			*				*	*	*	*	*
trilobum & cvs	*	*	*		*				*								*	*						*	
Vinca *major* & cvs	*			*		*			*					*							*	*	*	*	*
minor & cvs	*			*		*			*					*							*	*	*	*	*
Vitex *agnus-castus* & *a.* 'Albus'		*	*	*	*				*			*		*											
Weigela *floribunda* & cvs		*	*		*				*										*		*		*	*	
middendorffiana	*				*				*																
Xanthorhiza *simplicissima*	*				*				*			*		*											
Yucca *gloriosa*	*	*				*		*				*		*							*	*	*	*	*
recurvifolia	*	*				*		*				*		*							*	*	*	*	*
Zenobia *pulverulenta*	*					*			*											*			*		

Flowers									Flowering season				Situations suitable										Uses			Climate zone	Name
White/cream	Yellow	Orange	Red	Pink	Purple/mauve	Blue	Bicolored	Fragrant	Spring	Summer	Autumn	Winter	Moist	Wet	Dry	Lime-hating	Shade	Small gardens	Exposed sites	Coastal sites	Rock gardens	Containers	Hedge	Ground cover	Specimen	Climate zone	Name
					*	*			*	*								*		*	*				*	10	**Tibouchina** urvilleana
*										*			*			*	*	*		*	*					5	**Tsusiophyllum** tanakae
*										*	*							*			*					10	**Turraea** obtusifolia
	*							*	*						*			*	*	*			*			7	**Ulex** europaeus & e. 'Plenus'
		*					*		*	*					*			*	*	*	*					9	**Ursinia** anethoides
*				*					*				*			*	*	*			*		*			3	**Vaccinium** corymbosum & cvs
				*						*			*			*	*			*	*			*		7	floribundum
				*					*	*			*			*	*	*			*					7	glauco-album
				*						*			*	*		*		*	*		*					2	macrocarpum
			*						*	*			*			*	*			*	*			*		7	nummularia
				*						*			*	*		*		*	*		*					2	oxycoccus
*				*						*			*			*		*		*	*			*		6	vitis-idaea
*										*					*	*	*	*					*			3	**Viburnum** acerifolium
*									*	*			*	*		*	*								*	3	alnifolium
*										*							*								*	5	betulifolium
*								*	*								*									5	bitchiuense
			*					*	*		*	*					*								*	6	× bodnantense cultivars
*				*				*	*			*					*								*	5	× burkwoodii
*								*	*	*							*									5	× carlcephalum
*				*				*	*							*	*								*	4	carlesii & cvs
*										*						*	*	*						*		7	davidii
*									*	*					*	*	*						*			5	dilatatum
*				*				*	*		*	*					*								*	5	farreri
				*				*	*		*	*					*									7	grandiflorum
*										*							*	*								6	henryi
*									*	*							*	*					*			5	hupehense
*								*	*								*									5	× juddii
*								*	*								*	*								6	macrocephalum
*										*			*	*			*	*							*	3	opulus & cvs
*				*					*	*							*	*								4	plicatum & cvs
*									*						*											3	prunifolium
*									*	*							*								*	5	× rhytidophylloides
*				*					*	*							*								*	5	rhytidophyllum
*										*							*		*				*		*	4	sargentii
*									*	*							*		*				*			4	sieboldii
*				*					*		*	*			*		*	*	*						*	7	tinus & cvs
*										*							*	*					*			2	trilobum & cvs
					*				*	*					*		*	*	*					*		7	**Vinca** major & cvs
*			*		*	*			*	*					*		*	*						*		5	minor & cvs
*					*			*		*					*			*	*	*						6	**Vitex** agnus-castus & a. 'Albus'
*			*	*			*	*	*	*							*	*	*				*			5	**Weigela** floribunda & cvs
	*	*							*	*							*	*								4	middendorffiana
					*				*								*	*						*		5	**Xanthorhiza** simplicissima
*		*								*					*			*	*	*		*			*	6	**Yucca** gloriosa
*										*					*			*	*	*						8	recurvifolia
*								*		*			*	*		*	*	*								5	**Zenobia** pulverulenta

Climbing Plants

Definitions of chart headings

All the plants in this section are fast-growing and have flexible, nonself-supporting stems. In the wild, they climb up and over other plants or cliff faces to reach the light. In gardens they can be used to cover walls, fences, pergolas, trees or shrubs. (There are also many self-supporting shrubs that can be grown against walls or fences if preferred; most of the plants on pp.74–115 would be suitable. See p.37 for how to train shrubs against walls or fences.) See pages 18–19 for advice on choosing climbers.

Height

Most climbing plants will reach their full height in 3–5 years.
Small Up to 5 m (15 ft).
Medium 5–10 m (15–30 ft).
Large Over 10 m (30 ft).
Fast-growing At least 2 m (6 ft) of growth in height each year. This assumes that the climber has been established in its present position for two years, is happily sited, and is healthy.

Type

Deciduous Leafless from late autumn to midspring.
Evergreen Leafy throughout the year, though in some cases the leaves of the previous year fall when the new ones emerge. A few evergreen plants may lose their leaves in an exceptionally hard winter.
Woody-stemmed The stems are woody like those of a shrub.
Herbaceous A perennial climber that dies back to ground level each autumn or early winter.
Can grow as annual Any perennial species that flowers the first year when raised from seed sown under cover in early spring. This means that plants that are perennial in mild climates can be grown as annuals in cooler areas – so a plant that is marked as zone 10 (see p.245), and will be perennial there, can be grown as an annual in zones 1–9.
Annual A plant that completes its life cycle within twelve months. Seed sown in spring (usually under glass), blooms in summer and autumn, then dies.
Twiner A climber that spirals around its support.
Tendril clinger A climber that has tendrils (modified, whiplike stems or leaves) that twine around any suitable support.
Aerial-root clinger A climber that has stem roots (for example, *Hedera* – ivy) which cling to suitable supports. Such plants are useful for covering walls and tree trunks without the use of string, wire or netting supports, but they may cause damage if they are later removed.
Scrambler A plant with flexible stems that, in the wild, pushes up through bushes and trees for support. In the garden it will have to be tied to a support.
Bushy A climber that produces freely branching side stems once it has reached the top of its support. In some cases, for example, *Hydrangea petiolaris* and *Hedera* (ivy) species, these stems are nonclimbing and rigid, like shrub stems.

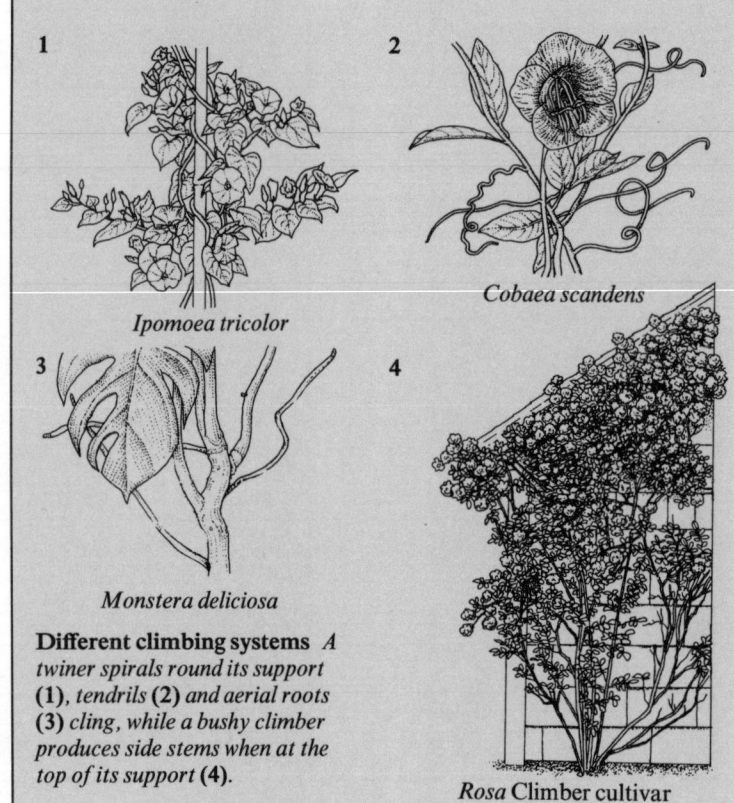

1
Ipomoea tricolor

2
Cobaea scandens

3
Monstera deliciosa

4
Rosa Climber cultivar

Different climbing systems *A twiner spirals round its support (1), tendrils (2) and aerial roots (3) cling, while a bushy climber produces side stems when at the top of its support (4).*

Features

Bold leaves Large leaves (at least 10 cm/4 in long) with a distinctive shape.

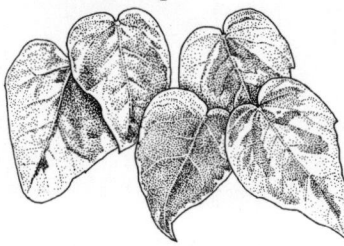

Hedera colchica

Ornamental foliage Leaves that are attractive in their own right, without the embellishment of flowers. It is usually their effect *en masse* that is appealing.

Parthenocissus henryana

Ornamental fruit Berries, seed pods or other fruits that are colored or attractively shaped.

Foliage color

Two or more colors given for one plant indicate either that the leaves on different individuals or varieties of that species can vary, or that leaf color changes from season to season. None of the climbing plants featured have gray or silver leaves.
Variegated Speckled, blotched, lined, or margined with a contrasting color, usually white, cream or yellow.

Flowers

Two or more colors given for one plant indicate either that the flowers on different individuals or varieties of that species can vary or, if the flowers are bicolored, that each flower is made up of two or more boldly contrasting colors.

Flowering season

Two or more seasons given for one plant indicate continuous or recurrent flowering.

Situations suitable

All the plants featured in this section grow well in moist, acid or alkaline soils, but none of them tolerates dry soil.
Wet Tolerates or prefers a soil that is more or less permanently wet, although usually less so in summer.
Shade Tolerates or prefers the mainly sunless shade of high north-facing walls or hedges that are open to the sky above, or the dappled shade of deciduous trees. (Most plants that require direct sunlight will tolerate half-day illumination.)
Small gardens Sites less than 250 m² ($\frac{1}{16}$ acre or 300 yd²).
Exposed sites Hillsides or flat areas with no protection from strong prevailing winds.

Clematis 'Nelly Moser'

Coastal sites Within one mile of the seashore.
Containers Suitable for long-term cultivation in pots, tubs or windowboxes (see p.35 for how to do this).

Uses

Pergolas/arbors Particularly suited for growing over arches, pergolas, arbors, tripods and trelliswork.
Growing up trees Particularly suited for climbing through and over a companion shrub or tree.
Climate zone See "Climate zones and plant hardiness" (pp.244–5).

Climbing Plants

	Size				Type												Features		Foliage color			
	Small (up to 5m)	Medium (5–10m)	Large (over 10m)	Fast-growing	Deciduous	Evergreen	Woody-stemmed	Herbaceous	Can use as annual	Annual	Twiner	Tendril clinger	Aerial-root clinger	Scrambler	Bushy	Bold leaves	Ornamental foliage	Ornamental fruit	Yellow/gold/russet	Purple/red	Gray/silver	Variegated
Actinidia *chinensis*		*	*	*	*		*				*					*		*				
kolomikta		*	*	*	*		*				*		*	*			*					*
Adlumia *fungosa*	*		*		*				*		*						*					
Agapetes *serpens*	*					*	*							*								
Akebia *quinata*		*		*	*	*	*				*						*			*		
trifoliata		*	*	*	*		*				*						*					
Allamanda *cathartica* & cvs		*	*			*	*				*						*					
Antigonon *leptopus*		*				*	*					*										
Aristolochia *durior*		*		*	*		*				*					*						
elegans		*				*	*				*						*					
Asteranthera *ovata*	*					*	*						*									
Berberidopsis *corallina*	*					*	*				*			*								
Bignonia *capreolata*		*	*			*	*					*										
Bomarea *caldasii*	*						*				*											
edulis	*						*				*											
kalbreyeri	*						*				*											
Bougainvillea × *buttiana* & cvs		*		*		*								*	*							*
spectabilis		*		*		*								*	*							
Campsis *grandiflora*		*		*	*							*	*	*								
× *tagliabuana*		*		*	*							*	*	*								
Cardiospermum *halicacabum*	*			*	*	*		*			*							*				
Celastrus *orbiculatus*		*		*	*						*	*		*				*	*			
Cissus *antarctica*	*					*	*				*				*	*	*					
discolor	*					*	*				*						*					*
striatus		*				*	*				*					*	*					
Clematis *alpina*	*			*	*		*				*						*					
armandii		*	*			*	*				*						*					
chrysocoma		*		*	*		*				*											
cirrhosa balearica	*					*	*				*						*					
flammula	*			*	*		*				*											
× *jackmannii* & cvs	*			*	*		*				*			*								
× *jouiniana*	*		*	*	*		*							*								
lanuginosa	*			*	*		*				*											
Large-flowered cultivars	*			*	*		*				*											
macropetala	*			*	*		*				*											
macropetala cultivars	*			*	*		*				*											
montana		*	*	*	*		*				*											
montana cultivars		*	*	*	*		*				*											
orientalis		*	*	*	*		*				*							*	*		*	
rehderiana		*		*	*		*				*			*			*					
tangutica		*	*	*	*		*				*							*	*		*	
texensis	*			*	*		*				*						*					
× *vedrariensis*		*	*	*	*		*				*											
viticella & cvs	*		*	*	*		*				*											
Clerodendrum *thomsoniae*	*					*	*				*											
Cobaea *scandens*		*	*		*	*			*			*										

Column groups: **Season of foliage color** (Spring–Winter) · **Flowers** (White/cream–Fragrant) · **Flowering season** (Spring–Winter) · **Situations suitable** (Wet–Growing up trees) · **Uses** (Climate zone)

Spring (fol.)	Summer (fol.)	Autumn (fol.)	Winter (fol.)	White/cream	Yellow	Orange	Red	Pink	Purple/mauve	Blue	Bicolored	Fragrant	Spring (flow.)	Summer (flow.)	Autumn (flow.)	Winter (flow.)	Wet	Shade	Small gardens	Exposed sites	Coastal sites	Containers	Pergolas/arbours	Growing up trees	Climate zone	Name
				*	*							*	*					*		*	*			*	*	7	***Actinidia* chinensis**
*	*	*		*								*	*				*	*						*	*	4	*kolomikta*
				*				*					*				*	*				*		*	*	5	***Adlumia* fungosa**
						*						*	*				*	*				*		*	*	9	***Agapetes* serpens**
*									*		*	*	*				*	*			*			*	*	4	***Akebia* quinata**
									*		*	*	*				*	*						*	*	5	*trifoliata*
					*													*			*	*		*	*	10	***Allamanda* cathartica & cvs**
								*						*				*				*		*	*	9	***Antigonon* leptopus**
									*					*				*				*		*	*	4	***Aristolochia* durior**
				*					*		*			*				*				*	*	*	*	10	*elegans*
						*								*			*	*				*	*			8	***Asteranthera* ovata**
						*							*	*			*	*				*	*	*	*	8	***Berberidopsis* corallina**
						*	*							*			*	*	*	*	*	*	*	*	*	9	***Bignonia* capreolata**
					*	*	*							*				*				*	*	*	*	8	***Bomarea* caldasii**
						*	*				*			*				*				*	*	*	*	8	*edulis*
					*	*	*				*			*				*				*	*	*	*	8	*kalbreyeri*
*	*	*		*			*	*	*					*				*	*	*	*	*	*	*	*	9	***Bougainvillea* × buttiana & cvs**
							*	*	*					*				*	*	*	*	*	*	*	*	9	*spectabilis*
						*								*	*			*		*	*	*	*	*	*	7	***Campsis* grandiflora**
						*								*	*			*		*	*	*	*	*	*	4	*× tagliabuana*
				*							*			*				*		*	*	*	*	*	*	9	***Cardiospermum* halicacabum**
	*																*	*						*	*	4	***Celastrus* orbiculatus**
																	*	*			*	*		*	*	9	***Cissus* antarctica**
*	*	*	*														*	*				*		*	*	10	*discolor*
																	*	*				*		*	*	8	*striatus*
				*		*			*	*			*				*	*	*			*		*	*	5	***Clematis* alpina**
				*			*						*											*	*	7	*armandii*
				*		*							*				*	*						*	*	7	*chrysocoma*
				*		*	*				*		*		*	*		*	*	*	*		*			7	*cirrhosa balearica*
				*							*			*	*			*	*				*			6	*flammula*
								*						*	*		*	*	*			*	*	*	5	*× jackmannii & cvs*
				*										*	*		*	*	*	*		*	*		4	*× jouiniana*
				*										*	*		*	*				*		*	6	*lanuginosa*
				*		*	*	*	*	*	*			*	*		*	*	*			*	*	*	5	Large-flowered cultivars
								*					*	*	*		*	*	*	*	*	*	*	*	5	*macropetala*
				*		*		*					*				*	*	*	*	*	*	*	*	5	*macropetala* cultivars
				*									*				*	*					*	*	5	*montana*
						*	*						*				*	*					*	*	5	*montana* cultivars
*	*	*		*										*	*		*	*	*	*			*	*	6	*orientalis*
				*							*			*	*		*	*					*	*	6	*rehderiana*
*	*	*		*										*	*		*	*	*	*			*	*	5	*tangutica*
						*								*	*			*			*	*	*		4	*texensis*
						*								*	*						*		*	*	6	*× vedrariensis*
									*		*			*	*				*	*	*	*	*		4	*viticella & cvs*
				*		*			*				*				*				*	*	*	*	10	***Clerodendrum* thomsoniae**
					*			*	*					*	*								*		9	***Cobaea* scandens**

Climbing Plants

	Size			Fast-growing	Type											Features			Foliage color			
	Small (up to 5 m)	Medium (5–10 m)	Large (over 10 m)	Fast-growing	Deciduous	Evergreen	Woody-stemmed	Herbaceous	Can use as annual	Annual	Twiner	Tendril clinger	Aerial-root clinger	Scrambler	Bushy	Bold leaves	Ornamental foliage	Ornamental fruit	Yellow/gold/russet	Purple/red	Gray/silver	Variegated
Codonopsis *convolvulacea*	*			*			*				*											
vinciflora	*			*			*				*											
Cucurbita *pepo*	*		*							*	*	*				*		*				
Dioscorea *discolor*	*			*		*	*				*					*	*					*
elephantipes	*		*	*			*				*						*					
Distictis *buccinatoria*		*				*	*					*										
Eccremocarpus *scaber* & cvs	*		*		*	*			*			*										
Euonymus *fortunei* & cvs	*	*				*	*						*	*			*					*
Ficus *pumila*	*					*	*						*				*					
Gynura *sarmentosa*	*					*	*				*			*			*			*		
Hardenbergia *violacea*	*					*	*				*											
Hedera *canariensis*		*				*	*						*			*	*					*
colchica & cvs		*				*	*						*			*	*					*
helix & cvs		*				*	*						*				*		*	*		*
Holboellia *coriacea*	*	*				*	*				*					*	*					
Hoya *carnosa*	*					*	*				*						*					*
Humulus *japonicus* & cvs	*	*		*	*			*	*		*					*	*	*				*
lupulus	*	*		*	*			*			*						*					
lupulus cultivars	*	*		*	*			*			*						*		*			
Hydrangea *anomala petiolaris*		*			*		*						*	*								
Ipomoea *coccinea*	*			*						*	*											
hederacea	*			*						*	*											
purpurea	*			*						*	*											
quamoclit	*			*						*	*											
tricolor	*			*					*		*											
Jasminum *officinale* & cvs		*		*	*		*				*			*								*
polyanthum		*		*	*	*	*				*			*								
× *stephanense*	*	*		*	*		*				*			*								
Lapageria *rosea* & cvs	*					*	*				*											
Lathyrus *latifolius*	*		*	*				*				*										
odoratus & cvs	*			*					*	*		*										
rotundifolius	*		*	*				*				*										
Lonicera × *americana*		*	*	*	*		*				*							*				
× *brownii* & cvs		*			*	*	*				*											
caprifolium		*		*	*		*				*							*				
etrusca		*		*	*		*				*			*								
× *heckrottii*	*			*	*		*				*			*								
japonica & cvs	*	*		*		*	*				*											*
periclymenum		*	*	*	*		*				*							*				
periclymenum 'Serotina'		*	*	*	*		*				*							*				
sempervirens		*	*		*	*	*				*											
tellmanniana		*		*	*		*				*			*								
tragophylla		*		*	*		*				*			*								
Luffa *aegyptiaca*	*			*						*						*	*					
Macfadyena *unguis-cati*		*	*		*	*						*										
Mandevilla × *amabilis*	*				*	*					*											

Season of foliage color				Flowers									Flowering season				Situations suitable						Uses			
Spring	Summer	Autumn	Winter	White/cream	Yellow	Orange	Red	Pink	Purple/mauve	Blue	Bicolored	Fragrant	Spring	Summer	Autumn	Winter	Wet	Shade	Small gardens	Exposed sites	Coastal sites	Containers	Pergolas/arbours	Growing up trees	Climate zone	Name
								*	*				*									*	*	*	8	*Codonopsis convolvulacea*
								*					*									*	*	*	8	*vinciflora*
		*											*					*				*			5	*Cucurbita pepo*
*	*	*	*															*				*	*	*	10	*Dioscorea discolor*
																				*		*	*		9	*elephantipes*
						*	*						*	*							*	*	*	*	9	*Distictis buccinatoria*
					*	*	*						*	*							*	*	*	*	8	*Eccremocarpus scaber* & cvs
*	*	*	*														*	*	*	*	*		*		5	*Euonymus fortunei* & cvs
																	*	*	*	*	*		*		9	*Ficus pumila*
*	*	*	*			*							*	*			*	*					*		10	*Gynura sarmentosa*
									*				*			*	*					*	*	*	9	*Hardenbergia violacea*
*	*	*	*															*	*	*	*	*	*	*	7	*Hedera canariensis*
*	*	*	*															*	*	*	*	*	*	*	5	*colchica* & cvs
*	*	*	*															*	*	*	*	*	*	*	5	*helix* & cvs
				*				*				*	*					*	*	*			*	*	7	*Holboellia coriacea*
				*				*			*	*		*	*							*	*		9	*Hoya carnosa*
	*	*															*		*	*	*	*	*	*	6	*Humulus japonicus* & cvs
																	*		*	*	*	*	*	*	3	*lupulus*
	*	*																	*	*	*	*	*	*	3	*lupulus* cultivars
				*									*					*	*					*	4	*Hydrangea anomala petiolaris*
						*							*									*	*		5	*Ipomoea coccinea*
						*	*	*	*				*									*	*		5	*hederacea*
				*		*	*	*	*				*									*	*		5	*purpurea*
						*							*									*	*		5	*quamoclit*
				*			*	*	*				*									*	*		5	*tricolor*
	*	*		*				*				*	*					*	*		*	*			7	*Jasminum officinale* & cvs
				*				*			*	*	*			*			*		*	*			9	*polyanthum*
								*				*	*						*		*	*			7	*× stephanense*
				*			*	*					*	*				*	*		*	*	*	*	8	*Lapageria rosea* & cvs
				*				*	*				*						*	*	*	*	*		5	*Lathyrus latifolius*
				*			*	*	*	*	*	*	*						*	*	*	*	*		3	*odoratus* & cvs
								*					*						*	*	*	*	*		6	*rotundifolius*
				*					*		*	*	*	*					*	*			*		5	*Lonicera × americana*
						*	*						*						*				*		6	*× brownii* & cvs
				*				*				*	*					*				*	*		5	*caprifolium*
				*								*	*									*	*		7	*etrusca*
				*			*				*		*									*	*		5	*× heckrottii*
*	*	*		*	*							*	*						*	*	*		*		6	*japonica* & cvs
				*								*	*					*	*	*			*		4	*periclymenum*
				*			*				*	*	*					*	*	*			*		4	*periclymenum* 'Serotina'
						*	*						*						*	*	*		*		4	*sempervirens*
					*	*							*					*					*		6	*tellmanniana*
					*								*					*					*		6	*tragophylla*
					*								*							*	*	*	*		9	*Luffa aegyptiaca*
					*								*	*							*	*	*		9	*Macfadyena unguis-cati*
							*	*				*	*								*	*	*		9	*Mandevilla × amabilis*

Climbing Plants

	Size			Type												Features			Foliage color			
	Small (up to 5m)	Medium (5–10m)	Large (over 10m)	Fast-growing	Deciduous	Evergreen	Woody-stemmed	Herbaceous	Can use as annual	Annual	Twiner	Tendril clinger	Aerial-root clinger	Scrambler	Bushy	Bold leaves	Ornamental foliage	Ornamental fruit	Yellow/gold/russet	Purple/red	Gray/silver	Variegated
Mandevilla laxa	*		*			*	*				*											
sanderi	*					*	*				*											
splendens	*					*	*				*											
Manettia inflata	*		*			*					*											
Merremia tuberosa		*	*					*		*							*	*				
Mikania scandens	*					*	*				*						*					
ternata	*					*	*				*						*			*		
Mina lobata	*		*			*				*												
Mitraria coccinea	*					*	*						*	*								
Momordica charantia	*		*					*		*							*	*				
Monstera deliciosa		*				*	*						*			*	*	*				
Muehlenbeckia complexa	*		*			*	*				*			*			*					
Mutisia ilicifolia	*					*	*					*										
oligodon	*					*	*					*										
Oxypetalum caeruleum	*					*	*		*		*											
Pandorea jasminoides		*				*	*				*			*								
pandorana		*	*			*	*				*			*								
Parthenocissus henryana		*	*	*	*							*					*			*		*
quinquefolia		*	*	*	*							*					*			*		
tricuspidata & cvs		*	*	*	*							*					*			*		
Passiflora × allardii	*	*				*	*					*						*				
caerulea	*	*				*	*					*						*				
edulis	*	*				*	*					*						*				
incarnata	*					*	*					*						*				
laurifolia	*					*	*					*				*		*				
manicata	*					*	*					*						*				
mixta	*					*	*					*						*				
mollissima	*	*				*	*					*						*				
quadrangularis	*					*	*					*				*		*				
racemosa	*					*	*					*						*				
Periploca graeca	*	*	*	*	*						*						*					
Philodendron bipennifolium	*					*	*						*			*	*					
× 'Burgundy'	*					*	*						*			*	*			*		
cordatum		*				*	*						*			*	*					
domesticum	*					*	*						*			*	*					
erubescens		*				*	*						*			*	*			*		
hastatum	*					*	*						*			*	*			*		
ilsemannii		*				*	*						*			*	*					*
melanochryson		*				*	*						*			*	*			*		*
scandens		*				*	*						*			*	*					
Pileostegia viburnoides		*				*	*						*	*								
Piper ornatum	*					*	*				*					*	*					*
Plumbago auriculata	*			*	*	*								*	*							
Polygonum aubertii		*	*	*	*						*			*			*					
baldschuanicum		*	*	*	*						*			*			*					
Pueraria lobata		*	*			*	*				*					*						

Column groups: **Season of foliage color** (Spring, Summer, Autumn, Winter) · **Flowers** (White/cream, Yellow, Orange, Red, Pink, Purple/mauve, Blue, Bicolored, Fragrant) · **Flowering season** (Spring, Summer, Autumn, Winter) · **Situations suitable** (Wet, Shade, Small gardens, Exposed sites, Coastal sites, Containers, Pergolas/arbours, Growing up trees) · **Uses** (Climate zone)

Spring	Summer	Autumn	Winter	White/cream	Yellow	Orange	Red	Pink	Purple/mauve	Blue	Bicolored	Fragrant	Spring	Summer	Autumn	Winter	Wet	Shade	Small gardens	Exposed sites	Coastal sites	Containers	Pergolas/arbours	Growing up trees	Climate zone	Name
				*								*	*							*	*		*		8	***Mandevilla** laxa*
					*		*		*				*							*	*		*		9	*sanderi*
						*	*						*							*	*		*		9	*splendens*
					*		*		*				*	*							*	*		*		9	***Manettia** inflata*
					*									*							*	*	*	*	9	***Merremia** tuberosa*
				*				*						*							*	*		*		9	***Mikania** scandens*
*	*	*	*	*										*				*			*	*		*		10	*ternata*
					*		*		*				*							*	*		*		9	***Mina** lobata*
						*							*	*				*			*	*		*	*	9	***Mitraria** coccinea*
					*									*							*	*		*		8	***Momordica** charantia*
				*									*	*	*			*			*	*		*	9	***Monstera** deliciosa*
															*		*	*	*	*	*		*		8	***Muehlenbeckia** complexa*
							*						*	*							*	*		*		9	***Mutisia** ilicifolia*
							*						*	*					*			*	*		*		8	*oligodon*
									*				*						*		*	*				9	***Oxypetalum** caeruleum*
						*	*		*												*	*		*	*	9	***Pandorea** jasminoides*
				*			*		*	*											*	*		*	*	9	*pandorana*
*	*	*												*				*		*	*	*	*	*	7	***Parthenocissus** henryana*
	*													*				*		*	*			*	3	*quinquefolia*
	*													*				*		*	*			*	4	*tricuspidata & cvs*
				*			*		*				*					*			*	*	*	*	9	***Passiflora** × allardii*
				*			*		*	*			*					*			*	*	*	*	8	*caerulea*
				*				*		*			*					*			*	*	*	*	9	*edulis*
				*				*					*					*			*	*	*		9	*incarnata*
				*			*	*	*	*	*		*					*			*	*	*		10	*laurifolia*
							*						*					*			*	*	*		9	*manicata*
						*	*	*					*					*			*	*	*	*	9	*mixta*
							*						*					*			*	*	*	*	9	*mollissima*
				*			*	*	*	*	*		*					*			*	*	*		9	*quadrangularis*
							*						*					*			*	*	*		9	*racemosa*
					*				*				*								*	*	*		7	***Periploca** graeca*
														*				*				*	*	*	10	***Philodendron** bipennifolium*
*	*	*	*											*				*				*	*	*	10	*× 'Burgundy'*
														*				*				*	*	*	10	*cordatum*
														*				*				*	*	*	10	*domesticum*
*	*	*	*											*				*				*	*	*	10	*erubescens*
*	*	*	*											*				*				*	*	*	10	*hastatum*
*	*	*	*											*				*				*	*	*	10	*ilsemannii*
*	*	*	*											*				*				*	*	*	10	*melanochryson*
														*				*				*	*	*	10	*scandens*
				*										*				*		*			*	*	7	***Pileostegia** viburnoides*
*	*	*	*											*				*				*	*		10	***Piper** ornatum*
									*					*				*				*	*		9	***Plumbago** auriculata*
				*									*	*							*	*		*	*	4	***Polygonum** aubertii*
				*				*					*	*							*	*		*	*	4	*baldschuanicum*
						*		*				*	*								*	*		*	*	7	***Pueraria** lobata*

Climbing Plants

Plant	Small (up to 5 m)	Medium (5–10 m)	Large (over 10 m)	Fast-growing	Deciduous	Evergreen	Woody-stemmed	Herbaceous	Can use as annual	Annual	Twiner	Tendril clinger	Aerial-root clinger	Scrambler	Bushy	Bold leaves	Ornamental foliage	Ornamental fruit	Yellow/gold/russet	Purple/red	Gray/silver	Variegated
Pyrostegia *venusta*		*	*			*	*				*											
Rhoicissus *rhomboidea*		*				*	*					*						*				
Rosa *banksiae* & cvs	*	*				*	*							*	*							
brunonii & cvs		*				*	*							*								
Climber cultivars	*	*			*		*							*	*							
filipes & cvs		*	*	*	*		*							*				*				
× *harisonii*	*				*		*							*	*							
multiflora		*	*	*	*		*							*	*			*				
Rambler cultivars	*		*	*	*		*							*	*							
wichuraiana	*					*	*							*				*				
Schisandra *rubriflora*		*			*		*				*							*				
Schizophragma *hydrangeoides* & *h.* 'Roseum'		*			*		*						*		*	*						
integrifolium		*			*		*						*		*	*						
Scindapsus *aureus*		*				*	*						*				*		*			*
pictus		*				*	*						*				*	*				*
Senecio *macroglossus* & cvs	*					*	*				*						*					*
Solandra *grandiflora*		*				*	*							*								
maxima		*				*	*							*								
Solanum *jasminoides* & *j.* 'Album'	*	*	*			*	*				*			*								
Stauntonia *hexaphylla*		*				*	*				*							*				
Stephanotis *floribunda*	*					*	*				*						*	*				
Stigmaphyllon *ciliatum*		*				*	*				*											
Streptosolen *jamesonii*	*					*	*							*								
Syngonium *auritum* & cvs	*					*	*						*				*					*
hoffmannii	*					*	*						*				*					*
podophyllum & cvs	*					*							*				*	*				*
Tetrastigma *voinieranum*		*	*			*	*					*				*	*					
Thunbergia *alata* & cvs	*		*						*		*											
grandiflora		*	*			*	*				*											
gregorii	*		*			*	*		*		*											
Trachelospermum *asiaticum*	*					*	*				*						*					
jasminoides	*					*	*				*									*		*
Trichosanthes *anguina*	*		*					*		*		*					*	*				
Tropaeolum *majus* & cvs	*		*					*		*	*						*					
peregrinum	*		*					*		*	*											
speciosum	*		*	*				*			*									*		
tuberosum	*		*	*				*			*											
Vitis *amurensis*		*	*	*	*		*					*					*	*		*		
× 'Brandt'	*	*	*	*	*		*					*					*	*		*		
coignetiae		*	*	*	*		*					*				*	*	*		*		
davidii		*	*	*	*		*					*					*	*		*		
riparia		*	*	*	*		*					*					*	*		*		
vinifera & cvs		*	*	*	*		*					*					*	*		*	*	
Wisteria *floribunda* & cvs		*	*	*	*		*				*							*	*			
× *formosa*		*	*	*	*		*				*							*	*			
sinensis & cvs		*	*	*	*		*				*							*	*			

Season of foliage color				Flowers									Flowering season				Situations suitable								Uses	
Spring	Summer	Autumn	Winter	White/cream	Yellow	Orange	Red	Pink	Purple/mauve	Blue	Bicolored	Fragrant	Spring	Summer	Autumn	Winter	Wet	Shade	Small gardens	Exposed sites	Coastal sites	Containers	Pergolas/arbours	Growing up trees	Climate zone	
					*								*			*					*	*	*	*	9	*Pyrostegia* venusta
															*			*			*	*	*		9	*Rhoicissus* rhomboidea
				*	*							*	*						*				*		8	*Rosa* banksiae & cvs
				*	*							*	*					*					*	*	8	brunonii & cvs
				*	*		*	*				*	*					*		*	*		*	*	5	Climber cultivars
				*								*	*				*	*	*	*				*	6	filipes & cvs
					*							*	*						*	*	*		*		4	× harisonii
				*								*	*						*	*			*	*	5	multiflora
				*	*		*	*											*	*			*		5	Rambler cultivars
				*								*	*	*					*	*	*		*		6	wichuraiana
							*						*					*		*	*		*		7	*Schisandra* rubriflora
				*				*					*					*					*	*	5	*Schizophragma* hydrangeoides & h. R.
				*									*					*					*	*	7	integrifolium
*	*	*	*															*		*	*	*	*		10	*Scindapsus* aureus
*	*	*	*															*		*	*	*	*		10	pictus
*	*	*	*		*									*						*	*		*		9	*Senecio* macroglossus & cvs
				*	*			*		*			*						*	*	*	*	*		9	*Solandra* grandiflora
					*			*	*				*						*	*	*	*	*		9	maxima
				*				*						*	*				*	*		*	*		8	*Solanum* jasminoides & j. 'Album'
				*				*			*		*					*				*	*		7	*Stauntonia* hexaphylla
				*							*	*	*	*	*			*				*	*		9	*Stephanotis* floribunda
					*									*				*				*	*		10	*Stigmaphyllon* ciliatum
					*								*					*		*	*		*		9	*Streptosolen* jamesonii
*	*	*	*															*			*		*		10	*Syngonium* auritum & cvs
*	*	*	*															*			*		*		10	hoffmannii
*	*	*	*															*			*		*		10	podophyllum & cvs
															*			*	*	*	*		*		10	*Tetrastigma* voinieranum
				*	*	*		*		*			*								*	*	*		5	*Thunbergia* alata & cvs
							*	*					*	*	*		*				*		*	*	9	grandiflora
					*								*								*	*	*		9	gregorii
				*	*						*		*						*	*			*		9	*Trachelospermum* asiaticum
*	*	*	*	*							*		*					*	*	*			*		9	jasminoides
				*									*								*	*		9	*Trichosanthes* anguina
					*	*	*		*				*							*	*	*	*		5	*Tropaeolum* majus & cvs
					*								*									*	*	*	5	peregrinum
							*						*				*					*	*	*	7	speciosum
					*	*	*		*				*									*	*	*	8	tuberosum
		*																				*	*	4	*Vitis* amurensis
		*																		*		*	*	4	× 'Brandt'
		*																*	*		*	*	5	coignetiae
		*																			*	*	6	davidii
		*															*	*	*		*	*	2	riparia
*	*	*																	*	*		*	*	6	vinifera & cvs
				*	*			*	*				*				*	*	*	*		*	*	4	*Wisteria* floribunda & cvs
				*				*					*	*			*	*	*	*		*	*	5	× formosa
				*	*			*					*				*	*	*	*		*	*	5	sinensis & cvs

Perennials

Definitions of chart headings

Perennials are nonwoody plants with a root system that lasts several years, and may be exceptionally long-lived. Most perennials are **herbaceous**, that is they die back to ground level at the end of each growing season. **Evergreen** perennials are generally not frost-hardy, although there are some noteworthy exceptions, such as *Bergenia*, *Ajuga* (bugle) and some kinds of *Epimedium* (barrenwort). Also evergreen are rock plants such as *Phlox subulata* and *Raoulia*, that look like low-growing shrubs except for their nonwoody stems. There are many rock and alpine plants in this section as most alpines are dwarf perennials. Also listed here are the **epiphytic orchids**, which are in fact perennials despite the bulblike structures (pseudobulbs) that most of them possess. For advice on choosing perennials for your garden, see pages 24 and 7.

Height

Most perennials will reach their full height within 2 years.
Small Up to 30 cm (1 ft).
Medium 30–120 cm (1–4 ft).
Large 120 cm–3 m (4–10 ft).
Fast-growing A plant that reaches an impressive size in its first growing season. Usually this growth rate slows down in subsequent years.

Type

Herbaceous Leaves and stems die back to ground level each autumn.
Evergreen A plant with at least some leaves throughout the year. A few evergreen plants may lose their leaves in an exceptionally hard winter.
Can grow as annual Flowers appear during the first growing season when raised from seed sown in early spring. This means that plants that are perennial in mild climates can be grown as annuals in cooler areas – so a plant that is marked as zone 10

(see p.245), and will be perennial there, can be grown as an annual in zones 1–9.
Grass, rush or sedge A plant with very slender, often arching, narrow leaves and, usually, insignificant flowers.
Fern A foliage plant that reproduces by spores rather than seeds.
Epiphytic orchid An orchid that, in the wild, grows on the trunk or branch of a tree, its roots either in moss, clinging to the bark, or hanging free.

Shape

Erect An upright plant formed principally of vertical stems.

Digitalis grandiflora

Spreading A plant that is as wide as or wider than it is tall, with its stems or leaves growing horizontally.

Bergenia sp.

Hummock A cushion shape, formed of dense foliage.

Aubrieta sp.

Prostrate/mat A plant whose main stems lie flat on the ground, often forming good groundcover.

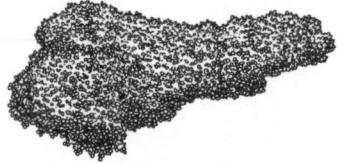

Acaena sp.

Clump-forming A plant formed of a sheaf of stems, all arising from ground level. In some cases the stems form a single clump; in others they arise from a creeping, underground rootstock and are spaced further apart.

Lupinus polyphyllus

Features

Bold leaves Large leaves (at least 15 cm/6 in long) with a distinctive shape.
Ferny leaves Leaves formed of finely cut leaflets, like those of most ferns.
Ornamental foliage Leaves that are attractive in their own right, without the embellishment of flowers. It is usually their effect *en masse* that is appealing.

Peltiphyllum peltatum

Scented leaves Leaves that give off a sweet or aromatic smell either when bruised, or naturally in warm weather.
Ornamental fruit Berries, seed pods or other fruits that are colored or attractively shaped.

Foliage color

Two or more colors given for one plant indicate either that the leaves on different individuals or varieties of that species can vary, or that leaf color changes from season to season.
Gray/silver These colors are often due to a layer of felty or cottonlike white hairs covering the leaves.
Variegated Speckled, blotched, lined, or margined with a contrasting color, usually white, cream or yellow.

Flowers

Two or more colors given for one plant indicate either that the flowers on different individuals or varieties of that species can vary or, if the flowers are bicolored, that each flower is made up of two or more boldly contrasting colors.

Flowering season

Two or more seasons given for one plant indicate continuous or recurrent flowering.

Situations suitable

Moist Requires a soil that stays moist but never becomes waterlogged.
Wet Tolerates or prefers a soil that is more or less permanently wet, although usually less so in summer.
Dry Tolerates or prefers a well-drained soil that dries out fairly rapidly after rain.
Lime-hating Will fail to thrive, turn yellow, and sometimes die where there is too much lime, as in chalk and most limestone soils. If in doubt about the soil's alkalinity, use a soil-testing kit. A pH reading of 5–6.5 is necessary for these plants.
Shade Tolerates or prefers the mainly sunless shade of high north-facing walls or hedges that are open to the sky above, or the dappled shade of deciduous trees. (Most plants that require direct sunlight will tolerate half-day illumination.)
Small gardens Sites less than 250 m² ($\frac{1}{16}$ acre or 300 yd²).
Exposed sites Hillsides or flat areas with no protection from strong prevailing winds.
Coastal sites Within one mile of the seashore.
Rock gardens Naturalistic arrangements of rocks and well-drained soil for growing and displaying the small plants native to rocky or sandy places and alpine regions.
Containers Suitable for long-term cultivation in pots, tubs or windowboxes (see p.39 for how to do this).

Uses

Groundcover An attractive low plant that will cover the soil completely, preventing or curtailing the growth of weeds.
Specimen A bold or dramatic plant that looks good when grown on its own or in small groups due to its strong geometric shape, handsome foliage or beautiful flowers.
Bedding A plant that is easily transplanted and can be used to achieve a temporary effect. This is a common way of using frost-tender species in cooler countries. The plants, or rooted cuttings from them, are overwintered under glass and then planted out, often *en masse*, for a summer display.
Climate zone See "Climate zones and plant hardiness" (pp.244–5). Alpine plants cannot, in general, be grown in zones much warmer than those specified, and those with furry leaves require the protection of an open cloche during winter in milder areas.

Dianthus chinensis

Perennials

	Size				Type						Shape							Features			Foliage color			
	Small (up to 30cm)	Medium (30–120cm)	Large (120cm–3m)	Fast-growing	Herbaceous	Evergreen	Can use as annual	Grass, rush or sedge	Fern	Epiphytic orchid	Erect	Spreading	Hummock	Prostrate/mat	Clump-forming	Bold leaves	Ferny leaves	Ornamental foliage	Scented leaves	Ornamental fruit	Yellow/gold/russet	Purple/red/bronze	Gray/silver	Variegated
***Acaena* 'Blue Haze'**	*		*		*							*	*					*		*			*	
buchananii	*				*							*	*					*					*	
caesiiglauca	*				*							*	*					*		*			*	
glaucophylla	*				*							*	*					*					*	
inermis	*			*	*							*	*					*				*	*	
microphylla	*	*			*							*	*					*		*		*	*	
novae-zelandiae	*	*			*							*	*							*			*	
Acantholimon* *androsaceum	*				*								*											
glumaceum	*				*								*											
venustum	*				*								*										*	
Acanthus* *mollis		*			*						*					*								
mollis latifolius		*			*						*					*								
spinosus		*			*						*					*								
Achillea* *ageratifolia	*				*								*										*	
argentea	*				*								*										*	
chrysocoma	*				*									*									*	
clavennae	*				*								*										*	
clypeolata		*			*						*						*						*	
filipendulina & cvs		*			*						*						*							
× *kellereri*	*				*								*										*	
× *kolbiana*	*				*								*										*	
millefolium & cvs		*	*		*						*				*		*							
ptarmica & cvs		*			*						*				*									
rupestris	*				*								*											
serrata		*			*						*													
× *taygetea*		*			*						*				*		*						*	
tomentosa & cvs	*				*								*	*									*	
× *wilczekii*	*				*								*	*									*	
***Aconitum* × *cammarum* & cvs**		*			*						*													
carmichaelii		*			*						*													
lycoctonum		*			*						*													
Actaea* *pachypoda		*			*						*							*		*				
rubra		*			*						*							*		*				
Ada* *aurantiaca	*					*				*	*													
Adenophora* *potaninii		*			*						*													
tashiroi		*			*						*													
Adiantum* *capillus-veneris	*				*				*		*						*	*						
formosum		*			*				*		*				*		*	*						
hispidulum	*				*				*		*						*	*						
pedatum forms	*					*			*		*						*	*						
raddianum forms	*				*				*		*						*	*						
tenerum cultivars	*				*				*		*						*	*						
venustum	*				*				*		*			*			*	*						
***Adonis* *amurensis* & cvs**	*				*						*						*	*						
brevistyla	*				*						*						*	*						
pyrenaica	*				*						*						*	*						

White/cream	Yellow	Orange	Red	Pink	Purple/mauve	Blue	Bicolored	Fragrant	Spring	Summer	Autumn	Winter	Moist	Wet	Dry	Lime-hating	Shade	Small gardens	Exposed sites	Coastal sites	Rock Gardens	Containers	Ground cover	Specimen	Bedding	Climate zone	Name
		*								*					*			*	*	*	*					7	***Acaena*** 'Blue Haze'
															*			*	*	*	*	*	*			6	*buchananii*
															*			*	*	*	*	*	*			7	*caesiiglauca*
															*			*	*	*	*	*	*			7	*glaucophylla*
															*			*	*	*	*	*	*			7	*inermis*
															*			*	*	*			*			7	*microphylla*
															*			*	*		*	*	*			7	*novae-zelandiae*
					*				*						*			*	*	*	*					8	***Acantholimon*** *androsaceum*
				*					*						*			*	*	*	*					8	*glumaceum*
				*					*						*			*	*	*	*					8	*venustum*
*										*					*		*	*	*	*				*		7	***Acanthus*** *mollis*
*										*					*		*	*	*	*				*		7	*mollis latifolius*
*										*					*		*	*	*					*		8	*spinosus*
*										*					*			*	*	*	*					7	***Achillea*** *ageratifolia*
*										*					*			*	*	*	*					4	*argentea*
	*									*					*			*	*	*	*		*			6	*chrysocoma*
*										*					*			*	*	*	*					3	*clavennae*
	*									*					*			*	*	*						7	*clypeolata*
	*									*					*			*	*	*						3	*filipendulina* & cvs
*										*					*			*	*	*	*					7	× *kellereri*
*										*					*			*	*	*	*					6	× *kolbiana*
*			*	*						*					*			*	*	*						2	*millefolium* & cvs
*										*								*	*	*						3	*ptarmica* & cvs
*										*					*			*	*	*	*					6	*rupestris*
*										*					*			*	*	*						7	*serrata*
	*									*					*			*	*	*						6	× *taygetea*
	*									*					*			*	*	*	*		*			2	*tomentosa* & cvs
*										*					*			*	*	*	*		*			7	× *wilczekii*
*						*	*			*			*				*	*	*							4	***Aconitum*** × *cammarum* & cvs
						*					*		*				*	*	*							3	*carmichaelii*
	*									*			*				*	*			*					3	*lycoctonum*
*													*	*			*	*								4	***Actaea*** *pachypoda*
*													*	*			*	*								4	*rubra*
		*	*							*					*		*	*			*					10	***Ada*** *aurantiaca*
						*				*							*	*		*	*					3	***Adenophora*** *potaninii*
						*				*								*	*	*	*					5	*tashiroi*
																	*	*		*						9	***Adiantum*** *capillus-veneris*
																	*	*			*					9	*formosum*
																	*	*								9	*hispidulum*
																	*	*								3	*pedatum* forms
																	*	*								10	*raddianum* forms
																	*	*								10	*tenerum* cultivars
																	*	*				*				7	*venustum*
	*								*									*	*	*	*					3	***Adonis*** *amurensis* & cvs
	*								*									*	*	*	*					3	*brevistyla*
	*								*									*	*	*	*					6	*pyrenaica*

Perennials

	Size			Type							Shape					Features					Foliage color			
	Small (up to 30 cm)	Medium (30–120 cm)	Large (120 cm–3 m)	Fast-growing	Herbaceous	Evergreen	Can use as annual	Grass, rush or sedge	Fern	Epiphytic orchid	Erect	Spreading	Hummock	Prostrate/mat	Clump-forming	Bold leaves	Ferny leaves	Ornamental foliage	Scented leaves	Ornamental fruit	Yellow/gold/russet	Purple/red/bronze	Gray/silver	Variegated
Aechmea *chantinii*	*					*					*					*		*						*
distichantha	*					*					*					*		*						
fasciata	*					*					*					*		*					*	*
'Foster's Favorite'	*					*					*					*		*				*		
fulgens	*					*					*					*		*						
Aegopodium *podagraria* 'Variegatum'	*			*								*			*									*
Aerides *falcata*	*					*				*	*													
lawrenciae	*					*				*	*													
longicornu	*					*				*	*													
suavissimum	*					*				*	*													
Aeschynanthus *lobbianus*		*				*						*												
marmorata		*				*						*						*				*		
pulcher		*				*						*												
speciosus		*				*						*												
× *splendidus*		*				*						*												
Aethionema *cordifolium*	*					*						*										*		
grandiflorum	*					*						*										*		
schistosum	*					*						*										*		
'Warley Rose'	*					*						*										*		
Agapanthus *africanus*		*			*						*				*									
campanulatus		*		*							*				*									
× Headbourne hybrids		*		*							*				*									
inapertus		*		*							*				*							*		
praecox		*				*					*				*									
Agastache *foeniculum*		*		*							*								*					
mexicana		*		*							*								*					
Aglaonema *commutatum*		*				*					*							*					*	*
costatum	*					*						*			*			*						*
Hybrid cultivars		*				*					*							*					*	*
modestum		*				*					*							*						
pictum		*				*					*							*					*	*
Ajuga *genevensis*	*					*					*				*									
× 'Jungle Beauty'	*		*			*						*	*					*						
pyramidalis	*					*					*				*									
reptans cultivars	*		*			*						*	*					*				*		*
Alchemilla *conjuncta*	*					*	*								*			*					*	
ellenbeckei	*					*	*								*			*						
erythropoda	*			*			*								*			*					*	
mollis	*			*			*					*			*			*						
Alloplectus *nummularia*	*					*												*				*		
Alocasia *cuprea*		*				*					*				*	*		*					*	*
macrorrhiza			*			*	*				*					*		*						
Alonsoa *warszewiczii*		*		*		*					*													
Alopecurus *pratensis* 'Aureo-variegata'		*			*			*			*							*						*
Alpinia *sanderae*		*				*					*							*						*
zerumbet		*				*					*													

Flowers									Flowering season				Situations suitable											Uses		Climate zone	
White/cream	Yellow	Orange	Red	Pink	Purple/mauve	Blue	Bicolored	Fragrant	Spring	Summer	Autumn	Winter	Moist	Wet	Dry	Lime-hating	Shade	Small gardens	Exposed sites	Coastal sites	Rock Gardens	Containers	Ground cover	Specimen	Bedding	Climate zone	Name
	*	*	*	*			*		*	*								*	*	*		*				10	**Aechmea** *chantinii*
				*					*	*								*	*	*		*				10	*distichantha*
		*			*	*			*	*								*	*	*		*				10	*fasciata*
																		*	*	*		*				10	'Foster's Favorite'
		*			*				*	*							*	*		*		*				10	*fulgens*
*										*												*				3	**Aegopodium** *podagraria* 'Vgtm'
*		*		*					*								*	*				*				10	**Aerides** *falcata*
*				*						*							*	*				*				10	*lawrenciae*
									*	*							*	*				*				10	*longicornu*
*		*		*				*	*	*							*	*				*				10	*suavissimum*
		*	*				*	*	*	*							*	*				*				10	**Aeschynanthus** *lobbianus*
	*		*						*	*							*	*				*				10	*marmorata*
	*		*				*		*	*							*	*				*				10	*pulcher*
	*	*	*				*		*	*							*	*				*				10	*speciosus*
		*	*						*	*							*					*				10	× *splendidus*
				*					*	*					*			*	*	*	*	*				5	**Aethionema** *cordifolium*
				*					*	*					*			*	*	*	*	*				7	*grandiflorum*
				*					*	*					*			*	*	*	*	*				7	*schistosum*
				*					*	*					*			*	*	*	*	*				7	'Warley Rose'
						*				*								*		*		*				8	**Agapanthus** *africanus*
*						*			*	*								*		*		*				8	*campanulatus*
*						*			*	*								*		*		*				8	× Headbourne hybrids
						*				*								*		*		*				8	*inapertus*
						*				*								*		*		*				8	*praecox*
			*	*	*					*								*	*	*						3	**Agastache** *foeniculum*
		*	*							*								*	*	*						8	*mexicana*
*										*							*	*		*		*				10	**Aglaonema** *commutatum*
*										*							*	*		*		*				10	*costatum*
																	*	*		*		*				10	Hybrid cultivars
																	*	*		*		*				10	*modestum*
	*								*	*	*						*	*		*		*				10	*pictum*
					*				*	*							*	*	*	*			*			6	**Ajuga** *genevensis*
					*				*	*							*	*	*	*			*			3	× 'Jungle Beauty'
					*				*	*							*	*	*	*			*			6	*pyramidalis*
				*	*				*	*							*	*	*	*			*			4	*reptans* cultivars
	*									*							*	*	*	*	*		*			3	**Alchemilla** *conjuncta*
																	*	*	*	*	*		*			8	*ellenbeckei*
	*									*							*	*	*	*	*		*			6	*erythropoda*
	*									*							*	*	*	*			*			3	*mollis*
	*		*	*					*	*							*	*				*	*	*		10	**Alloplectus** *nummularia*
																	*	*		*		*				10	**Alocasia** *cuprea*
													*				*			*		*				10	*macrorrhiza*
		*							*	*								*	*	*						9	**Alonsoa** *warszewiczii*
										*						*		*	*	*		*				4	**Alopecurus** *pratensis* 'Aureo-vgta'
	*		*						*	*			*				*			*		*		*		9	**Alpinia** *sanderae*
*	*		*				*		*	*			*							*		*		*		10	*zerumbet*

Perennials

	Size			Type							Shape					Features					Foliage color		
	Small (up to 30 cm)	Medium (30–120 cm)	Large (120 cm–3 m)	Fast-growing	Herbaceous	Evergreen	Can use as annual	Grass, rush or sedge	Fern	Epiphytic orchid	Erect	Spreading	Hummock	Prostrate/mat	Clump-forming	Bold leaves	Ferny leaves	Ornamental foliage	Scented leaves	Ornamental fruit	Yellow/gold/russet	Purple/red/bronze	Gray/silver	Variegated
Alternanthera *amoena*	*					*						*						*			*	*		*
bettzickiana	*					*					*				*			*			*	*		*
Althaea *ficifolia*		*		*	*		*				*					*								
rosea		*		*	*		*				*					*								
Alyssum *montanum*	*					*							*										*	
saxatile	*					*						*											*	
serpyllifolium	*					*							*										*	
spinosum	*					*						*											*	
wulfenianum	*					*							*										*	
Amsonia *salicifolia*		*			*						*				*									
tabernaemontani		*			*						*				*									
Anacyclus *depressus*	*				*									*			*							
Ananas *bracteatus*		*				*						*						*						*
Anaphalis *cinnamomea*		*	*		*						*				*			*					*	
margaritacea		*			*						*				*			*					*	
nubigena	*				*								*					*					*	
triplinervis		*			*						*							*					*	
Anchusa *angustissima*	*					*					*													
azurea		*			*						*													
Androsace *carnea*	*					*							*					*						
chamaejasme	*					*							*					*						
cylindrica	*					*								*				*					*	
lanuginosa	*					*							*					*					*	
primuloides	*					*							*					*					*	
sarmentosa	*					*							*					*					*	
sempervivioides	*					*							*					*						
vandellii	*					*						*						*					*	
Anemone *apennina*	*				*							*			*	*								
baldensis	*				*						*													
blanda & cvs	*				*						*				*									
canadensis		*			*							*												
coronaria & cvs	*				*						*				*									
× *fulgens* cultivars	*				*						*				*									
hupehensis		*			*						*													
× *hybrida* & cvs			*		*						*							*						
× *lesseri*		*			*						*													
narcissiflora		*			*						*													
nemorosa forms	*				*							*			*	*								
pavonina	*				*						*				*									
ranunculoides	*				*						*				*									
sylvestris		*			*							*												
Anemonella *thalictroides*	*				*							*			*	*								
Angelica *archangelica*		*			*						*							*	*					
Angraecum *infundibulare*		*	*			*				*	*													
sesquipedale		*				*				*	*													
Antennaria *dioica*	*					*							*					*					*	

	Flowers									Flowering season				Situations suitable													Uses	
White/cream	Yellow	Orange	Red	Pink	Purple/mauve	Blue	Bicolored	Fragrant	Spring	Summer	Autumn	Winter	Moist	Wet	Dry	Lime-hating	Shade	Small gardens	Exposed sites	Coastal sites	Rock Gardens	Containers	Ground cover	Specimen	Bedding	Climate zone	Name
																		*	*	*	*			*	*	9	**Alternanthera** amoena
																		*	*		*			*	*	9	bettzickiana
*	*	*													*		*	*								3	**Althaea** ficifolia
			*	*											*		*	*								3	rosea
	*							*	*	*					*			*	*	*	*	*	*			5	**Alyssum** montanum
	*								*	*					*			*	*	*	*	*	*			6	saxatile
	*								*	*					*			*	*	*	*	*	*			4	serpyllifolium
*				*					*	*					*			*	*	*	*	*				7	spinosum
	*								*	*					*			*	*	*	*	*	*			6	wulfenianum
						*			*								*	*	*	*						3	**Amsonia** salicifolia
						*			*								*	*	*	*						3	tabernaemontani
*	*		*				*		*	*					*			*	*	*	*	*	*			7	**Anacyclus** depressus
		*								*								*	*	*		*				10	**Ananas** bracteatus
*										*	*							*	*	*						3	**Anaphalis** cinnamomea
*										*	*							*	*	*						3	margaritacea
*										*	*							*	*	*	*	*				3	nubigena
*										*	*							*	*	*						3	triplinervis
					*				*						*			*	*	*	*	*				6	**Anchusa** angustissima
					*				*									*	*							3	azurea
*				*					*									*	*	*	*	*				5	**Androsace** carnea
*				*					*									*	*	*	*	*				5	chamaejasme
*									*									*	*	*	*	*				6	cylindrica
				*					*									*	*	*	*	*				6	lanuginosa
				*					*									*	*	*	*	*	*			6	primuloides
				*					*									*	*	*	*	*	*			3	sarmentosa
				*					*									*	*	*	*	*				5	sempervivioides
*									*									*	*	*	*	*				6	vandellii
*					*	*			*							*	*	*	*	*		*				5	**Anemone** apennina
*									*									*	*	*						6	baldensis
*			*	*	*	*			*									*	*	*		*	*			5	blanda & cvs
*										*							*	*								3	canadensis
*	*		*		*	*			*						*			*	*	*		*				7	coronaria & cvs
			*						*						*			*	*	*		*				6	× fulgens cultivars
*			*	*	*					*	*						*	*	*							5	hupehensis
*				*						*	*		*				*	*	*					*		5	× hybrida & cvs
*	*		*	*	*				*								*	*	*							4	× lesseri
*										*							*	*	*							4	narcissiflora
*				*		*			*								*	*	*		*	*	*			4	nemorosa forms
	*		*		*	*			*							*	*	*	*	*						7	pavonina
	*								*								*	*	*	*	*	*	*			5	ranunculoides
*								*	*								*	*	*							3	sylvestris
*			*						*								*	*	*					*		3	**Anemonella** thalictroides
	*									*							*	*	*							6	**Angelica** archangelica
	*							*	*			*					*	*				*				10	**Angraecum** infundibulare
*								*				*					*	*				*				10	sesquipedale
*				*						*					*		*	*	*	*	*	*	*			3	**Antennaria** dioica

Perennials

	Size			Type							Shape					Features					Foliage color			
	Small (up to 30cm)	Medium (30–120cm)	Large (120cm–3m)	Fast-growing	Herbaceous	Evergreen	Can use as annual	Grass, rush or sedge	Fern	Epiphytic orchid	Erect	Spreading	Hummock	Prostrate/mat	Clump-forming	Bold leaves	Ferny leaves	Ornamental foliage	Scented leaves	Ornamental fruit	Yellow/gold/russet	Purple/red/bronze	Gray/silver	Variegated
Anthemis *cupaniana*	*				*								*				*						*	
sancti-johannis		*		*							*						*						*	
tinctoria		*		*							*						*							
Anthericum *liliago*		*		*							*				*								*	
Anthurium *andraeanum*		*			*						*					*		*						
scherzerianum	*				*					*														
Anthyllis *barba-jovis*			*		*																		*	
hermanniae	*				*							*												
Antirrhinum *majus* & cvs	*	*			*		*				*													
Aphelandra *squarrosa*		*			*						*							*						*
Aphyllanthes *monspeliensis*	*				*						*													
Aquilegia *alpina*		*		*							*					*	*							
caerulea		*		*							*					*	*							
canadensis		*		*							*					*	*							
chrysantha		*		*							*					*	*							
flabellata & varieties	*			*							*				*		*					*		
formosa		*		*							*				*		*							
× *hybrida* & cvs		*		*							*					*	*							
pyrenaica	*			*							*					*	*							
scopulorum	*			*							*					*	*							
vulgaris cultivars		*		*							*					*	*							
Arabis *blepharophylla*	*				*									*										
caucasica cultivars	*				*									*									*	*
fernandi-coburgi 'Variegata'	*				*									*										*
Arctotis *grandis*		*			*		*				*													
Hybrid cultivars	*	*			*		*				*													
stoechadifolia		*			*						*													
venusta	*				*						*													
Arenaria *balearica*	*				*									*										
montana	*				*									*										
purpurascens	*				*									*										
tetraquetra	*				*								*				*							
Argemone *munita*		*			*						*						*							
Armeria *alliacea*	*				*								*											
juniperifolia & cvs	*				*								*											
maritima cultivars	*				*								*											
Arnebia *echioides*	*			*							*													
Arnica *montana*		*		*							*													
Artemisia *absinthium*		*		*							*						*	*	*				*	
lactiflora		*		*							*							*						
ludoviciana forms		*		*							*				*			*					*	
nutans		*		*							*							*						
schmidtiana	*			*										*			*	*					*	
splendens	*			*										*			*	*					*	
stellerana	*			*										*	*			*					*	
Aruncus *dioicus*			*	*							*						*							

Flowers									Flowering season				Situations suitable										Uses			Climate zone	Name
White/cream	Yellow	Orange	Red	Pink	Purple/mauve	Blue	Bicolored	Fragrant	Spring	Summer	Autumn	Winter	Moist	Wet	Dry	Lime-hating	Shade	Small gardens	Exposed sites	Coastal sites	Rock Gardens	Containers	Ground cover	Specimen	Bedding		
*									*	*					*			*	*	*	*		*			8	**Anthemis** *cupaniana*
		*								*								*	*	*						6	*sancti-johannis*
	*									*								*	*	*						3	*tinctoria*
*										*								*	*	*						6	**Anthericum** *liliago*
*		*	*						*	*	*						*	*		*						10	**Anthurium** *andraeanum*
		*	*						*	*	*						*	*		*						10	*scherzerianum*
	*								*						*			*	*	*						9	**Anthyllis** *barba-jovis*
	*								*						*			*	*	*	*					7	*hermanniae*
*	*	*	*	*	*		*		*	*					*			*	*	*						7	**Antirrhinum** *majus* & cvs
	*									*	*	*					*	*		*						10	**Aphelandra** *squarrosa*
					*				*						*			*	*	*	*					7	**Aphylianthes** *monspeliensis*
*					*					*							*	*	*	*						5	**Aquilegia** *alpina*
*					*					*							*	*	*	*						3	*caerulea*
	*		*			*				*							*	*	*	*						3	*canadensis*
	*									*							*	*	*	*						3	*chrysantha*
*				*					*	*							*	*		*	*					5	*flabellata* & varieties
	*	*				*				*							*	*	*							5	*formosa*
*	*		*		*	*				*							*	*	*	*						4	× *hybrida* & cvs
					*				*	*							*	*	*	*						5	*pyrenaica*
			*							*							*	*	*	*						3	*scopulorum*
*			*		*	*			*	*							*	*	*	*						3	*vulgaris* cultivars
	*		*					*	*	*					*			*	*	*			*	*		7	**Arabis** *blepharophylla*
*			*					*	*	*					*			*	*	*	*		*	*		3	*caucasica* cultivars
*									*	*					*			*	*	*				*		6	*fernandi-coburgi* 'Variegata'
*	*				*				*	*								*		*		*				9	**Arctotis** *grandis*
*	*	*			*	*			*	*								*		*		*				9	Hybrid cultivars
*					*	*			*	*								*		*		*				9	*stoechadifolia*
					*				*	*								*		*		*				9	*venusta*
*									*	*							*	*	*	*	*					7	**Arenaria** *balearica*
*									*	*					*			*	*	*	*	*	*			6	*montana*
*			*						*						*			*	*	*	*					6	*purpurascens*
*										*					*			*	*	*	*					6	*tetraquetra*
*										*					*			*	*	*						8	**Argemone** *munita*
*			*	*						*					*			*	*	*	*					6	**Armeria** *alliacea*
				*						*					*			*	*	*	*					6	*juniperifolia* & cvs
*			*	*						*					*			*	*	*	*		*			3	*maritima* cultivars
	*		*			*			*	*								*		*	*					6	**Arnebia** *echioides*
	*	*							*	*								*		*						5	**Arnica** *montana*
	*									*					*			*	*	*		*				3	**Artemisia** *absinthium*
*										*	*							*	*	*						3	*lactiflora*
*										*					*			*	*	*						4	*ludoviciana* forms
	*									*								*		*						6	*nutans*
																		*	*	*	*	*	*			3	*schmidtiana*
										*								*	*	*	*	*				6	*splendens*
	*									*					*			*	*	*	*					2	*stellerana*
*										*			*				*			*				*		3	**Aruncus** *dioicus*

Perennials

	Size				Type						Shape					Features					Foliage color			
	Small (up to 30 cm)	Medium (30–120 cm)	Large (120 cm–3 m)	Fast-growing	Herbaceous	Evergreen	Can use as annual	Grass, rush or sedge	Fern	Epiphytic orchid	Erect	Spreading	Hummock	Prostrate/mat	Clump-forming	Bold leaves	Ferny leaves	Ornamental foliage	Scented leaves	Ornamental fruit	Yellow/gold/russet	Purple/red/bronze	Gray/silver	Variegated
Arundo donax & cvs		*			*		*				*				*			*					*	*
Asarina procumbens	*				*		*							*				*					*	
Asarum canadense	*				*									*				*						
caudatum	*				*									*				*						
europaeum	*				*								*	*				*						
hartwegii	*				*								*	*				*				*		
lemonii	*				*								*	*				*						
shuttleworthii	*				*								*	*				*				*		
virginicum	*				*								*	*				*				*		
Asclepias curassavica		*			*						*													
incarnata		*		*							*				*									
speciosa			*	*							*				*			*				*		
tuberosa	*	*		*							*				*									
Asparagus densiflorus sprengeri		*			*						*				*	*	*	*		*				
setaceus	*	*		*	*						*				*		*	*						
Asperula arcadiensis	*				*								*										*	
cespitosa	*				*								*	*										
lilaciflora suberosa	*				*							*						*					*	
Asphodeline lutea		*			*						*				*								*	
Asphodelus acaulis		*			*						*				*									
aestivus		*			*						*				*									
albus		*			*						*				*									
Aspidistra elatior & cvs		*			*								*					*						*
Asplenium bulbiferum		*			*			*			*						*	*						
hemionitis	*				*			*			*				*			*						
nidus		*			*			*				*				*		*						
scolopendrium	*				*			*			*				*	*	*	*						
Aster alpinus & cvs	*				*						*													
amellus cultivars		*			*						*				*									
cordifolius		*			*						*				*									
divaricatus		*			*										*									
ericoides		*			*						*				*									
× frikartii		*			*										*									
laevis		*	*		*										*									
lateriflorus		*			*							*			*									
novae-angliae cultivars		*	*		*										*									
novi-belgii cultivars	*	*			*						*				*									
sedifolius		*			*						*				*									
thomsonii		*			*						*				*									
tongolensis cultivars	*				*						*				*									
turbinellus		*			*						*				*									
Astilbe × arendsii & cvs		*			*						*				*	*	*							
chinensis		*			*						*				*		*							
× crispa	*				*						*				*	*	*							
glaberrima	*				*						*				*	*	*							
simplicifolia cultivars	*				*						*				*		*							

Flowers									Flowering season				Situations suitable									Uses					
White/cream	Yellow	Orange	Red	Pink	Purple/mauve	Blue	Bicolored	Fragrant	Spring	Summer	Autumn	Winter	Moist	Wet	Dry	Lime-hating	Shade	Small gardens	Exposed sites	Coastal sites	Rock Gardens	Containers	Ground cover	Specimen	Bedding	Climate zone	
											*								*	*		*		*		7	**Arundo** donax & cvs
*	*									*	*					*		*				*	*			7	**Asarina** procumbens
					*				*				*				*	*					*			3	**Asarum** canadense
			*	*					*				*				*	*					*			4	caudatum
					*				*				*				*	*					*			5	europaeum
					*				*				*				*	*					*			6	hartwegii
					*				*				*	*			*	*					*			7	lemonii
																	*	*					*			6	shuttleworthii
																	*	*					*			6	virginicum
		*	*							*	*							*		*		*				9	**Asclepias** curassavica
				*						*	*		*					*		*						4	incarnata
		*								*	*									*						3	speciosa
		*								*	*							*								3	tuberosa
*										*					*		*	*	*	*		*				9	**Asparagus** densiflorus sprengeri
*										*					*		*	*	*	*		*				9	setaceus
			*							*						*		*	*	*	*	*				7	**Asperula** arcadiensis
		*	*							*						*		*	*	*	*	*				6	cespitosa
			*							*						*		*	*	*	*	*				7	lilaciflora suberosa
	*							*		*					*			*	*	*						6	**Asphodeline** lutea
*										*					*			*	*	*						8	**Asphodelus** acaulis
*										*					*			*	*	*						7	aestivus
*										*					*			*	*	*						7	albus
				*						*	*		*				*	*				*		*		8	**Aspidistra** elatior & cvs
																	*	*		*		*				9	**Asplenium** bulbiferum
																	*	*				*				9	hemionitis
																*	*	*				*				10	nidus
																	*	*		*		*				5	scolopendrium
*				*	*					*								*	*	*	*					4	**Aster** alpinus & cvs
				*	*	*				*								*	*	*						5	amellus cultivars
*					*					*							*	*	*	*						4	cordifolius
*										*							*	*	*	*						5	divaricatus
*				*	*						*						*	*	*	*						4	ericoides
					*					*							*	*	*							6	× frikartii
					*						*						*	*								4	laevis
*			*								*						*	*	*							4	lateriflorus
				*	*						*						*	*	*							4	novae-angliae cultivars
*			*	*	*	*					*						*	*	*	*						4	novi-belgii cultivars
					*	*				*							*	*	*							6	sedifolius
					*					*	*						*	*	*							6	thomsonii
		*			*	*				*							*	*	*	*						6	tongolensis cultivars
					*	*					*						*	*	*							4	turbinellus
*			*	*	*					*			*				*	*					*			4	**Astilbe** × arendsii & cvs
*				*	*					*			*				*	*					*			4	chinensis
				*						*			*				*	*					*			4	× crispa
*				*						*			*				*	*				*	*			4	glaberrima
*				*						*			*				*	*				*	*			4	simplicifolia cultivars

Perennials

	Size				Type						Shape					Features					Foliage color			
	Small (up to 30 cm)	Medium (30–120 cm)	Large (120 cm–3 m)	Fast-growing	Herbaceous	Evergreen	Can use as annual	Grass, rush or sedge	Fern	Epiphytic orchid	Erect	Spreading	Hummock	Prostrate/mat	Clump-forming	Bold leaves	Ferny leaves	Ornamental foliage	Scented leaves	Ornamental fruit	Yellow/gold/russet	Purple/red/bronze	Gray/silver	Variegated
Astilbe *taquetii* cultivars		*			*						*				*		*	*				*		
Astrantia *carniolica* cultivars		*			*						*				*									
major & cvs		*			*						*				*			*						*
maxima		*			*						*				*									
Athyrium *filix-femina* forms	*	*			*				*			*			*		*	*						
nipponicum	*				*				*			*			*		*	*					*	
Aubrieta *deltoidea* & cvs	*				*								*	*										*
Baptisia *australis*		*			*						*				*									
tinctoria		*			*						*				*								*	
Barbarea *vulgaris* 'Variegata'		*			*						*										*			*
Begonia × *cheimantha* cultivars	*	*			*						*													
× 'Cleopatra'	*				*							*						*				*		
erythrophylla	*				*							*						*				*		
× *hiemalis* cultivars	*	*				*					*													
manicata	*	*			*						*					*	*	*				*		
masoniana	*				*							*				*		*				*		*
rex cultivars	*				*							*				*		*				*	*	*
semperflorens cultivars	*				*						*							*				*		
serratipetala	*	*			*						*							*				*		
Belamcanda *chinensis*		*			*						*				*					*				
Bellis *perennis* cultivars	*				*						*				*									
Bergenia *cordifolia*		*			*						*				*	*						*		
crassifolia	*				*						*				*	*								
Hybrid cultivars	*	*			*						*				*	*						*		
purpurascens		*			*						*				*	*						*		
× *schmidtii*	*				*						*				*	*								
Berkheya *macrocephala*		*			*						*				*	*								
Bertolonia *hirsuta*	*				*							*						*				*		
marmorata	*				*							*						*					*	*
Beta *vulgaris* forms	*	*			*	*						*				*		*				*		
Billbergia *amoena*		*			*							*						*					*	*
nutans		*			*		*					*												
pyramidalis		*			*							*												
× *windii*		*			*							*						*					*	
Blechnum *brasiliense*		*			*			*			*					*	*				*			
chilense		*			*			*			*				*	*	*				*			
penna-marina	*				*			*			*				*	*	*							
spicant		*			*			*			*				*	*	*							
tabulare		*			*			*			*					*	*							
Bletilla *striata*		*			*						*				*									
Boltonia *asteroides*			*		*						*				*									
Bouteloua *gracilis*		*			*		*	*			*													
Boykinia *aconitifolia*		*			*							*				*								
jamesii	*				*							*				*								
Brassavola *cucullata*	*				*					*	*				*									
fragrans	*				*					*	*				*									

White/cream	Yellow	Orange	Red	Pink	Purple/mauve	Blue	Bicolored	Fragrant	Spring	Summer	Autumn	Winter	Moist	Wet	Dry	Lime-hating	Shade	Small gardens	Exposed sites	Coastal sites	Rock Gardens	Containers	Ground cover	Specimen	Bedding	Climate zone	Name
		*		*						*			*				*	*				*				4	**Astilbe** *taquetii* cultivars
*			*	*						*							*	*								5	**Astrantia** *carniolica* cultivars
*			*	*						*							*	*								5	*major* & cvs
			*							*							*	*								5	*maxima*
													*				*	*				*				4	**Athyrium** *filix-femina* forms
													*				*	*			*	*	*			6	*nipponicum*
*			*	*	*				*	*					*		*	*	*	*	*	*				7	**Aubrieta** *deltoidea* & cvs
						*				*			*				*	*	*							3	**Baptista** *australis*
	*									*							*	*	*							5	*tinctoria*
	*								*	*							*	*	*	*						6	**Barbarea** *vulgaris* 'Variegata'
*			*	*					*			*					*	*		*		*				10	**Begonia** × *cheimantha* cultivars
				*						*							*	*				*				10	× 'Cleopatra'
*				*					*	*		*				*	*									10	*erythrophylla*
*	*	*	*	*					*			*					*	*		*		*				10	× *hiemalis* cultivars
				*					*	*		*					*	*				*				10	*manicata*
*										*							*	*				*				10	*masoniana*
*				*						*	*						*	*				*				10	*rex* cultivars
*			*	*						*	*						*	*		*		*			*	10	*semperflorens* cultivars
				*					*	*	*	*					*	*		*		*				10	*serratipetala*
	*	*	*				*			*					*		*	*		*		*				5	**Belamcanda** *chinensis*
*			*	*			*		*	*							*	*	*	*	*	*	*		*	6	**Bellis** *perennis* cultivars
				*					*								*	*		*		*	*			3	**Bergenia** *cordifolia*
			*	*					*			*					*	*		*		*	*			3	*crassifolia*
			*	*	*				*								*	*		*		*	*			3	Hybrid cultivars
			*	*					*								*	*		*		*	*			5	*purpurascens*
				*					*			*					*	*		*		*	*			3	× *schmidtii*
	*									*					*		*	*						*		7	**Berkheya** *macrocephala*
*										*	*						*	*				*				10	**Bertolonia** *hirsuta*
				*						*	*						*	*				*				10	*marmorata*
															*		*	*	*						*	7	**Beta** *vulgaris* forms
			*		*	*			*	*					*		*	*		*		*				10	**Billbergia** *amoena*
	*		*		*	*	*		*	*	*				*		*	*		*		*				9	*nutans*
		*	*						*	*					*		*	*		*		*				10	*pyramidalis*
	*		*		*	*			*	*	*	*			*		*	*		*		*				9	× *windii*
																	*	*				*	*			10	**Blechnum** *brasiliense*
																	*	*				*	*			8	*chilense*
																	*	*	*			*	*			7	*penna-marina*
																	*	*	*			*				5	*spicant*
																	*	*				*	*			9	*tabulare*
				*						*							*	*		*		*				7	**Bletilla** *striata*
				*							*							*	*	*						3	**Boltonia** *asteroides*
				*						*					*			*	*	*						5	**Bouteloua** *gracilis*
*										*				*			*	*						*		4	**Boykinia** *aconitifolia*
			*							*								*			*	*				4	*jamesii*
*	*							*		*	*						*	*	*			*				10	**Brassavola** *cucullata*
*	*							*	*								*	*				*				10	*fragrans*

Perennials

	Size			Type							Shape					Features					Foliage color			
	Small (up to 30 cm)	Medium (30–120 cm)	Large (120 cm–3 m)	Fast-growing	Herbaceous	Evergreen	Can use as annual	Grass, rush or sedge	Fern	Epiphytic orchid	Erect	Spreading	Hummock	Prostrate/mat	Clump-forming	Bold leaves	Ferny leaves	Ornamental foliage	Scented leaves	Ornamental fruit	Yellow/gold/russet	Purple/red/bronze	Gray/silver	Variegated
Brassavola nodosa	*					*				*	*				*									
Brassia caudata		*				*				*	*				*									
lawrenceana		*				*				*	*				*							*		
verrucosa		*				*				*	*				*									
Brassica oleracea cultivars		*			*	*					*					*		*				*		*
× *Brassocattleya* cultivars	*	*				*				*	*				*									
× *Brassolaeliocattleya* cultivars	*	*				*				*	*				*									
Bromus unioloides		*			*	*		*			*				*									
Browallia speciosa		*			*		*				*													
Brunnera macrophylla & cvs		*			*							*			*	*		*					*	*
Bulbinella hookeri	*				*						*				*									
Buphthalmum salicifolium		*			*						*				*									
speciosum			*		*						*				*	*		*	*					
Calamintha grandiflora	*				*							*	*	*										
nepeta		*			*						*				*									
Calandrinia umbellata	*				*		*							*										
Calanthe tricarinata	*				*						*				*									
vestita		*			*						*				*	*		*						
Calathea lancifolia	*					*						*			*			*				*		
makoyana	*					*						*			*			*				*		
ornata		*				*						*			*			*				*		
picturata		*				*						*			*			*				*		
zebrina		*				*						*			*			*				*		
Calceolaria biflora	*				*							*			*									
crenatiflora		*			*		*				*					*								
darwinii	*				*						*				*									
fothergillii	*				*						*				*									
integrifolia		*			*						*													
× 'John Innes'	*				*						*				*									
tenella	*				*									*										
Calla palustris	*				*							*			*	*								
Callirrhoe involucrata	*				*									*										
Callisia elegans	*					*								*				*				*	*	*
Caltha introloba	*				*										*			*						
palustris cultivars	*	*			*						*							*						
polypetala		*			*						*							*						
Campanula alliariifolia		*			*						*				*									
arvatica	*					*						*	*	*										
aucheri	*				*						*				*									
barbata	*					*					*													
× 'Birch Hybrid'	*				*							*			*									
× 'Burghaltii'		*			*						*				*									
carpatica cultivars	*				*						*				*									
cochleariifolia & cvs	*				*									*	*									
collina	*				*						*				*									
formanekiana	*				*						*												*	

White/cream	Yellow	Orange	Red	Pink	Purple/mauve	Blue	Bicolored	Fragrant	Spring	Summer	Autumn	Winter	Moist	Wet	Dry	Lime-hating	Shade	Small gardens	Exposed sites	Coastal sites	Rock Gardens	Containers	Ground cover	Specimen	Bedding	Climate zone	
*	*							*			*	*					*	*	*			*					10	***Brassavola** nodosa*
	*							*			*	*						*	*	*		*					10	***Brassia** caudata*
	*						*	*	*	*								*	*	*	*	*	*				10	*lawrenceana*
*									*	*							*				*		*			10	*verrucosa*
	*								*							*		*	*	*					*	7	***Brassica** oleracea cultivars*
*			*	*	*		*		*		*	*				*		*	*	*	*	*					10	× ***Brassocattleya** cultivars*
	*		*	*	*		*		*		*	*				*		*		*		*					10	× ***Brassolaeliocattleya** cultivars*
										*						*		*	*	*					*	7	***Bromus** unioloides*
*					*	*			*	*	*	*						*	*		*				*	10	***Browallia** speciosa*
						*			*	*						*	*	*	*			*				3	***Brunnera** macrophylla & cvs*
	*								*								*	*	*	*	*	*				7	***Bulbinella** hookeri*
	*									*	*		*				*	*	*						6	***Buphthalmum** salicifolium*
	*									*				*				*					*		6	*speciosum*
		*		*						*						*		*	*	*	*	*				6	***Calamintha** grandiflora*
*				*						*	*					*		*	*						7	*nepeta*
		*		*						*						*		*	*	*	*	*			*	9	***Calandrinia** umbellata*
	*		*	*	*		*			*								*	*		*	*				8	***Calanthe** tricarinata*
*			*	*								*						*	*		*					10	*vestita*
																		*	*		*					10	***Calathea** lancifolia*
																		*	*		*					10	*makoyana*
																		*	*		*					10	*ornata*
																		*	*		*					10	*picturata*
																		*	*		*					10	*zebrina*
	*									*								*		*	*					8	***Calceolaria** biflora*
	*	*	*				*		*	*								*	*		*				*	9	*crenatiflora*
*	*		*				*		*									*		*	*					7	*darwinii*
	*		*				*		*									*		*	*					7	*fothergillii*
	*		*				*		*	*								*	*		*					8	*integrifolia*
	*		*				*		*								*	*		*	*					7	× *'John Innes'*
	*								*	*							*	*		*	*					8	*tenella*
									*	*	*		*				*	*	*	*			*			3	***Calla** palustris*
					*				*							*		*	*		*	*				3	***Callirrhoe** involucrata*
*									*							*		*	*		*					10	***Callisia** elegans*
*									*				*					*	*	*	*	*				7	***Caltha** introloba*
*	*								*	*			*	*			*	*	*	*						3	*palustris cultivars*
	*								*	*			*	*			*	*	*	*						5	*polypetala*
*										*						*		*	*	*						6	***Campanula** alliariifolia*
						*				*						*		*	*		*	*				7	*arvatica*
						*				*								*	*		*	*				7	*aucheri*
*						*				*						*		*	*	*	*	*				5	*barbata*
						*				*								*	*	*						6	× *'Birch Hybrid'*
					*					*								*	*		*	*				6	× *'Burghaltii'*
*					*	*				*								*	*	*	*	*				3	*carpatica cultivars*
*						*				*						*		*	*		*	*				5	*cochleariifolia & cvs*
					*					*						*		*	*		*	*				6	*collina*
*						*				*						*		*			*	*				7	*formanekiana*

Perennials

Plant	Size				Type						Shape					Features					Foliage color			
	Small (up to 30cm)	Medium (30–120cm)	Large (120cm–3m)	Fast-growing	Herbaceous	Evergreen	Can use as annual	Grass, rush or sedge	Fern	Epiphytic orchid	Erect	Spreading	Hummock	Prostrate/mat	Clump-forming	Bold leaves	Ferny leaves	Ornamental foliage	Scented leaves	Ornamental fruit	Yellow/gold/russet	Purple/red/bronze	Gray/silver	Variegated
Campanula *garganica*	*				*								*	*									*	
glomerata cultivars	*	*			*						*				*									
grandis		*				*					*				*									
× haylodgensis	*				*									*	*									
isophylla & cvs	*					*								*	*							*	*	
lactiflora		*			*						*				*									
latifolia		*			*						*				*									
persicifolia cultivars		*				*					*				*									
portenschlagiana	*				*									*	*									
poscharskyana	*				*									*	*									
pulla	*				*								*											
punctata	*				*						*				*									
pyramidalis		*				*									*									
rotundifolia & cvs	*				*							*			*									
sarmatica		*			*						*				*								*	
× stansfeldii	*				*								*	*										
tommasiniana	*				*										*									
trachelium & cvs		*			*						*				*									
× wockii	*				*								*	*										
Cardamine *asarifolia*	*				*							*			*									
pratensis	*				*						*				*									
trifolia	*					*							*											
Carex *brunnea*		*				*		*				*			*			*			*			*
buchananii		*				*		*							*			*				*		
comans		*				*		*							*			*				*		
grayi		*				*		*							*					*				
morrowii	*					*		*							*			*						*
ornithopoda	*					*		*							*			*						*
pendula		*				*		*							*			*	*					
riparia		*				*								*	*									
Carlina *acaulis* & forms	*	*			*							*			*			*						
Cassia *marilandica*		*	*								*				*			*						
Catananche *caerulea* & cvs		*			*	*					*													
Cattleya *aurantiaca*		*				*				*	*				*									
bowringiana		*				*				*	*				*									
intermedia		*				*				*	*				*									
labiata cultivars	*	*				*				*	*				*									
loddigesii		*				*				*	*				*									
skinneri		*				*				*	*				*									
Cautleya *spicata*		*			*						*				*					*				
Celmisia *coriacea*	*					*					*				*			*					*	
spectabilis	*					*					*				*			*						
traversii	*					*					*				*			*						
walkeri	*				*									*										
Centaurea *cineraria* cultivars		*			*	*						*					*	*					*	
dealbata		*			*						*				*		*	*						

Flowers									Flowering season				Situations suitable										Uses				
White/cream	Yellow	Orange	Red	Pink	Purple/mauve	Blue	Bicolored	Fragrant	Spring	Summer	Autumn	Winter	Moist	Wet	Dry	Lime-hating	Shade	Small gardens	Exposed sites	Coastal sites	Rock Gardens	Containers	Ground cover	Specimen	Bedding	Climate zone	
*						*				*					*			*	*		*	*				6	**Campanula** *garganica*
*				*						*					*		*	*	*							3	*glomerata* cultivars
*						*				*					*		*	*								6	*grandis*
					*	*				*								*		*	*	*				6	× *haylodgensis*
*					*	*				*					*			*		*	*	*				8	*isophylla* & cvs
*					*	*				*							*	*	*							7	*lactiflora*
*					*	*				*							*	*						*		6	*latifolia*
*					*	*				*							*	*								3	*persicifolia* cultivars
*						*				*					*			*	*	*	*	*				5	*portenschlagiana*
*						*				*					*			*	*	*	*	*				3	*poscharskyana*
					*	*				*					*			*	*	*	*	*				6	*pulla*
*				*						*							*	*	*	*	*					6	*punctata*
*						*				*							*	*	*					*		8	*pyramidalis*
*					*	*				*					*			*	*	*	*					2	*rotundifolia* & cvs
						*				*							*	*	*		*					6	*sarmatica*
					*					*								*		*	*	*				6	× *stansfeldii*
						*				*								*		*	*	*				7	*tommasiniana*
*					*	*				*							*	*	*							8	*trachelium* & cvs
					*	*				*										*	*	*				7	× *wockii*
*									*	*			*				*	*	*				*			5	**Cardamine** *asarifolia*
				*					*	*				*			*	*	*	*						5	*pratensis*
*									*	*							*	*			*	*	*			6	*trifolia*
																	*	*		*						6	**Carex** *brunnea*
																	*	*		*						7	*buchananii*
																	*	*		*						7	*comans*
																	*	*		*						4	*grayi*
																	*	*		*	*	*				5	*morrowii*
																	*	*		*	*					5	*ornithopoda*
													*				*	*		*						6	*pendula*
													*							*	*					4	*riparia*
*										*								*	*	*						6	**Carlina** *acaulis* & forms
	*									*								*	*	*						6	**Cassia** *marilandica*
*					*	*				*								*	*	*						4	**Catananche** *caerulea* & cvs
	*	*	*						*	*	*	*				*	*	*				*				10	**Cattleya** *aurantiaca*
			*	*							*					*	*	*				*				10	*bowringiana*
*		*	*	*					*	*						*	*	*				*				10	*intermedia*
	*		*		*		*	*		*						*	*	*				*				10	*labiata* cultivars
*	*			*			*	*	*	*						*	*	*				*				10	*loddigesii*
*			*	*					*	*						*	*	*				*				10	*skinneri*
	*		*				*			*			*			*	*									10	**Cautleya** *spicata*
*										*			*			*	*	*			*	*				7	**Celmisia** *coriacea*
*										*			*				*	*			*	*				7	*spectabilis*
*										*							*	*			*	*				8	*traversii*
*									*	*							*	*								7	*walkeri*
					*				*	*					*			*	*	*					*	9	**Centaurea** *cineraria* cultivars
			*	*	*					*	*				*			*	*							3	*dealbata*

Perennials

	Size				Type						Shape					Features					Foliage color			
	Small (up to 30 cm)	Medium (30–120 cm)	Large (120 cm–3 m)	Fast-growing	Herbaceous	Evergreen	Can use as annual	Grass, rush or sedge	Fern	Epiphytic orchid	Erect	Spreading	Hummock	Prostrate/mat	Clump-forming	Bold leaves	Ferny leaves	Ornamental foliage	Scented leaves	Ornamental fruit	Yellow/gold/russet	Purple/red/bronze	Gray/silver	Variegated
Centaurea *montana* & cvs	*	*			*						*				*									
ruthenica		*			*						*				*									
rutifolia		*		*								*						*					*	
simplicicaulis	*				*						*				*			*						
Centranthus *ruber* & cvs		*			*						*				*									
Cephalaria *gigantea*			*		*						*				*									
Cerastium *biebersteinii*	*			*	*									*	*			*					*	
tomentosum	*			*	*									*	*			*					*	
Chamaemelum *nobile*	*				*										*		*	*	*					
Cheiranthus 'Bowles Mauve'		*			*						*													
Chelidonium *majus*		*			*										*			*						
Chelone *lyonii*		*			*						*				*									
obliqua		*			*						*				*									
Chiastophyllum *oppositifolium*	*				*								*											
Chlorophytum *capense*		*			*			*							*			*						*
comosum cultivars	*	*			*			*							*			*						*
Chrysanthemum *alpinum*	*				*								*											
balsamita		*			*						*				*				*					
Florists' cultivars		*			*						*													
hosmariense	*				*							*	*											
leucanthemum		*			*										*									
maximum cultivars		*			*										*									
parthenium & cvs	*	*			*						*								*		*			
rubellum & cvs		*			*						*				*									
uliginosum		*	*		*						*				*									
Chrysogonum *virginianum*	*				*						*				*									
Cichorium *intybus*		*			*						*							*				*		
Cimicifuga *americana*			*		*						*				*			*						
foetida			*		*						*				*			*						
simplex		*			*						*				*			*						
Cirsium *japonicum*		*			*						*				*									
rivulare		*			*						*				*									
Claytonia *virginica*		*			*							*												
Clematis *heracleifolia*		*			*						*				*									
integrifolia		*			*						*				*									
recta			*		*						*				*									
Clintonia *andrewsiana*		*			*						*				*					*				
Clivia *miniata*		*			*										*	*								
nobilis		*			*										*	*								
Codonopsis *clematidea*		*			*							*			*									
ovata	*				*							*											*	
Coelogyne *cristata*	*				*					*					*									
massangeana	*				*					*					*									
nitida	*				*					*	*													
speciosa	*				*					*					*									
Coleus *blumei* forms	*	*			*		*								*			*				*		*

Flowers									Flowering season				Situations suitable										Uses				
White/cream	Yellow	Orange	Red	Pink	Purple/mauve	Blue	Bicolored	Fragrant	Spring	Summer	Autumn	Winter	Moist	Wet	Dry	Lime-hating	Shade	Small gardens	Exposed sites	Coastal sites	Rock Gardens	Containers	Ground cover	Specimen	Bedding	Climate zone	
*			*	*	*	*			*	*					*	*		*								3	***Centaurea** montana* & cvs
	*									*						*										6	*ruthenica*
			*							*					*	*	*	*		*					*	9	*rutifolia*
			*							*					*	*	*	*	*	*						7	*simplicicaulis*
*			*	*						*					*	*	*	*								4	***Centranthus** ruber* & cvs
	*									*					*	*		*								6	***Cephalaria** gigantea*
*									*	*					*	*	*	*		*						6	***Cerastium** biebersteinii*
*									*	*					*	*	*	*		*						6	*tomentosum*
*	*						*			*					*	*	*	*	*	*		*	*			6	***Chamaemelum** nobile*
					*			*	*	*	*	*			*	*	*	*		*				*		8	***Cheiranthus** 'Bowles Mauve'*
	*								*	*						*	*									4	***Chelidonium** majus*
			*							*	*		*			*	*	*								3	***Chelone** lyonii*
			*								*	*	*			*	*	*								6	*obliqua*
	*									*						*	*	*		*	*					6	***Chiastophyllum** oppositifolium*
*										*					*	*	*	*				*				10	***Chlorophytum** capense*
*										*					*	*	*	*				*				10	*comosum* cultivars
*	*				*					*							*	*			*	*				5	***Chrysanthemum** alpinum*
*	*				*					*						*	*	*				*				4	*balsamita*
*	*	*	*	*	*					*	*						*					*			*	4	Florists' cultivars
*	*						*		*	*	*	*			*	*	*	*		*		*				8	*hosmariense*
*										*					*	*	*	*								3	*leucanthemum*
*										*					*	*	*	*	*							4	*maximum* cultivars
*	*									*	*				*	*	*	*	*			*			*	4	*parthenium* & cvs
	*		*							*						*	*					*				4	*rubellum* & cvs
*										*						*	*	*								3	*uliginosum*
	*								*	*	*					*	*				*	*				5	***Chrysogonum** virginianum*
			*		*					*					*	*	*	*								3	***Cichorium** intybus*
*										*			*			*	*									3	***Cimicifuga** americana*
*	*									*			*			*	*									3	*foetida*
*											*		*			*	*									3	*simplex*
		*		*						*							*	*								5	***Cirsium** japonicum*
				*						*							*	*								4	*rivulare*
*			*						*	*							*	*		*	*					6	***Claytonia** virginica*
						*		*		*							*	*	*							4	***Clematis** heracleifolia*
						*	*			*							*	*	*							4	*integrifolia*
*								*		*							*	*	*							3	*recta*
		*		*						*			*				*	*					*			4	***Clintonia** andrewsiana*
	*	*	*			*			*								*	*				*				10	***Clivia** miniata*
			*						*								*	*				*				10	*nobilis*
						*				*						*	*			*	*	*				6	***Codonopsis** clematidea*
						*				*						*	*			*	*	*				6	*ovata*
*	*							*	*								*	*				*				10	***Coelogyne** cristata*
	*							*		*							*	*				*				10	*massangeana*
*		*					*		*								*	*				*				10	*nitida*
	*							*		*							*	*				*				10	*speciosa*
					*					*								*				*				10	***Coleus** blumei* forms

Perennials

Plant	Size				Type						Shape					Features					Foliage color			
	Small (up to 30 cm)	Medium (30–120cm)	Large (120cm–3m)	Fast-growing	Herbaceous	Evergreen	Can use as annual	Grass, rush or sedge	Fern	Epiphytic orchid	Erect	Spreading	Hummock	Prostrate/mat	Clump-forming	Bold leaves	Ferny leaves	Ornamental foliage	Scented leaves	Ornamental fruit	Yellow/gold/russet	Purple/red/bronze	Gray/silver	Variegated
Coleus frederici		*				*					*													
rehneltianus	*					*							*					*				*		*
thyrsoideus		*				*					*													
Columnea gloriosa		*				*							*					*						
microphylla		*				*							*											
schiedeana		*				*							*											
× 'Stavanger'		*				*							*											
Commelina coelestis		*			*						*		*	*										
Convallaria majalis & cvs	*				*										*				*					*
Convolvulus sabatius	*				*								*											
Coreopsis auriculata		*			*										*									
grandiflora cultivars		*			*						*				*									
verticillata		*			*										*									
Cornus canadensis	*				*								*	*						*				
Coronilla varia	*	*		*	*						*	*			*									
Cortaderia argentea & cvs			*			*		*					*					*						*
richardii			*			*		*					*					*						
Cortusa matthioli	*				*								*											
Corydalis cashmeriana	*				*								*				*	*						
cheilanthifolia	*					*							*				*	*				*		
lutea	*					*							*				*	*						
Cosmos atrosanguineus		*			*						*		*											
Cotula atrata	*				*								*	*			*					*		
potentilloides	*				*									*			*					*		
squalida	*				*									*			*					*		
Crambe cordifolia		*	*		*						*				*	*		*						
Crepis incana	*				*						*				*								*	
Cryptanthus acaulis & cvs	*					*						*						*				*		
bromelioides	*					*						*						*				*		*
fosterianus	*					*						*						*				*		*
fosterianus zebrinus	*					*						*						*			*	*		*
Ctenanthe lubbersiana		*				*					*							*			*			*
oppenheimiana	*	*				*					*							*					*	*
Cuphea miniata		*				*					*													
Cyananthus microphyllus	*				*								*											
Cyanotis kewensis	*					*							*					*				*		
Cymbalaria muralis	*				*								*											
muralis globosa	*				*								*											
Cymbidium aloifolium		*				*				*	*											*		
dayanum		*				*				*	*													
devonianum		*				*				*	*											*		
eburneum		*				*				*	*													
giganteum		*				*				*	*													
lowianum		*				*				*	*													
Cynara cardunculus			*		*						*				*	*		*					*	
scolymus			*		*						*				*	*		*					*	

White/cream	Yellow	Orange	Red	Pink	Purple/mauve	Blue	Bicolored	Fragrant	Spring	Summer	Autumn	Winter	Moist	Wet	Dry	Line-hating	Shade	Small gardens	Exposed sites	Coastal sites	Rock Gardens	Containers	Ground cover	Specimen	Bedding	Climate zone	Name
					*							*				*	*					*				10	**Coleus** frederici
					*				*	*					*		*					*				10	rehneltianus
					*							*				*	*					*				10	thyrsoideus
		*	*						*	*	*				*	*	*					*				10	**Columnea** gloriosa
		*	*						*	*	*				*	*	*					*				10	microphylla
	*	*							*	*					*	*	*					*				10	schiedeana
		*									*	*			*	*	*					*				10	× 'Stavanger'
						*				*					*		*	*		*	*					8	**Commelina** coelestis
*			*				*	*	*	*						*	*						*			3	**Convallaria** majalis & cvs
					*				*	*					*			*	*	*	*	*				7	**Convolvulus** sabatius
	*	*	*							*								*		*						4	**Coreopsis** auriculata
	*	*								*	*							*		*						5	grandiflora cultivars
	*									*	*					*	*	*								3	verticillata
*										*			*			*	*					*	*			2	**Cornus** canadensis
*			*	*						*					*			*	*	*			*			3	**Coronilla** varia
*				*							*				*					*		*		*		7	**Cortaderia** argentea & cvs
*										*					*					*		*		*		7	richardii
*			*	*						*						*	*			*	*	*	*			6	**Cortusa** matthioli
						*			*	*			*			*	*	*			*	*				6	**Corydalis** cashmeriana
	*								*	*	*		*		*		*				*	*	*			5	cheilanthifolia
	*								*	*	*		*		*		*				*	*				5	lutea
			*					*		*	*						*			*		*				8	**Cosmos** atrosanguineus
		*	*						*	*								*	*	*	*	*				7	**Cotula** atrata
*	*									*								*	*	*	*	*	*			7	potentilloides
	*									*								*	*	*	*	*	*			8	squalida
*								*		*										*				*		7	**Crambe** cordifolia
				*						*					*		*	*	*	*						7	**Crepis** incana
*									*	*					*	*	*					*				10	**Cryptanthus** acaulis & cvs
*									*	*					*	*	*					*				10	bromelioides
*									*	*					*	*	*					*				10	fosterianus
*									*	*					*	*	*					*				10	fosterianus zebrinus
*										*						*	*					*				10	**Ctenanthe** lubbersiana
*			*							*						*	*					*				10	oppenheimiana
		*							*	*	*				*	*	*			*		*				9	**Cuphea** miniata
					*	*					*					*	*	*	*	*	*	*				7	**Cyananthus** microphyllus
				*					*						*		*	*				*	*			10	**Cyanotis** kewensis
	*			*					*	*	*				*		*	*	*	*	*	*	*			3	**Cymbalaria** muralis
	*			*					*	*	*				*		*	*	*	*	*	*				7	muralis globosa
	*	*					*		*	*					*	*	*					*				10	**Cymbidium** aloifolium
*	*	*	*			*	*			*					*	*	*					*				10	dayanum
*	*	*	*		*				*	*					*	*	*					*				10	devonianum
*							*	*	*						*	*	*							*		10	eburneum
	*	*									*				*	*	*					*				10	giganteum
	*						*				*				*	*	*					*				10	lowianum
					*					*							*							*	*	8	**Cynara** cardunculus
					*					*							*							*	*	9	scolymus

Perennials

	Size				Type						Shape							Features			Foliage color			
	Small (up to 30 cm)	Medium (30–120 cm)	Large (120 cm–3 m)	Fast-growing	Herbaceous	Evergreen	Can use as annual	Grass, rush or sedge	Fern	Epiphytic orchid	Erect	Spreading	Hummock	Prostrate/mat	Clump-forming	Bold leaves	Ferny leaves	Ornamental foliage	Scented leaves	Ornamental fruit	Yellow/gold/russet	Purple/red/bronze	Gray/silver	Variegated
Cynoglossum nervosum		*			*						*				*									
Cyperus alternifolius & cvs	*	*			*			*			*				*			*						*
esculentus		*			*			*			*				*			*						
papyrus			*		*			*			*				*			*						
Cypripedium acaule	*				*							*												
calceolus	*				*						*				*									
reginae	*				*						*				*									
Cyrtomium falcatum & *f. rochfordianum*		*			*				*		*				*	*		*						
Dasylirion acrotriche		*			*						*							*						
Datura meteloides		*			*	*					*													
Davallia canariensis	*				*				*		*						*	*	*					
mariesii	*				*				*		*						*	*	*					
trichomanoides	*				*				*		*							*	*					
Delphinium × *belladonna* cultivars		*	*		*						*				*									
cardinale		*			*						*				*									
elatum			*		*						*				*									
grandiflorum		*			*							*			*									
Hybrid cultivars		*	*		*						*				*									
nudicaule		*			*						*				*									
tatsienense		*			*							*												
Dendrobium aggregatum	*				*					*	*				*									
bigibbum		*			*					*	*				*									
devonianum		*			*					*					*									
fimbriatum			*		*					*		*			*									
infundibulum		*			*					*		*			*									
nobile		*			*					*	*				*									
parishii	*				*					*	*				*									
thyrsiflorum		*			*					*					*									
Dennstaedtia punctilobula		*			*				*		*				*		*	*						
Dentaria enneaphylla	*				*						*				*			*						
pentaphylla		*			*						*				*			*						
Dianthus × *allwoodii*	*				*						*		*										*	
alpinus	*				*								*	*										
× *arvernensis*	*				*								*	*									*	
barbatus		*			*						*				*									
Carnation cultivars			*		*						*				*								*	
caryophyllus		*			*						*												*	
chinensis		*			*		*				*													
deltoides	*				*									*										
erinaceus	*				*								*										*	
Garden Pink cultivars	*	*			*								*	*									*	
gratianopolitanus	*				*								*	*									*	
haematocalyx	*				*								*										*	
knappii	*				*						*													
microlepis	*				*								*											
myrtinervius	*				*								*	*										

Column groups: **Flowers** (White/cream – Fragrant) · **Flowering season** (Spring – Winter) · **Situations suitable** (Moist – Containers) · **Uses** (Ground cover – Bedding)

White/cream	Yellow	Orange	Red	Pink	Purple/mauve	Blue	Bicolored	Fragrant	Spring	Summer	Autumn	Winter	Moist	Wet	Dry	Lime-hating	Shade	Small gardens	Exposed sites	Coastal sites	Rock Gardens	Containers	Ground cover	Specimen	Bedding	Climate zone	Name
						*				*	*							*	*							5	***Cynoglossum** nervosum*
																		*	*							10	***Cyperus** alternifolius* & cvs
																		*	*		*					3	*esculentus*
													*	*				*			*			*		9	*papyrus*
	*		*				*		*	*						*	*	*			*	*				2	***Cypripedium** acaule*
	*				*		*		*	*						*	*	*			*	*				3	*calceolus*
*				*			*		*	*						*	*	*			*	*				3	*reginae*
													*				*	*				*				10	***Cyrtomium** falcatum* & f. *rochm*
*										*					*			*				*				9	***Dasylirion** acrotriche*
*					*			*		*	*				*			*	*			*				10	***Datura** meteloides*
																	*	*				*				9	***Davallia** canariensis*
																	*	*		*	*	*				8	*mariesii*
																	*	*				*				9	*trichomanoides*
*				*	*	*				*								*	*							3	***Delphinium** × belladonna* cultivars
	*	*								*								*	*							7	*cardinale*
					*					*								*	*							3	*elatum*
					*					*								*	*							3	*grandiflorum*
*				*	*	*				*								*	*							3	Hybrid cultivars
	*	*								*								*	*	*	*					6	*nudicaule*
					*	*				*								*	*	*	*					6	*tatsienense*
	*						*		*							*	*	*				*				10	***Dendrobium** aggregatum*
		*	*	*		*			*							*	*	*				*				10	*bigibbum*
*		*	*	*	*		*	*	*	*						*	*	*				*				10	*devonianum*
	*	*	*			*			*							*	*	*				*				10	*fimbriatum*
*									*	*		*				*	*	*				*				10	*infundibulum*
*			*	*		*	*		*			*				*	*	*				*				10	*nobile*
					*				*							*	*	*		*		*				10	*parishii*
*	*	*	*			*	*	*	*			*				*	*	*				*				10	*thyrisiflorum*
																	*	*		*			*			3	***Dennstaedtia** punctilobula*
*	*								*								*	*					*			6	***Dentaria** enneaphylla*
*				*					*								*	*					*			6	*pentaphylla*
*			*	*				*		*	*							*	*	*		*			*	3	***Dianthus** × allwoodii*
*			*	*						*								*	*	*	*	*				3	*alpinus*
			*	*						*					*			*	*	*	*	*				4	*× arvernensis*
*			*	*			*	*		*								*		*		*				5	*barbatus*
*	*		*	*	*		*	*	*	*	*	*						*				*				6	Carnation cultivars
*			*	*				*		*	*							*	*	*		*			*	7	*caryophyllus*
*			*	*	*					*	*							*	*	*		*			*	7	*chinensis*
*			*	*						*					*			*	*	*	*	*				3	*deltoides*
				*						*					*			*	*	*	*	*				7	*erinaceus*
*			*	*	*			*		*	*				*			*				*				5	Garden Pink cultivars
*			*	*						*					*			*				*				3	*gratianopolitanus*
			*		*					*								*		*	*	*				6	*haematocalyx*
	*									*								*	*	*	*	*				3	*knappii*
				*						*					*			*			*	*				6	*microlepis*
				*						*								*			*	*				5	*myrtinervius*

Perennials

	Size				Type						Shape					Features					Foliage color			
	Small (up to 30 cm)	Medium (30–120 cm)	Large (120 cm–3 m)	Fast-growing	Herbaceous	Evergreen	Can use as annual	Grass, rush or sedge	Fern	Epiphytic orchid	Erect	Spreading	Hummock	Prostrate/mat	Clump-forming	Bold leaves	Ferny leaves	Ornamental foliage	Scented leaves	Ornamental fruit	Yellow/gold/russet	Purple/red/bronze	Gray/silver	Variegated
Dianthus neglectus	*				*								*										*	
plumarius	*				*									*										
superbus	*				*						*													
Diascia barbarae		*			*	*					*													
cordata	*				*									*										
rigescens		*			*							*												
Dicentra cucullaria	*			*								*			*		*	*				*		
eximia	*			*								*			*		*	*						
formosa	*			*								*			*		*	*						
spectabilis		*		*							*				*			*						
Dichorisandra reginae		*			*							*			*	*		*				*		*
thyrsiflora		*			*							*			*	*	*	*				*		
Dicksonia antarctica			*		*				*		*					*	*							
Dictamnus albus & a. purpureus		*		*							*				*				*					
Dieffenbachia amoena			*		*										*	*		*						*
× bausei	*				*						*				*			*						*
exotica	*				*						*				*			*						*
maculata	*				*						*							*			*		*	
× memoria-corsii	*				*						*				*			*					*	*
seguine			*		*						*				*									*
Dierama pulcherrimum			*		*							*			*			*						
Digitalis grandiflora		*			*						*					*								
lutea		*			*						*													
Dionaea muscipula	*				*							*						*						
Dionysia aretioides	*				*								*					*						
tapetodes	*				*								*					*					*	
Dipsacus sylvestris		*			*						*					*		*						
Disporum smithii & oregonum	*			*								*			*					*				
Dodecatheon meadia	*			*								*			*									
poeticum	*			*								*			*									
pulchellum	*			*								*			*									
Doronicum austriacum		*		*							*				*									
cordatum	*			*							*				*									
Hybrid cultivars		*		*							*				*									
orientale		*		*							*				*									
pardalianches		*		*							*				*									
plantagineum cultivars		*		*							*				*									
Douglasia laevigata	*				*								*					*						
vitaliana	*				*								*					*					*	
Draba aizoides	*				*								*	*										
athoa	*				*								*											
bryoides	*				*								*					*						
mollissima	*				*								*					*					*	
rigida	*				*								*											
Dracocephalum grandiflorum	*			*								*			*									
ruyschianum		*		*								*			*									

White/cream	Yellow	Orange	Red	Pink	Purple/mauve	Blue	Bicolored	Fragrant	Spring	Summer	Autumn	Winter	Moist	Wet	Dry	Lime-hating	Shade	Small gardens	Exposed sites	Coastal sites	Rock Gardens	Containers	Ground cover	Specimen	Bedding	Climate zone	
			*							*					*			*			*	*				5	***Dianthus** neglectus*
			*							*					*			*			*	*				4	*plumarius*
		*		*				*		*								*			*					6	*superbus*
				*						*								*		*	*	*				8	***Diascia** barbarae*
				*						*								*		*	*	*	*			7	*cordata*
				*						*								*		*	*	*				8	*rigescens*
*	*								*	*							*	*			*	*				5	***Dicentra** cucullaria*
*			*						*	*	*						*	*		*			*			3	*eximia*
			*	*					*	*	*						*	*		*			*			4	*formosa*
*			*						*	*							*	*				*				5	*spectabilis*
					*					*							*	*				*				10	***Dichorisandra** reginae*
						*				*							*	*				*				10	*thyrsiflora*
													*				*			*		*				8	***Dicksonia** antarctica*
*					*					*								*	*	*	*			*		4	***Dictamnus** albus & a. purpureus*
*										*							*	*				*				10	***Dieffenbachia** amoena*
*	*									*							*	*				*				10	*× bausei*
*										*							*	*				*				10	*exotica*
																	*	*				*		*		10	*maculata*
*										*							*	*				*				10	*× memoria-corsii*
*										*							*	*				*				10	*seguine*
			*	*	*					*			*					*		*				*		8	***Dierama** pulcherrimum*
	*									*							*	*								3	***Digitalis** grandiflora*
	*									*							*	*								5	*lutea*
*										*			*				*	*		*		*				8	***Dionaea** muscipula*
	*								*									*			*	*				8	***Dionysia** aretioides*
	*								*									*			*	*				8	*tapetodes*
					*					*					*		*	*	*	*				*		3	***Dipsacus** sylvestris*
*									*	*							*	*			*	*				4	***Disporum** smithii & oregonum*
*				*	*				*	*			*				*	*			*	*				3	***Dodecatheon** meadia*
				*	*				*	*			*				*	*			*	*				5	*poeticum*
				*	*				*	*			*				*	*			*	*				5	*pulchellum*
	*								*	*					*		*	*		*						5	***Doronicum** austriacum*
	*								*	*					*		*	*		*	*	*				3	*cordatum*
	*								*	*					*		*	*		*						4	Hybrid cultivars
	*								*	*							*	*		*						4	*orientale*
	*								*	*					*		*	*		*						5	*pardalianches*
	*								*	*					*		*	*		*						3	*plantagineum* cultivars
		*	*						*									*	*		*	*				6	***Douglasia** laevigata*
	*								*									*	*		*	*				4	*vitaliana*
	*								*						*			*	*	*	*	*				5	***Draba** aizoides*
	*								*						*			*	*	*	*	*				6	*athoa*
	*								*						*			*	*	*	*	*				6	*bryoides*
	*								*						*			*	*	*	*	*				5	*mollissima*
	*								*						*			*	*	*	*	*				6	*rigida*
					*					*							*	*		*						2	***Dracocephalum** grandiflorum*
					*					*							*	*								3	*ruyschianum*

Perennials

	Size				Type						Shape					Features					Foliage color			
	Small (up to 30 cm)	Medium (30–120 cm)	Large (120 cm–3 m)	Fast-growing	Herbaceous	Evergreen	Can use as annual	Grass, rush or sedge	Fern	Epiphytic orchid	Erect	Spreading	Hummock	Prostrate/mat	Clump-forming	Bold leaves	Ferny leaves	Ornamental foliage	Scented leaves	Ornamental fruit	Yellow/gold/russet	Purple/red/bronze	Gray/silver	Variegated
Drosera *binata*	*				*						*							*						
capensis	*				*							*		*				*						
rotundifolia	*					*						*						*						
Dryas *octopetala*	*				*									*				*					*	
× suendermannii	*				*									*				*						
Dryopteris *cristata*		*			*				*			*					*	*						
dilatata		*			*				*			*					*	*						
erythrosora		*				*			*			*					*	*						
filix-mas		*				*			*			*					*	*						
goldiana		*				*			*			*					*	*						
pseudomas		*				*			*			*					*	*						
Dyckia *brevifolia*		*				*						*											*	
remotiflora		*				*						*											*	
Echinacea *purpurea*		*			*						*				*									
Echinops *bannaticus*		*			*						*				*	*								
exaltatus		*			*						*				*	*								
humilis	*				*						*				*	*								
ritro & cvs	*				*						*				*	*								
sphaerocephalus		*			*						*				*	*								
Edraianthus *dalmaticus*	*				*									*	*									
pumilio	*				*								*											
Elmera *racemosa*	*				*									*	*									
Elymus *arenarius*		*	*		*			*							*			*					*	
Ensete *ventricosum*		*			*						*				*	*		*						
Eomecon *chionantha*	*				*										*			*						
Epidendrum *brassavolae*		*				*				*	*				*									
cochleatum	*					*				*	*				*									
fragrans	*					*				*	*				*									
ibaguense		*				*				*	*				*									
radiatum		*				*				*	*				*									
vitellinum		*				*				*	*				*									
Epilobium *chloriifolium* & forms	*				*						*													
chloriifolium kaikoense	*				*							*												
crassum	*				*								*											
glabellum	*				*						*													
obcordatum	*					*					*													
Epimedium *alpinum*	*				*									*	*			*				*		
grandiflorum		*			*									*	*			*						
perralderanum		*				*								*	*			*						
pinnatum		*				*								*	*			*						
× rubrum	*				*									*	*			*				*		
× versicolor		*			*									*	*			*						
× warleyense	*				*									*	*			*						
× youngianum	*				*									*	*			*						
Episcia *cupreata*	*					*								*				*				*		*
dianthiflora	*					*								*										

White/cream	Yellow	Orange	Red	Pink	Purple/mauve	Blue	Bicolored	Fragrant	Spring	Summer	Autumn	Winter	Moist	Wet	Dry	Lime-hating	Shade	Small gardens	Exposed sites	Coastal sites	Rock Gardens	Containers	Ground cover	Specimen	Bedding	Climate zone	
*										*			*				*	*		*	*	*				8	**Drosera** binata
					*					*			*				*	*		*	*	*				9	capensis
*										*			*				*	*		*	*	*				3	rotundifolia
*									*	*					*			*	*	*	*	*	*			2	**Dryas** octopetala
	*								*	*					*			*	*	*	*	*	*			2	× suendermannii
													*	*			*	*	*							4	**Dryopteris** cristata
																	*	*	*			*				4	dilatata
																	*	*	*							5	erythrosora
																	*	*	*			*				3	filix-mas
													*				*	*				*				3	goldiana
																	*	*	*			*				5	pseudomas
	*									*					*		*	*	*			*				9	**Dyckia** brevifolia
	*	*								*					*		*	*	*			*				9	remotiflora
					*					*			*					*								3	**Echinacea** purpurea
						*				*								*	*					*		4	**Echinops** bannaticus
*						*				*								*	*					*		4	exaltatus
						*				*					*			*	*							3	humilis
						*				*					*			*	*							3	ritro & cvs
						*				*								*	*					*		3	sphaerocephalus
					*					*					*			*	*	*	*	*				5	**Edraianthus** dalmaticus
					*					*					*			*	*	*	*	*				5	pumilio
*										*								*	*		*	*				7	**Elmera** racemosa
										*					*				*	*						4	**Elymus** arenarius
*			*							*								*		*		*			*	10	**Ensete** ventricosum
*									*	*			*				*	*								7	**Eomecon** chionantha
*	*		*		*		*	*		*	*					*	*	*		*		*				10	**Epidendrum** brassavolae
*	*				*	*			*	*	*	*				*	*	*		*		*				10	cochleatum
*					*			*	*	*	*	*				*	*	*		*		*				10	fragrans
	*	*							*	*	*	*				*	*	*		*		*				10	ibaguense
*									*			*					*	*		*		*				10	radiatum
	*	*	*			*			*	*	*					*	*	*		*		*				10	vitellinum
*			*							*									*		*	*				7	**Epilobium** chloriifolium & forms
			*							*									*		*	*				7	chloriifolium kaikoense
			*							*									*		*	*	*			7	crassum
*										*									*		*	*				7	glabellum
			*							*									*		*	*				7	obcordatum
	*		*						*								*						*			3	**Epimedium** alpinum
*				*	*				*								*				*		*			4	grandiflorum
	*								*								*						*			6	perralderanum
	*								*								*						*			5	pinnatum
*			*						*								*						*			4	× rubrum
	*			*	*				*								*	*					*			5	× versicolor
	*	*							*								*	*			*		*			5	× warleyense
*									*								*	*				*	*			5	× youngianum
		*							*	*	*						*	*					*	*		10	**Episcia** cupreata
*										*							*	*				*				10	dianthiflora

Perennials

	Size				Type						Shape					Features					Foliage color			
	Small (up to 30cm)	Medium (30–120cm)	Large (120cm–3m)	Fast-growing	Herbaceous	Evergreen	Can use as annual	Grass, rush or sedge	Fern	Epiphytic orchid	Erect	Spreading	Hummock	Prostrate/mat	Clump-forming	Bold leaves	Ferny leaves	Ornamental foliage	Scented leaves	Ornamental fruit	Yellow/gold/russet	Purple/red/bronze	Gray/silver	Variegated
Episcia reptans	*					*							*					*				*		*
Eremurus himalaicus		*			*						*				*									
olgae		*			*						*				*									
robustus			*		*						*				*									
Shelford hybrids			*		*						*				*									
stenophyllus		*			*						*				*									
Erigeron aurantiacus	*				*						*				*									
compositus	*					*									*									
glaucus	*					*						*						*					*	
leiomerus	*				*						*													
mucronatus	*					*								*										
speciosus hybrids		*			*						*				*									
Erinacea anthyllis	*				*								*											
Erinus alpinus	*				*						*													
Eriogonum umbellatum	*				*								*					*					*	
Erodium chrysanthum	*				*									*	*		*	*					*	
corsicum	*				*										*		*	*					*	
guttatum	*				*										*									
manescavii	*				*										*		*	*						
petraeum forms	*				*										*		*	*					*	
reichardii	*				*								*											
Eryngium alpinum		*			*						*				*									
amethystinum		*			*						*				*			*					*	
bourgatii		*			*						*				*			*						
eburneum			*		*							*												
giganteum		*			*						*													
× oliveranum		*			*						*				*									
planum		*			*						*				*									
proteiflorum		*				*					*				*									
tripartitum		*			*						*				*			*					*	
variifolium		*				*									*			*					*	*
× zabelli		*			*						*				*									
Erysimum × allionii		*				*					*													
alpestre	*					*						*												
alpinum	*					*						*												
linifolium	*					*					*													
pumilum	*					*						*												
Eupatorium micranthum			*		*						*													
purpureum			*		*						*				*									
urticifolium		*			*						*				*									
Euphorbia amygdaloides & cvs		*				*								*	*			*				*		
corollata		*			*						*				*									
epithymoides		*			*						*				*								*	
griffithii		*			*						*				*									
myrsinites	*					*								*				*					*	
palustris		*			*						*				*									

	Flowers									Flowering season				Situations suitable												Uses		
White/cream	Yellow	Orange	Red	Pink	Purple/mauve	Blue	Bicolored	Fragrant	Spring	Summer	Autumn	Winter	Moist	Wet	Dry	Lime-hating	Shade	Small gardens	Exposed sites	Coastal sites	Rock Gardens	Containers	Ground cover	Specimen	Bedding	Climate zone	Species
---	---	---	---	---	---	---	---	---	---	---	---	---	---	---	---	---	---	---	---	---	---	---	---	---	---	---	---
		*								*						*	*					*	*			10	***Episcia** reptans*
*										*					*			*	*	*					*	7	***Eremurus** himalaicus*
*				*						*					*			*	*	*					*	6	*olgae*
			*							*					*			*	*	*					*	7	*robustus*
*	*		*							*					*			*	*	*					*	6	*Shelford hybrids*
	*									*					*			*	*	*					*	6	*stenophyllus*
	*	*								*								*	*	*						6	***Erigeron** aurantiacus*
					*	*			*									*	*	*						4	*compositus*
*				*						*	*							*		*		*				3	*glaucus*
					*					*								*	*	*	*					3	*leiomerus*
*			*						*	*	*							*		*						7	*mucronatus*
				*	*	*				*								*		*						6	*speciosus hybrids*
					*	*			*	*					*			*	*	*	*					8	***Erinacea** anthyllis*
*			*	*					*	*	*				*			*	*	*	*					4	***Erinus** alpinus*
	*									*					*			*	*	*	*					7	***Eriogonum** umbellatum*
	*									*					*				*	*	*					7	***Erodium** chrysanthum*
*			*							*					*			*	*	*	*					7	*corsicum*
*					*					*					*			*	*	*	*					8	*guttatum*
		*		*						*					*		*	*	*	*	*					6	*manescavii*
*			*	*						*					*			*	*	*	*					6	*petraeum forms*
*			*							*					*			*	*	*	*					6	*reichardii*
						*				*					*			*	*	*						3	***Eryngium** alpinum*
					*	*				*					*			*	*	*						2	*amethystinum*
						*				*					*			*	*	*						6	*bourgatii*
*										*					*			*	*	*						7	*eburneum*
*						*				*					*			*	*	*						5	*giganteum*
						*				*					*			*	*	*						6	*× oliveranum*
						*				*					*			*	*	*						3	*planum*
*						*				*					*			*	*	*						8	*proteiflorum*
						*			*	*					*			*	*	*						6	*tripartitum*
*						*				*					*			*	*	*						7	*variifolium*
						*				*					*			*	*	*						4	*× zabelli*
	*								*	*					*			*	*	*	*					3	***Erysimum** × allionii*
	*								*	*					*			*	*	*						6	*alpestre*
	*						*		*	*					*			*	*	*						6	*alpinum*
				*					*	*					*			*	*	*	*					6	*linifolium*
	*							*		*					*			*	*	*						6	*pumilum*
*			*								*							*	*		*	*				8	***Eupatorium** micranthum*
		*	*								*							*	*							4	*purpureum*
*										*	*		*	*				*	*		*					4	*urticifolium*
	*								*								*	*				*				7	***Euphorbia** amygdaloides & cvs*
*										*					*		*	*								3	*corollata*
	*								*	*							*	*	*							4	*epithymoides*
		*								*			*				*	*								5	*griffithii*
	*								*	*					*			*	*	*						6	*myrsinites*
	*								*	*			*	*			*	*	*							4	*palustris*

Perennials

Column groups: **Size** (Small up to 30cm / Medium 30–120cm / Large 120cm–3m / Fast-growing) · **Type** (Herbaceous / Evergreen / Can use as annual / Grass, rush or sedge / Fern / Epiphytic orchid) · **Shape** (Erect / Spreading / Hummock / Prostrate/mat / Clump-forming) · **Features** (Bold leaves / Ferny leaves / Ornamental foliage / Scented leaves / Ornamental fruit) · **Foliage color** (Yellow/gold/russet / Purple/red/bronze / Gray/silver / Variegated)

Species	Small (up to 30cm)	Medium (30–120cm)	Large (120cm–3m)	Fast-growing	Herbaceous	Evergreen	Can use as annual	Grass, rush or sedge	Fern	Epiphytic orchid	Erect	Spreading	Hummock	Prostrate/mat	Clump-forming	Bold leaves	Ferny leaves	Ornamental foliage	Scented leaves	Ornamental fruit	Yellow/gold/russet	Purple/red/bronze	Gray/silver	Variegated
Euphorbia robbiae		*				*									*			*						
sikkimensis			*	*	*						*				*			*				*		
Felicia amelloides	*					*					*	*												
pappei	*					*					*	*												
Festuca amethystina	*					*		*			*	*			*			*					*	
glauca	*					*		*			*	*			*			*					*	
Filipendula camtschatica			*		*						*				*	*								
multijuga		*			*						*				*									
purpurea			*		*						*				*	*								
rubra			*		*						*				*									
ulmaria cultivars		*			*						*				*			*			*			*
Fittonia gigantea	*					*								*		*		*						*
verschaffeltii	*					*								*		*		*						*
verschaffeltii argyroneura	*					*								*		*		*					*	*
Foeniculum vulgare & cvs		*	*		*						*				*		*	*				*		
Fragaria × ananassa & cvs	*					*						*			*					*				*
indica	*					*								*						*				
vesca	*					*						*			*					*				
Francoa appendiculata forms		*				*					*				*									
Galax aphylla	*					*						*			*			*				*		
Galega officinalis & cvs		*	*		*						*				*									
Galium odoratum	*				*							*			*			*	*					
Gaura lindheimeri		*			*						*													
Gazania Hybrid cultivars	*					*	*								*			*					*	
Gentiana acaulis	*					*							*	*										
asclepiadea & cvs		*			*						*				*									
farreri	*				*									*										
gracilipes	*				*									*										
septemfida	*				*									*										
sino-ornata	*				*									*										
verna & v. angulosa	*					*							*											
Geranium cinereum	*				*								*											
× 'Claridge Druce'	*					*								*	*									
dalmaticum	*					*									*									
endressii	*					*								*	*									
himalayense	*				*										*									
ibericum	*					*									*									
× 'Johnson's Blue'		*			*										*									
lambertii	*				*									*	*			*						
macrorrhizum & cvs	*					*									*				*					*
× magnificum		*			*						*				*									
nodosum		*			*									*	*									
phaeum		*			*						*				*									
platypetalum		*				*					*				*									
pratense cultivars		*			*						*				*									
psilostemon		*			*						*				*									

Flowers									Flowering season				Situations suitable										Uses				
White/cream	Yellow	Orange	Red	Pink	Purple/mauve	Blue	Bicolored	Fragrant	Spring	Summer	Autumn	Winter	Moist	Wet	Dry	Lime-hating	Shade	Small gardens	Exposed sites	Coastal sites	Rock Gardens	Containers	Ground cover	Specimen	Bedding	Climate zone	
	*								*	*					*		*	*					*			7	**Euphorbia** *robbiae*
	*									*			*					*	*	*				*		6	*sikkimensis*
					*					*	*				*			*	*	*	*	*			*	9	**Felicia** *amelloides*
					*					*	*				*			*	*	*	*	*			*	9	*pappei*
				*						*					*			*	*	*	*	*	*			5	**Festuca** *amethystina*
															*			*	*	*	*	*	*			4	*glauca*
*			*							*			*					*	*							3	**Filipendula** *camtschatica*
				*						*			*					*	*							2	*multijuga*
		*								*			*					*	*							3	*purpurea*
				*						*			*					*	*							2	*rubra*
*										*			*					*	*							3	*ulmaria* cultivars
	*									*							*	*				*				10	**Fittonia** *gigantea*
*	*		*							*							*	*				*				9	*verschaffeltii*
	*		*							*							*	*				*				9	*verschaffeltii argyroneura*
	*									*					*			*	*	*						6	**Foeniculum** *vulgare* & cvs
*									*								*	*	*	*			*			4	**Fragaria** × *ananassa* & cvs
	*								*								*	*	*	*			*			6	*indica*
*									*								*	*	*	*			*			6	*vesca*
*			*	*						*							*	*				*				8	**Francoa** *appendiculata* forms
*										*				*		*	*	*					*			3	**Galax** *aphylla*
*			*	*	*					*							*	*	*	*			*			3	**Galega** *officinalis* & cvs
*										*							*	*					*			4	**Galium** *odoratum*
*				*						*	*				*			*	*	*						5	**Gaura** *lindheimeri*
	*	*	*	*						*	*				*			*	*	*	*	*	*			9	**Gazania** Hybrid cultivars
						*			*									*	*		*	*				3	**Gentiana** *acaulis*
*										*						*	*	*								5	*asclepiadea* & cvs
						*				*						*		*	*		*	*				6	*farreri*
					*	*				*								*	*		*	*				6	*gracilipes*
					*	*				*				*				*	*		*	*				3	*septemfida*
*						*					*							*	*		*	*				6	*sino-ornata*
						*			*									*	*		*	*				6	*verna* & *v. angulosa*
			*	*						*	*				*			*	*	*	*	*				7	**Geranium** *cinereum*
			*	*						*							*	*					*			6	× 'Claridge Druce'
				*						*						*		*	*	*	*					5	*dalmaticum*
				*						*	*						*	*	*				*			3	*endressii*
					*	*				*							*	*	*				*			3	*himalayense*
					*	*				*							*	*	*				*			3	*ibericum*
						*				*							*	*					*			4	× 'Johnson's Blue'
*										*	*						*	*					*			6	*lambertii*
*			*	*						*							*	*					*			4	*macrorrhizum* & cvs
					*	*				*							*	*					*			3	× *magnificum*
			*	*						*							*	*	*				*			5	*nodosum*
*					*					*							*	*					*			5	*phaeum*
					*	*				*							*	*					*			3	*platypetalum*
*					*	*				*							*	*					*			5	*pratense* cultivars
			*		*					*								*					*			5	*psilostemon*

Perennials

Species	Small (up to 30 cm)	Medium (30-120 cm)	Large (120 cm-3 m)	Fast-growing	Herbaceous	Evergreen	Can use as annual	Grass, rush or sedge	Fern	Epiphytic orchid	Erect	Spreading	Hummock	Prostrate/mat	Clump-forming	Bold leaves	Ferny leaves	Ornamental foliage	Scented leaves	Ornamental fruit	Yellow/gold/russet	Purple/red/bronze	Gray/silver	Variegated
Geranium *renardii*	*					*									*			*					*	
× 'Russell Prichard'	*					*						*			*								*	
sanguineum	*				*							*			*									
sessiliflorum	*					*							*									*		
subcaulescens	*					*						*			*									
sylvaticum		*				*					*				*									
traversii	*					*						*			*									
tuberosum	*	*			*						*				*									
wallichianum	*				*									*										
wlassowianum		*			*										*									
Gerbera *jamesonii* cultivars	*					*						*			*	*								
Geum × *borisii*	*					*					*				*									
chiloense cultivars		*				*					*				*									
× *intermedium*		*				*							*		*									
reptans	*				*									*										
rivale		*				*							*		*									
Gillenia *trifoliata*		*			*						*				*				*					
Glaucidium *palmatum*		*			*						*				*			*						
Glechoma *hederacea* & cvs	*					*								*	*			*	*					*
Globba *winittii*		*			*						*				*									
Globularia *cordifolia*	*					*								*										
Glyceria *maxima* 'Variegata'		*	*	*	*			*							*			*					*	*
Glycyrrhiza *glabra*		*	*						*						*									
Gnaphalium *trinerve*	*				*						*				*			*					*	
Gomphocarpus *fruticosus*		*				*					*									*				
Grindelia *squarrosa*	*					*					*				*									
Gunnera *magellanica*	*				*								*		*								*	
manicata		*	*		*								*		*	*								
tinctoria		*	*		*								*		*	*								
Guzmania *lingulata*	*					*						*			*			*						
monostachia		*				*						*			*			*						
sanguinea	*					*						*			*			*						
vittata		*				*						*			*			*					*	*
Gynura *aurantiaca*	*					*						*						*				*		
Gypsophila *cerastioides*	*					*								*									*	
paniculata cultivars		*			*								*		*									
repens & *fratrensis*	*					*							*										*	
Haberlea *rhodopensis* & *r. ferdinandi-coburgii*	*					*							*		*			*						
Hacquetia *epipactis*	*				*						*				*									
Hakonechloa *macra* cultivars	*				*			*							*								*	*
Haplocarpha *rueppellii*	*					*									*								*	
Hedychium *coccineum*		*				*					*				*									
gardneranum		*				*					*				*									
Hedysarum *coronarium*		*			*						*				*			*						
Helenium *autumnale* cultivars		*			*						*				*									
Helianthus *atrorubens* cultivars			*		*						*				*									

White/cream	Yellow	Orange	Red	Pink	Purple/mauve	Blue	Bicolored	Fragrant	Spring	Summer	Autumn	Winter	Moist	Wet	Dry	Lime-hating	Shade	Small gardens	Exposed sites	Coastal sites	Rock Gardens	Containers	Ground cover	Specimen	Bedding	Climate zone	
*				*						*								*	*	*	*	*				7	***Geranium** renardii*
		*		*						*								*	*	*	*	*				7	× 'Russell Prichard'
*		*		*						*								*	*	*	*		*			4	*sanguineum*
*			*							*					*			*	*	*	*	*				7	*sessiliflorum*
		*	*	*						*					*			*	*	*	*	*				7	*subcaulescens*
*					*	*			*	*							*	*				*				5	*sylvaticum*
				*						*	*							*	*	*	*	*	*	*		7	*traversii*
				*	*					*					*			*		*	*	*				6	*tuberosum*
*					*	*				*	*						*	*			*					6	*wallichianum*
					*					*								*		*		*				5	*wlassowianum*
*	*	*	*	*					*	*	*							*		*		*				8	***Gerbera** jamesonii* cultivars
	*									*							*	*								7	***Geum** × borisii*
		*	*	*						*							*	*								6	*chiloense* cultivars
		*	*							*			*	*			*	*				*				6	× *intermedium*
	*									*												*				5	*reptans*
		*		*						*			*	*			*	*				*				5	*rivale*
*										*			*	*			*	*								4	***Gillenia** trifoliata*
					*				*	*			*				*	*			*					7	***Glaucidium** palmatum*
						*			*	*					*		*	*	*	*		*	*			4	***Glechoma** hederacea* & cvs
	*		*		*		*				*							*				*				10	***Globba** winittii*
					*					*							*	*			*	*				8	***Globularia** cordifolia*
														*			*		*	*		*				4	***Glyceria** maxima* 'Variegata'
					*					*			*					*								9	***Glycyrrhiza** glabra*
*										*	*							*	*	*						6	***Gnaphalium** trinerve*
*				*						*								*		*		*				10	***Gomphocarpus** fruticosus*
	*									*	*				*			*	*	*		*				6	***Grindelia** squarrosa*
		*							*	*			*	*				*		*		*	*			8	***Gunnera** magellanica*
													*	*				*			*		*			7	*manicata*
		*							*	*			*	*				*		*		*				7	*tinctoria*
*		*										*				*	*	*				*				10	***Guzmania** lingulata*
*	*											*				*	*	*				*				10	*monostachia*
*		*										*				*	*	*				*				10	*sanguinea*
*												*				*	*	*				*				10	*vittata*
	*	*							*			*				*	*	*		*		*				10	***Gynura** aurantiaca*
*		*		*						*	*							*	*	*	*					7	***Gypsophila** cerastioides*
*				*						*								*	*							3	*paniculata* cultivars
*				*						*					*			*	*	*	*		*			5	*repens & fratrensis*
*				*		*			*	*						*	*	*			*	*				5	***Haberlea** rhodopensis & r. fdi-cbgi*
	*								*			*					*	*		*	*					5	***Hacquetia** epipactis*
	*									*	*						*	*			*	*	*			6	***Hakonechloa** macra* cultivars
	*								*	*					*		*	*	*		*	*	*			8	***Haplocarpha** rueppellii*
		*								*	*		*					*				*		*		9	***Hedychium** coccineum*
	*							*		*	*							*				*		*		9	*gardneranum*
		*								*								*	*							7	***Hedysarum** coronarium*
	*	*	*							*								*	*	*						3	***Helenium** autumnale* cultivars
	*			*						*								*	*	*				*		6	***Helianthus** atrorubens* cultivars

Perennials

	Size				Type						Shape					Features					Foliage color			
	Small (up to 30 cm)	Medium (30–120 cm)	Large (120 cm–3 m)	Fast-growing	Herbaceous	Evergreen	Can use as annual	Grass, rush or sedge	Fern	Epiphytic orchid	Erect	Spreading	Hummock	Prostrate/mat	Clump-forming	Bold leaves	Ferny leaves	Ornamental foliage	Scented leaves	Ornamental fruit	Yellow/gold/russet	Purple/red/bronze	Gray/silver	Variegated
Helianthus *decapetalus*		*		*	*						*				*									
× *multiflorus* cultivars	*	*		*	*						*				*									
salicifolius		*		*	*						*				*									
Helichrysum *belloides*	*				*								*										*	
milfordiae	*				*									*				*					*	
Heliconia *bihai*		*			*						*				*									
caribaea		*			*						*				*									
psittacorum		*			*						*				*					*				
Helictotrichon *sempervirens*		*			*			*			*				*			*					*	
Heliopsis *helianthoides scabra* cultivars	*	*		*	*						*				*									
Helipterum *albicans*	*				*						*				*								*	
anthemoides	*				*						*				*									
Helleborus *atrorubens*		*			*						*				*									
foetidus		*			*						*				*				*					
lividus corsicus		*			*						*				*				*					
niger	*				*							*			*									
orientalis cultivars		*			*						*				*									
Helonias *bullata*		*			*							*			*									
Heloniopsis *orientalis*	*				*							*			*									
Hemerocallis *aurantiaca*		*		*							*				*									
citrina			*	*							*				*									
fulva			*	*							*				*									
Hybrid cultivars	*	*		*							*				*									
lilioasphodelus		*		*							*				*									
Orange cultivars	*	*		*							*				*									
Hepatica *acutiloba*	*				*							*			*									
americanus	*				*							*			*									
nobilis	*				*							*			*									
transsilvanica	*				*							*			*									
Herniaria *glabra*	*				*							*	*					*						
Hesperis *matronalis*		*			*						*				*									
Heterocentron *elegans*	*				*							*	*									*		
Heuchera × *brizoides* cultivars	*	*			*							*			*			*				*		
cylindrica		*			*							*			*			*				*		
micrantha		*			*							*			*									
sanguinea		*			*							*			*			*				*		
× *Heucherella* *tiarelloides*	*				*																	*		
Holcus *lanatus* 'Variegata'		*			*			*			*				*			*					*	*
Homogyne *alpina*	*				*									*	*									
Horminum *pyrenaicum*	*				*							*			*									
Hosta *albomarginata*		*			*							*			*	*		*						*
crispula	*				*							*			*	*		*						*
decorata		*			*							*			*	*		*						*
elata		*			*							*			*	*		*						
fortunei variegated forms		*			*							*			*	*		*			*			*
lancifolia		*			*							*			*	*		*						

White/cream	Yellow	Orange	Red	Pink	Purple/mauve	Blue	Bicolored	Fragrant	Spring	Summer	Autumn	Winter	Moist	Wet	Dry	Lime-hating	Shade	Small gardens	Exposed sites	Coastal sites	Rock Gardens	Containers	Ground cover	Specimen	Bedding	Climate zone	Name
	*									*								*	*	*						4	**Helianthus** *decapetalus*
	*									*								*	*	*						4	× *multiflorus* cultivars
	*									*	*							*	*	*				*		4	*salicifolius*
*										*								*	*	*	*	*		*		3	**Helichrysum** *belloides*
*		*								*								*	*	*	*	*				7	*milfordiae*
	*	*					*		*	*			*				*			*		*		*		6	**Heliconia** *bihai*
	*	*					*		*	*			*				*			*		*		*		10	*caribaea*
*	*	*					*		*	*			*				*	*		*		*		*		10	*psittacorum*
															*			*	*	*				*		10	**Helictotrichon** *sempervirens*
	*									*	*							*	*	*						4	**Heliopsis** *helianthoides* s. cvs
	*									*								*	*	*	*	*				3	**Helipterum** *albicans*
*										*								*	*	*	*	*				7	*anthemoides*
		*			*				*			*					*	*	*							6	**Helleborus** *atrorubens*
	*								*			*			*		*	*								6	*foetidus*
	*								*			*			*		*	*						*		7	*lividus corsicus*
*									*			*					*	*								3	*niger*
*	*		*	*	*				*			*					*	*								5	*orientalis* cultivars
					*				*				*	*		*	*	*	*							6	**Helonias** *bullata*
					*				*				*	*		*	*	*	*							6	**Heloniopsis** *orientalis*
		*								*							*	*	*							6	**Hemerocallis** *aurantiaca*
	*									*							*	*	*							6	*citrina*
		*	*							*							*	*	*							6	*fulva*
*	*	*	*	*			*			*							*	*	*							6	Hybrid cultivars
	*									*	*						*	*	*							6	*lilioasphodelus*
		*								*							*	*	*							6	Orange cultivars
*				*	*				*								*	*			*	*	*			4	**Hepatica** *acutiloba*
*				*	*				*								*	*			*	*				3	*americanus*
*				*	*	*			*								*	*			*	*	*	*		4	*nobilis*
*					*	*			*								*	*			*	*				5	*transsilvanica*
															*		*	*	*	*	*		*			4	**Herniaria** *glabra*
*					*			*	*	*			*		*		*	*								3	**Hesperis** *matronalis*
				*					*	*								*	*			*		*		9	**Heterocentron** *elegans*
*			*	*						*					*		*	*		*		*		*		4	**Heuchera** × *brizoides* cultivars
*	*									*					*		*	*		*		*		*		5	*cylindrica*
*				*						*					*		*	*		*		*		*		5	*micrantha*
			*							*					*		*	*		*		*		*		4	*sanguinea*
				*						*					*		*	*		*	*	*		*		3	× **Heucherella** *tiarelloides*
*										*					*		*	*	*			*		*		4	**Holcus** *lanatus* 'Variegata'
				*					*	*							*	*	*			*		*		5	**Homogyne** *alpina*
			*	*	*					*								*	*	*	*	*				6	**Horminum** *pyrenaicum*
					*					*							*	*				*		*		5	**Hosta** *albomarginata*
					*					*	*						*	*				*		*		5	*crispula*
					*					*							*	*				*		*		5	*decorata*
					*	*				*							*	*				*		*		5	*elata*
					*					*							*	*				*		*		3	*fortunei* variegated forms
					*					*	*						*	*				*		*		4	*lancifolia*

Perennials

	Small (up to 30 cm)	Medium (30–120 cm)	Large (120 cm–3 m)	Fast-growing	Herbaceous	Evergreen	Can use as annual	Grass, rush or sedge	Fern	Epiphytic orchid	Erect	Spreading	Hummock	Prostrate/mat	Clump-forming	Bold leaves	Ferny leaves	Ornamental foliage	Scented leaves	Ornamental fruit	Yellow/gold/russet	Purple/red/bronze	Gray/silver	Variegated
Hosta plantaginea		*			*							*			*	*		*						
rectifolia		*			*							*			*	*		*						
sieboldiana cultivars		*			*							*			*	*		*					*	
tardiflora cultivars	*	*			*							*			*	*		*						
tokudama		*			*							*			*	*		*					*	
undulata cultivars		*			*							*			*	*		*						*
ventricosa cultivars		*			*							*			*	*		*						*
venusta	*				*							*			*	*		*						
Houstonia caerulea	*					*								*							*			
Houttuynia cordata	*			*	*										*			*	*					*
Hutchinsia alpina	*					*							*					*						
Hypericum cerastoides	*					*							*	*									*	
Hypoestes aristata		*				*					*							*						
phyllostachya		*				*					*							*						*
Hypsela reniformis	*				*									*										
Iberis saxatilis	*					*						*												
sempervirens	*					*						*												
Impatiens oliveri		*				*					*													
repens	*					*								*										
wallerana cultivars		*				*					*											*		*
Incarvillea delavayi		*			*						*													
mairei	*				*							*												
Inula ensifolia	*				*						*				*									
hookeri		*			*						*				*									
magnifica			*		*						*				*	*								
royleana		*			*						*				*									
Iresine herbstii & cvs		*					*				*							*			*	*		*
lindenii		*					*				*							*				*		
Iris aphylla	*				*						*				*									
Bearded hybrids	*	*			*						*				*									
chamaeiris	*				*						*				*									
chrysographes		*			*						*				*									
cristata	*					*					*													
douglasiana	*					*					*				*									
foetidissima		*				*					*				*									*
graminea		*			*						*				*									
hoogiana		*			*						*													
innominata	*					*					*				*									
kaempferi cultivars		*			*						*				*									
laevigata		*			*						*				*									
missouriensis		*			*						*				*			*				*		
orientalis		*			*						*				*									
pallida & cvs		*			*						*				*			*					*	*
pseudacorus			*		*						*				*			*						*
pumila	*				*						*				*									
× regelio-cyclus cultivars		*			*						*				*									

Flowers									Flowering season				Situations suitable											Uses		Climate zone	
White/cream	Yellow	Orange	Red	Pink	Purple/mauve	Blue	Bicolored	Fragrant	Spring	Summer	Autumn	Winter	Moist	Wet	Dry	Lime-hating	Shade	Small gardens	Exposed sites	Coastal sites	Rock Gardens	Containers	Ground cover	Specimen	Bedding	Climate zone	Name
*								*		*	*						*	*				*	*			4	**_Hosta_** _plantaginea_
					*					*							*	*				*	*			4	_rectifolia_
					*				*	*							*	*				*	*			3	_sieboldiana_ cultivars
					*						*						*	*				*	*			4	_tardiflora_ cultivars
					*					*							*	*				*	*			4	_tokudama_
					*					*							*	*				*	*			3	_undulata_ cultivars
					*					*							*	*				*	*			3	_ventricosa_ cultivars
					*					*							*	*			*	*	*			4	_venusta_
	*				*	*	*		*	*			*				*	*		*	*	*			3	**_Houstonia_** _caerulea_
*										*	*		*	*			*	*	*			*				5	**_Houttuynia_** _cordata_
*									*	*					*		*	*	*		*	*				6	**_Hutchinsia_** _alpina_
	*									*					*		*	*	*	*	*					7	**_Hypericum_** _cerastoides_
			*	*						*							*	*				*			*	10	**_Hypoestes_** _aristata_
				*						*							*	*				*				10	_phyllostachya_
*	*			*						*			*					*			*	*				7	**_Hypsela_** _reinformis_
*									*	*					*		*	*	*	*	*					3	**_Iberis_** _saxatilis_
*									*	*					*		*	*	*	*	*	*	*			4	_sempervirens_
				*	*					*							*	*		*		*				10	**_Impatiens_** _oliveri_
	*									*							*	*		*		*				10	_repens_
*		*	*	*	*		*		*	*	*						*	*		*		*			*	10	_wallerana_ cultivars
				*	*					*							*	*				*				6	**_Incarvillea_** _delavayi_
			*	*						*							*	*			*	*				4	_mairei_
	*									*	*						*	*								3	**_Inula_** _ensifolia_
	*									*	*		*				*	*								5	_hookeri_
	*									*	*		*				*							*		5	_magnifica_
	*	*								*			*				*	*						*		3	_royleana_
																	*	*		*		*			*	10	**_Iresine_** _herbstii_ & cvs
																	*	*		*		*			*	10	_lindenii_
	*				*				*	*								*	*	*	*					5	**_Iris_** _aphylla_
*	*	*		*	*	*	*	*	*	*								*								3	Bearded hybrids
	*				*				*	*								*	*	*	*					5	_chamaeiris_
	*				*					*								*								7	_chrysographes_
*					*				*				*	*			*	*		*	*	*				3	_cristata_
*			*		*				*	*							*	*		*	*	*				7	_douglasiana_
	*				*					*					*		*	*	*	*						6	_foetidissima_
				*	*			*	*									*			*					5	_graminea_
				*	*				*									*								5	_hoogiana_
	*				*	*			*									*		*	*					7	_innominata_
*			*	*	*	*			*				*	*			*	*								5	_kaempferi_ cultivars
*					*	*			*				*	*			*	*								4	_laevigata_
*					*				*								*	*								3	_missouriensis_
*	*				*				*				*	*			*	*								3	_orientalis_
					*	*		*	*	*							*	*								5	_pallida_ & cvs
	*									*			*	*			*	*								5	_pseudacorus_
	*				*	*	*		*	*								*	*	*	*					4	_pumila_
*					*	*			*								*	*								8	× _regelio-cyclus_ cultivars

Perennials

	Size				Type						Shape					Features					Foliage color			
	Small (up to 30 cm)	Medium (30–120 cm)	Large (120 cm–3 m)	Fast-growing	Herbaceous	Evergreen	Can use as annual	Grass, rush or sedge	Fern	Epiphytic orchid	Erect	Spreading	Hummock	Prostrate/mat	Clump-forming	Bold leaves	Ferny leaves	Ornamental foliage	Scented leaves	Ornamental fruit	Yellow/gold/russet	Purple/red/bronze	Gray/silver	Variegated
Iris *ruthenica*	*				*						*				*									
setosa		*			*						*				*									
sibirica & cvs		*			*						*				*									
spuria & cvs		*				*					*				*									
tectorum		*			*						*				*									
tenax	*					*					*				*									
unguicularis		*				*					*				*									
versicolor & *kermesina*		*			*						*				*									
Isatis *tinctoria*		*			*						*													
Isopyrum *thalictroides*	*				*										*		*	*						
Jankaea *heldreichii*	*					*							*											
Jasione *perennis*	*					*					*													
Jeffersonia *dubia*	*				*							*			*									
Juncus *effusus* forms	*	*				*		*			*				*			*						*
Kaempferia *rotunda*	*				*							*			*									
Kirengeshoma *palmata*		*			*						*				*	*		*						
Knautia *macedonica*		*				*					*				*									
Kniphofia *caulescens*		*				*						*			*			*					*	
galpinii		*				*					*				*									
Hybrid cultivars	*	*				*					*				*									
macowanii		*				*					*				*									
uvaria			*			*					*				*									
Kohleria *amabilis*		*			*							*						*						
bogotensis		*			*						*							*						
digitaliflora		*			*						*													
Lactuca *plumieri*			*		*						*				*									
Laelia *anceps* cultivars	*	*				*				*	*				*									
autumnalis	*					*				*	*				*									
cinnabarina		*				*				*	*				*									
pumila	*					*				*	*				*									
purpurata & cvs		*				*				*	*				*									
× **Laeliocattleya** Hybrids	*	*				*				*	*				*									
Lamiastrum *galeobdolon* 'Variegatum'		*		*	*									*				*						*
Lamium *maculatum* cultivars	*	*			*							*		*	*			*			*	*		*
orvala		*			*						*			*				*						
Lathyrus *vernus*		*			*						*				*									
vernus 'Albo-roseus'		*			*						*				*									
Lavatera *cachemiriana*			*		*						*				*									
thuringiaca			*		*						*				*									
Leontopodium *alpinum*	*				*								*		*								*	
haplophylloides	*				*								*		*				*				*	
himalayanum	*				*								*		*								*	
stracheyi	*				*								*		*								*	
Leucogenes *grandiceps*	*				*													*					*	
leontopodium	*				*													*					*	
Levisticum *officinale*		*			*						*				*			*						

	Flowers									Flowering season				Situations suitable											Uses			
White/cream	Yellow	Orange	Red	Pink	Purple/mauve	Blue	Bicolored	Fragrant	Spring	Summer	Autumn	Winter	Moist	Wet	Dry	Lime-hating	Shade	Small gardens	Exposed sites	Coastal sites	Rock Gardens	Containers	Ground cover	Specimen	Bedding	Climate zone	Name
---	---	---	---	---	---	---	---	---	---	---	---	---	---	---	---	---	---	---	---	---	---	---	---	---	---	---	---
*					*	*			*									*			*					5	*Iris ruthenica*
*					*				*									*			*					2	setosa
*		*			*	*			*				*	*				*	*		*					3	sibirica & cvs
	*				*	*			*									*			*					3	spuria & cvs
					*	*			*									*		*	*	*				5	tectorum
*	*				*	*			*									*	*	*	*	*				8	tenax
					*	*		*	*	*	*	*						*			*					7	unguicularis
*		*			*	*			*				*	*				*	*	*						3	versicolor & kermesina
	*								*				*		*			*	*	*						5	*Isatis tinctoria*
*				*					*								*	*				*	*			4	*Isopyrum thalictroides*
					*	*			*							*	*	*			*	*				8	*Jankaea heldreichii*
					*	*				*							*	*	*	*	*					6	*Jasione perennis*
					*	*			*								*	*			*	*				5	*Jeffersonia dubia*
										*			*	*			*	*	*		*					3	*Juncus effusus* forms
*					*		*	*	*	*							*	*			*					10	*Kaempferia rotunda*
	*										*		*			*	*	*						*		5	*Kirengeshoma palmata*
		*								*					*			*	*	*						8	*Knautia macedonica*
	*	*								*			*					*	*		*					7	*Kniphofia caulescens*
			*							*								*	*	*	*					7	galpinii
*	*	*	*							*	*							*	*		*					6	Hybrid cultivars
		*	*							*								*	*	*	*					7	macowanii
			*							*								*	*	*	*					6	uvaria
			*	*	*					*							*	*				*				10	*Kohleria amabilis*
	*	*								*							*	*				*				10	bogotensis
		*	*							*							*	*				*				10	digitaliflora
					*	*				*							*			*				*		7	*Lactuca plumieri*
	*		*	*	*							*				*	*	*				*				10	*Laelia anceps* cultivars
	*		*	*	*		*				*	*				*	*	*				*				10	autumnalis
		*	*						*							*	*	*				*				10	cinnabarina
				*	*	*				*						*	*	*				*				10	pumila
*	*			*	*	*			*							*	*	*				*				10	purpurata & cvs
*	*	*	*	*	*	*	*		*	*	*	*				*	*	*				*				10	× *Laeliocattleya* Hybrids
	*									*							*	*	*	*			*			4	*Lamiastrum galeobdolon* 'Vgtm'
*			*	*					*	*	*						*	*	*				*			3	*Lamium maculatum* cultivars
			*							*			*				*	*	*							4	orvala
			*	*	*				*								*	*			*	*				5	*Lathyrus vernus*
*				*					*								*	*			*	*				5	vernus 'Albo-roseus'
				*						*								*	*	*						6	*Lavatera cachemiriana*
				*						*								*	*	*						6	thuringiaca
*										*								*	*	*	*	*				5	*Leontopodium alpinum*
*										*								*	*	*	*	*				5	haplophylloides
*										*								*	*	*	*	*				5	himalayanum
*										*								*	*	*	*	*				5	stracheyi
*										*								*	*	*	*	*				7	*Leucogenes grandiceps*
*										*								*	*	*	*	*				7	leontopodium
	*									*							*	*	*	*				*		6	*Levisticum officinale*

Perennials

| | Size | | | Type | | | | | | | Shape | | | | | Features | | | | | Foliage color | | | |
Name	Small (up to 30 cm)	Medium (30–120 cm)	Large (120 cm–3 m)	Fast-growing	Herbaceous	Evergreen	Can use as annual	Grass, rush or sedge	Fern	Epiphytic orchid	Erect	Spreading	Hummock	Prostrate/mat	Clump-forming	Bold leaves	Ferny leaves	Ornamental foliage	Scented leaves	Ornamental fruit	Yellow/gold/russet	Purple/red/bronze	Gray/silver	Variegated
Lewisia brachycalyx	*				*							*												
columbiana	*					*						*												
cotyledon cultivars	*					*						*												
Hybrid cultivars	*					*						*												
nevadensis	*				*							*												
rediviva	*				*							*												
tweedyi	*					*						*												
Liatris spicata		*			*						*				*									
Libertia formosa		*				*					*				*									
grandiflora		*				*					*				*									
ixioides		*				*					*				*			*	*					*
Ligularia dentata & cvs		*			*						*				*	*		*				*		
hodgsonii			*		*						*				*	*		*						
przewalskii			*		*						*				*	*		*						
stenocephala			*		*						*				*	*		*						
tussilaginea		*				*						*			*	*		*						*
Limonium bellidifolium	*				*						*				*									
latifolium		*			*						*				*									
Linaria alpina	*				*							*											*	
genistifolia		*			*						*				*									
purpurea		*			*						*				*									
Linnaea borealis & b. americana	*					*								*										
Linum arboreum	*					*					*													
flavum	*				*						*													
narbonense	*				*						*				*								*	
perenne & varieties	*				*						*				*								*	
Lippia canescens	*					*								*									*	
nodiflora	*					*								*										
Liriope exiliflora	*					*					*													
graminifolia	*					*						*												
muscari & cvs	*					*						*			*									
Lithodora diffusa	*					*								*										
oleifolia	*					*							*											
Lobelia cardinalis & cvs		*			*						*				*							*		
erinus cultivars	*				*		*						*									*		
× gerardii		*			*						*				*									
linnaeoides	*					*							*									*		
syphilitica		*			*						*				*									
tenuior	*				*		*						*											
tupa		*			*						*				*			*						
Lotus berthelotii	*					*							*	*				*					*	
corniculatus	*				*									*										
Luetkea pectinata	*					*							*	*				*						
Lupinus Hybrid cultivars		*			*						*				*			*						
nootkatensis		*			*						*				*			*						
polyphyllus		*			*						*				*			*						

White/cream	Yellow	Orange	Red	Pink	Purple/mauve	Blue	Bicolored	Fragrant	Spring	Summer	Autumn	Winter	Moist	Wet	Dry	Lime-hating	Shade	Small gardens	Exposed sites	Coastal sites	Rock Gardens	Containers	Ground cover	Specimen	Bedding	Climate zone	
*										*					*			*	*	*	*	*				5	*Lewisia* brachycalyx
*		*	*			*				*					*			*	*	*	*	*				5	columbiana
*		*	*			*				*					*			*	*	*	*	*				6	cotyledon cultivars
*	*	*	*			*			*	*					*			*	*	*	*	*				6	Hybrid cultivars
*										*					*			*	*	*	*	*				5	nevadensis
				*					*	*					*			*	*	*	*	*				4	rediviva
*	*			*					*	*					*			*	*	*	*	*				5	tweedyi
*					*					*	*						*	*	*	*						3	*Liatris* spicata
*										*							*	*		*		*				8	*Libertia* formosa
*										*							*	*		*		*				8	grandiflora
*										*							*	*		*		*				8	ixioides
	*	*								*			*	*			*	*						*		3	*Ligularia* dentata & cvs
	*								*	*			*	*			*	*						*		3	hodgsonii
	*								*	*			*	*			*	*						*		3	przewalskii
	*								*	*			*	*			*	*						*		3	stenocephala
	*									*							*	*					*	*		6	tussilaginea
					*					*					*			*	*	*	*	*				3	*Limonium* bellidifolium
					*	*				*								*	*	*						3	latifolium
		*			*	*			*	*					*			*	*	*	*	*				4	*Linaria* alpina
	*	*				*			*	*					*		*	*	*							7	genistifolia
				*	*				*	*					*		*	*	*							7	purpurea
				*					*	*						*	*			*	*	*	*			2	*Linnaea* borealis & *b.* americana
	*									*					*			*	*	*	*	*				6	*Linum* arboreum
	*									*					*			*	*	*	*	*				5	flavum
						*				*					*			*	*	*						5	narbonense
						*				*					*			*	*	*						5	perenne & varieties
	*			*		*				*					*			*	*	*	*	*	*			8	*Lippia* canescens
*					*	*				*					*			*	*	*	*	*	*			8	nodiflora
					*					*	*				*		*	*			*	*				6	*Liriope* exiliflora
*										*	*				*		*	*			*	*	*			6	graminifolia
*					*						*				*		*	*			*	*	*			6	muscari & cvs
				*	*	*				*						*	*	*	*	*	*	*	*			6	*Lithodora* diffusa
				*	*	*				*						*	*	*	*	*	*					7	oleifolia
*		*	*							*	*		*				*	*				*		*		2	*Lobelia* cardinalis & cvs
*				*	*	*				*	*						*	*	*	*	*				*	9	erinus cultivars
			*	*						*	*		*				*	*						*		4	× gerardii
*										*			*				*	*			*					8	linnaeoides
*						*				*	*		*				*	*		*						4	syphilitica
						*				*	*							*	*	*	*				*	9	tenuior
			*							*						*		*	*				*		7	tupa
		*								*					*			*	*	*		*				9	*Lotus* berthelotii
	*	*					*			*					*			*	*	*	*					5	corniculatus
*										*							*	*	*	*	*					5	*Luetkea* pectinata
*	*		*	*	*	*	*			*							*	*	*	*						4	*Lupinus* Hybrid cultivars
*	*			*	*	*	*			*		*						*	*	*						3	nootkatensis
	*		*	*	*	*	*			*							*	*	*	*						4	polyphyllus

Perennials

	Size				Type						Shape							Features			Foliage color			
	Small (up to 30 cm)	Medium (30–120 cm)	Large (120 cm–3 m)	Fast-growing	Herbaceous	Evergreen	Can use as annual	Grass, rush or sedge	Fern	Epiphytic orchid	Erect	Spreading	Hummock	Prostrate/mat	Clump-forming	Bold leaves	Ferny leaves	Ornamental foliage	Scented leaves	Ornamental fruit	Yellow/gold/russet	Purple/red/bronze	Gray/silver	Variegated
Lycaste aromatica		*			*					*	*				*	*								
cruenta		*			*					*		*			*									
deppei		*			*					*		*			*									
virginalis		*			*					*		*			*	*								
Lychnis alpina & cvs	*			*							*				*									
× arkwrightii		*			*						*											*		
chalcedonica		*			*						*				*									
coronaria & cvs		*					*				*				*								*	
coronata		*			*						*				*									
flos-jovis		*					*				*				*								*	
fulgens		*			*						*				*									
× haageana & cvs	*	*			*						*				*							*		
viscaria cultivars	*	*		*							*				*									
Lycopersicum pimpinellifolium		*			*							*								*				
Lysimachia clethroides		*			*						*				*									
ephemerum		*			*						*				*								*	
nummularia & n. 'Aurea'	*				*									*							*			
punctata		*			*						*				*									
Lythrum salicaria		*			*						*				*									
virgatum		*			*						*				*									
Macleaya cordata			*		*						*				*	*		*					*	
microcarpa			*		*						*				*	*		*					*	
Maianthemum bifolium	*				*						*				*			*	*					
Malva moschata & cvs	*						*				*				*									
Mandragora officinarum	*				*									*	*	*		*	*					
Maranta leuconeura & varieties	*				*							*				*		*				*		*
Marrubium vulgare	*				*						*												*	
Masdevallia bella	*				*					*	*				*									
caudata	*				*					*	*				*									
floribunda	*				*					*	*				*									
infracta	*				*					*	*				*									
rolfeana	*				*					*	*				*									
simula	*				*					*	*				*									
tovarensis	*				*					*	*				*									
Maxillaria grandiflora	*				*					*	*				*									
luteo-alba	*				*					*	*				*									
picta	*				*					*	*				*									
sanderana	*				*					*		*			*									
tenuifolia	*				*					*		*			*									
Matteuccia struthiopteris		*			*				*		*				*	*	*							
Maxillaria grandiflora	*				*					*	*				*									
luteo-alba	*				*					*	*				*									
Mazus pumilio	*				*									*										
reptans	*				*									*										
Meconopsis cambrica		*			*						*													
grandis		*			*						*				*									
quintuplinervia	*				*						*				*									
× sheldonii		*			*						*				*									

Flowers									Flowering season				Situations suitable											Uses		Climate zone	
White/cream	Yellow	Orange	Red	Pink	Purple/mauve	Blue	Bicolored	Fragrant	Spring	Summer	Autumn	Winter	Moist	Wet	Dry	Lime-hating	Shade	Small gardens	Exposed sites	Coastal sites	Rock Gardens	Containers	Ground cover	Specimen	Bedding	Climate zone	
	*							*	*						*		*	*				*				10	***Lycaste** aromatica*
	*	*	*				*	*	*						*		*	*				*				10	*cruenta*
*	*		*				*	*	*		*	*			*		*	*				*				10	*deppei*
*			*	*			*	*			*	*			*		*	*				*				10	*virginalis*
*			*		*					*								*	*	*	*	*				6	***Lychnis** alpina & cvs*
			*							*								*	*							3	*× arkwrightii*
			*							*								*	*							3	*chalcedonica*
*			*	*	*					*					*			*	*	*						4	*coronaria & cvs*
			*							*								*	*							5	*coronata*
*			*	*	*					*								*	*	*						4	*flos-jovis*
			*							*								*	*							3	*fulgens*
*			*							*								*	*							3	*× haageana & cvs*
*			*	*	*					*								*	*	*						3	*viscaria cultivars*
	*									*					*			*		*		*				10	***Lycopersicum** pimpinellifolium*
*										*	*		*		*			*								3	***Lysimachia** clethroides*
*										*	*		*		*			*								4	*ephemerum*
	*									*		*	*	*	*			*					*	*		3	*nummularia & n. 'Aurea'*
	*									*			*		*			*								5	*punctata*
			*	*						*			*	*	*		*	*	*							3	***Lythrum** salicaria*
			*	*						*			*	*	*		*	*	*							4	*virgatum*
*										*					*			*						*		3	***Macleaya** cordata*
			*							*								*	*					*		3	*microcarpa*
*										*			*		*			*					*			5	***Maianthemum** bifolium*
*				*						*	*				*			*	*	*	*					3	***Malva** moschata & cvs*
*					*				*	*					*			*	*	*	*					7	***Mandragora** officinarum*
*										*							*	*				*				10	***Maranta** leuconeura & varieties*
*										*	*				*			*	*			*				5	***Marrubium** vulgare*
*	*		*		*				*			*			*		*	*				*				10	***Masdevallia** bella*
*	*		*	*	*				*		*	*			*		*	*				*				10	*caudata*
*	*				*				*						*		*	*		*		*				10	*floribunda*
*	*			*	*				*	*					*		*	*				*				10	*infracta*
	*		*	*	*				*	*					*		*	*				*				10	*rolfeana*
	*		*		*				*	*					*		*	*				*				10	*simula*
*											*	*			*		*	*				*				10	*tovarensis*
													*	*			*	*						*		2	***Matteuccia** struthiopteris*
*	*			*		*	*		*	*					*		*	*				*				10	***Maxillaria** grandiflora*
*	*					*			*	*		*			*		*	*				*				10	*luteo-alba*
*	*	*				*			*			*			*		*	*				*				10	*picta*
*			*			*					*	*			*		*	*				*				10	*sanderana*
	*		*			*					*	*			*		*	*				*				10	*tenuifolia*
*	*					*				*								*	*	*	*	*				7	***Mazus** pumilio*
	*		*	*	*					*								*	*	*	*	*	*			3	*reptans*
	*	*							*	*	*						*	*				*				6	***Meconopsis** cambrica*
						*			*				*				*	*				*		*		7	*grandis*
					*				*				*				*	*	*	*	*	*				7	*quintuplinervia*
						*			*				*				*	*				*		*		7	*× sheldonii*

Perennials

	Size				Type						Shape					Features					Foliage color			
	Small (up to 30 cm)	Medium (30–120 cm)	Large (120 cm–3 m)	Fast-growing	Herbaceous	Evergreen	Can use as annual	Grass, rush or sedge	Fern	Epiphytic orchid	Erect	Spreading	Hummock	Prostrate/mat	Clump-forming	Bold leaves	Ferny leaves	Ornamental foliage	Scented leaves	Ornamental fruit	Yellow/gold/russet	Purple/red/bronze	Gray/silver	Variegated
Medeola virginica		*			*						*				*					*				
Meehania cordata	*				*									*										
urticifolia	*				*									*										
Melica altissima & cvs		*				*		*			*				*									
uniflora & cvs	*	*				*		*			*				*			*				*		
Melittis melissophyllum		*				*					*				*				*					
Mentha × gentilis cultivars		*			*						*				*				*					*
longifolia		*			*						*				*				*					
× piperita cultivars		*			*						*				*				*					
requienii	*				*								*						*		*			
suaveolens & cvs		*			*						*				*				*				*	*
Mertensia ciliata		*			*						*				*								*	
echioides		*			*						*				*									
longiflora	*				*						*				*									
virginica		*			*						*				*								*	
Meum athamanticum		*			*						*				*		*	*	*					
Micromeria thymifolia		*				*						*												
Milium effusum 'Aureum'		*				*		*			*				*			*			*			
Miltonia candida		*				*				*	*				*									
clowesii		*				*				*	*				*									
flavescens		*				*				*	*				*									
regnellii		*				*				*	*				*									
spectabilis	*					*				*	*				*									
vexillaria		*				*				*	*				*									
Mimulus cardinalis		*			*						*				*									
guttatus		*			*									*	*									
× hybridus	*				*									*	*									
luteus		*			*									*	*							*		
× variegatus		*			*									*	*									
Miscanthus sacchariflorus			*		*			*			*				*			*						
sinensis cultivars		*	*		*			*			*				*			*						*
Mitchella repens	*				*									*				*		*				
Mitella breweri	*				*									*	*			*						
diphylla		*			*						*				*			*						
stauropetala		*			*						*				*			*						
Molinia caerulea 'Variegata'		*				*		*			*				*			*						*
Moltkia doerfleri		*			*						*				*									
petraea	*					*							*											
Monarda didyma & cvs		*			*						*				*				*					
fistulosa & cvs		*			*						*				*				*					
Montia australasiaca	*				*									*				*				*		
parvifolia	*				*							*												
Morina longifolia		*			*						*				*									
Mukdenia rossii	*				*						*				*									
Musa acuminata & cvs			*		*						*					*	*	*						
basjoo			*		*						*					*	*	*						

Group headings: **Flowers** (White/cream → Fragrant) · **Flowering season** (Spring → Winter) · **Situations suitable** (Moist → Containers) · **Uses** (Ground cover, Specimen, Bedding) · **Climate zone**

White/cream	Yellow	Orange	Red	Pink	Purple/mauve	Blue	Bicolored	Fragrant	Spring	Summer	Autumn	Winter	Moist	Wet	Dry	Lime-hating	Shade	Small gardens	Exposed sites	Coastal sites	Rock Gardens	Containers	Ground cover	Specimen	Bedding	Climate zone	Name
	*								*	*			*				*	*								3	**Medeola** *virginica*
					*				*	*							*	*					*			4	**Meehania** *cordata*
					*			*	*	*							*	*					*			6	*urticifolia*
*					*				*								*	*	*							6	**Melica** *altissima* & cvs
*					*					*	*						*	*	*							6	*uniflora* & cvs
*					*	*			*							*	*	*	*							7	**Melittis** *melissophyllum*
					*				*								*	*	*	*		*				4	**Mentha** × *gentilis* cultivars
					*				*								*	*	*	*		*				4	*longifolia*
					*				*								*	*	*	*		*				3	× *piperita* cultivars
					*				*								*	*	*	*		*	*			6	*requienii*
				*					*								*	*	*	*		*				5	*suaveolens* & cvs
						*			*	*							*	*			*					5	**Mertensia** *ciliata*
						*			*								*	*			*					5	*echioides*
						*			*	*							*	*		*	*					3	*longiflora*
						*			*								*	*			*					4	*virginica*
*									*								*	*	*	*						5	**Meum** *athamanticum*
*				*	*				*						*		*	*	*	*	*					7	**Micromeria** *thymifolia*
	*								*								*	*								5	**Milium** *effusum* 'Aureum'
*	*				*		*	*	*	*	*						*	*			*					10	**Miltonia** *candida*
*	*				*		*	*		*	*						*	*			*					10	*clowesii*
*	*				*		*	*	*								*	*			*					10	*flavescens*
*				*	*					*	*						*	*			*					10	*regnellii*
*					*		*			*	*						*	*			*					10	*spectabilis*
*			*	*					*								*	*			*					10	*vexillaria*
		*							*	*			*				*	*								6	**Mimulus** *cardinalis*
	*	*			*				*	*			*				*	*		*	*				*	5	*guttatus*
	*	*			*				*	*			*				*	*		*	*				*	7	× *hybridus*
	*	*			*				*	*			*					*			*				*	7	*luteus*
	*	*	*		*				*	*			*				*	*		*	*				*	7	× *variegatus*
														*					*	*				*		5	**Miscanthus** *sacchariflorus*
														*			*	*	*	*				*		4	*sinensis* cultivars
*			*				*	*	*							*	*	*		*	*	*	*			3	**Mitchella** *repens*
	*								*	*							*	*		*			*			4	**Mitella** *breweri*
*									*	*							*	*					*			3	*diphylla*
*					*				*	*							*	*					*			4	*stauropetala*
					*				*					*			*	*	*							5	**Molinia** *caerulea* 'Variegata'
					*				*								*	*		*	*					6	**Moltkia** *doerfleri*
					*	*			*						*		*	*		*	*					6	*petraea*
*			*	*	*				*	*			*				*	*								4	**Monarda** *didyma* & cvs
*					*				*	*			*				*	*								3	*fistulosa* & cvs
*									*								*	*		*	*					7	**Montia** *australasiaca*
*				*					*								*	*			*					6	*parvifolia*
*		*			*				*								*	*								5	**Morina** *longifolia*
*									*								*	*		*	*	*	*			5	**Mukdenia** *rossii*
		*	*						*	*							*	*								10	**Musa** *acuminata* & cvs
		*							*	*							*	*								9	*basjoo*

Perennials

Plant	Size			Type							Shape					Features					Foliage color			
	Small (up to 30cm)	Medium (30–120cm)	Large (120cm–3m)	Fast-growing	Herbaceous	Evergreen	Can use as annual	Grass, rush or sedge	Fern	Epiphytic orchid	Erect	Spreading	Hummock	Prostrate/mat	Clump-forming	Bold leaves	Ferny leaves	Ornamental foliage	Scented foliage	Ornamental fruit	Yellow/gold/russet	Purple/red/bronze	Gray/silver	Variegated
Myosotidium *hortensia*		*			*							*			*	*		*						
Myosotis *scorpioides*	*				*							*												
sylvatica cultivars	*				*							*												
Myrrhis *odorata*		*		*							*				*		*	*	*					
Neomarica *caerulea*		*			*						*				*									
Neoregelia *ampullacea*	*				*										*			*						*
carolinae		*			*							*						*						*
fosterana		*			*							*						*						
marmorata		*			*							*						*						
spectabilis		*			*							*						*						
Nepenthes *ampullaria*		*			*							*						*				*		
hookeriana hybrids		*	*		*							*						*				*		
Nepeta × *faassenii*	*				*							*			*				*				*	
govaniana	*			*							*				*									
mussinii	*				*							*			*				*				*	
nervosa	*			*							*				*								*	
sibirica	*			*							*				*									
Nephrolepis *exaltata*	*				*				*			*			*		*							
Nertera *granadensis*	*				*									*				*		*				
Nicotiana *alata*	*				*		*				*													
sylvestris		*			*		*				*				*	*								
Nidularium *burchellii*	*				*							*						*				*		
fulgens		*			*							*						*				*		
innocentii		*			*							*						*				*		*
Nierembergia *hippomanica*	*				*		*					*												
repens	*			*										*										
Nolana *humifusa*	*				*		*					*	*											
× **Odontioda** Cultivars	*	*			*					*	*				*									
Odontoglossum *bictoniense*		*			*					*	*				*									
crispum		*			*					*		*			*									
grande		*			*					*	*				*									
pulchellum		*			*					*	*				*									
Oenothera *acaulis*	*				*									*										
caespitosa	*				*									*										
fruticosa varieties	*	*									*				*									
missouriensis	*				*									*										
speciosa		*			*						*				*									
stricta		*			*								*											
tanacetifolia	*				*									*										
tetragona & varieties		*			*						*				*									
Omphalodes *cappadocica*	*				*							*			*									
luciliae	*				*							*			*			*					*	
verna	*				*							*			*									
Oncidium *flexuosum*		*			*					*	*				*									
ornithorhynchum		*			*					*	*				*									
papilio		*			*					*	*				*							*		

Flowers									Flowering season				Situations suitable												Uses	Climate zone	
White/cream	Yellow	Orange	Red	Pink	Purple/mauve	Blue	Bicolored	Fragrant	Spring	Summer	Autumn	Winter	Moist	Wet	Dry	Lime-hating	Shade	Small gardens	Exposed sites	Coastal sites	Rock Gardens	Containers	Ground cover	Specimen	Bedding	Climate zone	
					*				*	*							*	*		*						8	**Myosotidium** hortensia
					*					*			*	*			*									3	**Myosotis** scorpioides
*			*		*				*				*	*			*	*		*	*				*	2	sylvatica cultivars
*									*	*							*	*	*	*						4	**Myrrhis** odorata
					*					*							*			*						9	**Neomarica** caerulea
*		*			*				*	*						*	*	*				*				9	**Neoregelia** ampullacea
*		*		*						*						*	*	*				*				9	carolinae
		*			*					*						*	*	*				*				9	fosterana
		*		*						*						*	*	*				*				9	marmorata
		*			*					*						*	*	*				*				9	spectabilis
														*			*	*				*				8	**Nepenthes** ampullaria
														*			*	*				*				10	hookeriana hybrids
			*	*						*					*			*	*							4	**Nepeta** × faassenii
	*									*								*								8	govaniana
			*	*						*					*			*	*							4	mussinii
					*					*					*			*	*							5	nervosa
					*					*					*			*	*							4	sibirica
															*		*	*		*		*	*			10	**Nephrolepis** exaltata
																	*	*		*		*	*			9	**Nertera** granadensis
*		-					*	*		*					*		*	*		*		*			*	9	**Nicotiana** alata
*							*	*		*					*		*	*		*		*			*	9	sylvestris
*												*			*		*									10	**Nidularium** burchellii
*				*								*			*		*	*				*				10	fulgens
*												*			*		*	*				*				10	innocentii
					*	*				*	*				*			*	*	*		*			*	7	**Nierembergia** hippomanica
*										*								*	*	*	*					7	repens
*					*					*					*			*	*	*		*			*	8	**Nolana** humifusa
*	*		*	*	*				*	*	*	*					*	*				*				10	× **Odontioda** Cultivars
*	*		*	*	*				*			*					*	*				*				10	**Odontoglossum** bictoniense
*	*	*	*								*	*					*	*				*				10	crispum
*	*	*				*			*	*	*	*					*	*				*				10	grande
*	*							*	*	*	*	*					*	*				*				10	pulchellum
*			*							*								*	*	*	*	*				7	**Oenothera** acaulis
*			*							*								*	*	*	*	*				5	caespitosa
	*	*			*					*								*	*							4	fruticosa varieties
	*									*								*	*							4	missouriensis
*			*							*								*	*							5	speciosa
	*	*				*	*			*								*	*							4	stricta
	*									*								*	*	*	*	*				4	tanacetifolia
	*	*			*					*							*	*	*							4	tetragona & varieties
*						*				*						*	*	*	*	*	*	*	*			5	**Omphalodes** cappadocica
		*		*						*							*	*			*	*				7	luciliae
*						*			*	*							*	*			*	*	*			7	verna
	*	*									*	*					*	*				*				10	**Oncidium** flexuosum
	*			*		*					*	*				*	*	*				*				10	ornithorhynchum
	*	*							*	*	*	*				*	*	*				*				10	papilio

Perennials

	Size			Type							Shape					Features					Foliage color			
	Small (up to 30cm)	Medium (30–120cm)	Large (120cm–3m)	Fast-growing	Herbaceous	Evergreen	Can use as annual	Grass, rush or sedge	Fern	Epiphytic orchid	Erect	Spreading	Hummock	Prostrate/mat	Clump-forming	Bold leaves	Ferny leaves	Ornamental foliage	Scented leaves	Ornamental fruit	Yellow/gold/russet	Purple/red/bronze	Gray/silver	Variegated
Oncidium *sphacelatum*		*				*				*	*				*									
tigrinum		*				*				*	*				*									
varicosum		*				*				*	*				*									
Onobrychis *viciifolia*		*			*						*				*									
Onoclea *sensibilis*		*			*				*		*				*	*	*							
Onosma *albo-roseum*	*					*					*							*					*	
echioides	*					*					*												*	
stellulatum	*					*					*												*	
tauricum	*					*					*												*	
Ophiopogon *jaburan* & cvs		*				*					*				*			*	*					*
planiscapus & cvs	*					*					*				*			*				*		
Oplismenus *hirtellus* 'Variegatus'	*		*			*		*						*				*						*
Origanum *dictamnus*	*					*						*			*			*	*				*	
hybridum	*					*						*			*									
majorana		*				*					*								*					
onites		*				*					*								*					
rotundifolium	*				*							*			*								*	
vulgare & cvs		*				*					*								*		*			
Orthrosanthus *chimboracensis*	*					*					*				*									
Oryzopsis *miliacea*	*					*		*			*				*									
Osmunda *cinnamomea*		*			*				*		*				*		*							
claytoniana		*			*				*		*				*		*							
regalis & cvs		*	*		*				*		*				*		*				*			
Osteospermum *barberae*		*				*					*													
ecklonis & *e. prostrata*	*	*				*					*	*												
Othonnopsis *cheirifolia*	*					*					*							*					*	
Ourisia *caespitosa*	*					*									*									
coccinea	*					*									*									
macrocarpa & varieties	*	*				*									*									
Oxalis *acetosella*	*				*										*									
articulata	*				*									*										
chrysantha	*					*									*									
hedysaroides 'Rubra'		*				*					*							*				*		
magellanica	*					*									*			*						
oregana	*					*									*									
volcanicola	*					*								*				*				*		
Oxytropis *halleri*	*				*						*	*						*					*	
Pachyphragma *macrophyllum*	*					*									*	*		*						
Paeonia *emodi*		*			*						*				*			*						
lactiflora cultivars		*			*						*				*			*						
lobata		*			*						*				*			*						
mlokosewitschii		*			*						*				*			*					*	
obovata & *o.* 'Alba'		*			*						*				*			*				*		
officinalis cultivars		*			*						*				*			*						
veitchii		*			*						*				*			*						
wittmanniana		*			*						*				*			*						

Flowers									Flowering season				Situations suitable										Uses				
White/cream	Yellow	Orange	Red	Pink	Purple/mauve	Blue	Bicolored	Fragrant	Spring	Summer	Autumn	Winter	Moist	Wet	Dry	Lime-hating	Shade	Small gardens	Exposed sites	Coastal sites	Rock Gardens	Containers	Ground cover	Specimen	Bedding	Climate zone	
	*		*					*	*	*					*		*	*				*				10	**Oncidium** *sphacelatum*
	*		*								*	*			*		*	*				*				10	*tigrinum*
	*		*								*	*			*		*	*				*				10	*varicosum*
				*						*					*			*	*	*						6	**Onobrychis** *viciifolia*
													*	*			*	*				*	*			3	**Onoclea** *sensibilis*
*				*			*			*					*			*	*	*	*	*				8	**Onosma** *albo-roseum*
	*									*					*			*	*	*	*	*				7	*echioides*
	*									*					*			*	*	*	*	*				7	*stellulatum*
	*									*					*			*	*	*	*	*				7	*tauricum*
*			*							*					*		*	*			*	*	*			7	**Ophiopogon** *jaburan* & cvs
*			*							*					*		*	*			*	*	*			9	*planiscapus* & cvs
															*		*	*	*	*	*	*	*			10	**Oplismenus** *hirtellus* 'Variegatus'
			*	*						*					*			*	*	*	*	*				8	**Origanum** *dictamnus*
			*	*						*					*			*	*	*	*	*				7	*hybridum*
*			*							*	*				*			*	*	*	*					7	*majorana*
*			*							*	*				*			*	*	*	*					7	*onites*
			*							*					*		*	*	*	*	*	*				7	*rotundifolium*
			*	*						*					*			*	*	*	*					3	*vulgare* & cvs
						*				*								*				*				8	**Orthrosanthus** *chimboracensis*
					*					*					*			*	*	*		*				8	**Oryzopsis** *miliacea*
													*	*			*	*				*				3	**Osmunda** *cinnamomea*
													*				*	*				*				3	*claytoniana*
													*	*			*	*				*		*		2	*regalis* & cvs
	*		*						*	*	*				*			*	*	*		*			*	8	**Osteospermum** *barberae*
*				*	*				*	*	*				*			*	*	*		*	*		*	8	*ecklonis* & *e. prostrata*
	*									*					*			*	*	*	*	*				8	**Othonnopsis** *cheirifolia*
*	*									*						*	*	*			*	*				6	**Ourisia** *caespitosa*
			*							*							*	*			*	*				7	*coccinea*
*	*									*							*	*			*	*				6	*macrocarpa* & varieties
*			*						*								*	*			*	*				4	**Oxalis** *acetosella*
*			*							*	*						*	*		*	*	*				6	*articulata*
	*									*	*				*		*				*	*				7	*chrysantha*
	*									*					*		*				*	*				9	*hedysaroides* 'Rubra'
*										*	*				*		*				*	*				7	*magellanica*
*			*						*	*	*						*				*	*				5	*oregana*
	*									*	*				*		*				*	*				9	*volcanicola*
					*					*					*			*	*	*	*	*				6	**Oxytropis** *halleri*
*									*			*					*	*					*			5	**Pachyphragma** *macrophyllum*
*									*	*							*	*								4	**Paeonia** *emodi*
			*	*	*					*							*	*								3	*lactiflora* cultivars
			*						*	*							*	*								5	*lobata*
	*								*	*							*	*								5	*mlokosewitschii*
*			*						*	*							*	*								5	*obovata* & *o.* 'Alba'
			*	*						*							*	*								3	*officinalis* cultivars
			*	*	*				*	*							*	*								5	*veitchii*
*	*								*	*							*	*								5	*wittmanniana*

Perennials

	Size				Type						Shape					Features					Foliage color			
	Small (up to 30cm)	Medium (30–120cm)	Large (120cm–3m)	Fast-growing	Herbaceous	Evergreen	Can use as annual	Grass, rush or sedge	Fern	Epiphytic orchid	Erect	Spreading	Hummock	Prostrate/mat	Clump-forming	Bold leaves	Ferny leaves	Ornamental foliage	Scented leaves	Ornamental fruit	Yellow/gold/russet	Purple/red/bronze	Gray/silver	Variegated
Panax quinquefolius		*			*							*			*			*		*				
Papaver alpinum & varieties	*				*						*							*					*	
heldreichii		*			*						*													
lateritium		*				*					*				*									
miyabeanum	*				*						*							*					*	
nudicaule & cvs	*	*			*		*				*													
orientale & cvs		*				*					*				*			*						
rupifragum		*			*						*													
Paphiopedilum bellatulum	*				*					*					*			*						*
callosum	*				*					*					*			*						*
ciliare	*				*					*					*			*						
concolor	*									*				*		*								*
insigne	*				*					*					*			*						
niveum	*				*					*					*			*						*
philippinense		*			*					*					*			*						
sukhakulii	*				*					*					*			*						*
venustum	*				*					*					*			*						*
Paradisea liliastrum		*			*						*				*								*	
Parochetus communis forms	*				*										*				*					
Paronychia argentea	*				*									*										
kapela & varieties	*				*									*										
Patrinia sibirica	*					*					*				*									
triloba	*					*					*				*			*				*		
Pellaea atropurpurea	*					*			*			*			*			*						
rotundifolia	*					*			*			*			*			*						
Pellionia daveauana	*					*												*				*		
Peltiphyllum peltatum		*			*							*			*	*		*				*		
Peltoboykinia tellimoides		*			*							*			*				*					
Pennisetum alopecuroides		*				*		*			*				*									
orientale		*				*		*			*				*									
villosum		*				*		*			*				*									
Penstemon barbatus		*				*					*				*									
campanulatus		*				*					*				*									
deustus		*			*						*				*									
digitalis			*		*						*				*									
eriantherus		*			*						*				*									
× gloxinioides cultivars		*				*					*				*									
hirsutus		*				*					*				*									
procerus		*				*					*				*									
× 'Six Hills'	*					*												*						
Peperomia argyreia	*					*						*				*		*						*
caperata & cvs	*					*									*			*				*		*
fraseri	*					*					*				*			*						
glabella & cvs	*					*								*				*						*
griseoargentea	*					*								*	*			*					*	*
magnoliifolia & cvs	*					*					*							*						*

Name	White/cream	Yellow	Orange	Red	Pink	Purple/mauve	Blue	Bicolored	Fragrant	Spring	Summer	Autumn	Winter	Moist	Wet	Dry	Lime-hating	Shade	Small gardens	Exposed sites	Coastal sites	Rock Gardens	Containers	Ground cover	Specimen	Bedding	Climate zone
Panax quinquefolius	*									*	*			*				*	*		*						3
Papaver alpinum & varieties	*	*	*								*					*			*	*	*	*	*				5
heldreichii			*	*							*					*			*	*	*	*	*				6
lateritium			*	*							*					*			*	*	*		*				7
miyabeanum		*									*					*			*	*	*	*	*				6
nudicaule & cvs	*	*	*	*					*		*					*			*	*	*						3
orientale & cvs	*		*	*	*						*					*			*	*	*						3
rupifragum			*	*							*					*			*	*	*		*				7
Paphiopedilum bellatulum	*				*	*				*								*	*				*				10
callosum	*				*	*				*	*							*	*				*				10
ciliare	*		*	*	*	*				*								*	*				*				10
concolor		*			*					*								*	*				*				10
insigne	*	*				*				*			*					*	*				*				10
niveum	*									*								*	*				*				10
philippinense	*	*			*	*				*	*							*	*				*				10
sukhakulii	*	*			*	*						*	*					*	*				*				10
venustum	*	*			*	*				*		*	*					*	*				*				10
Paradisea liliastrum	*										*							*	*	*	*						5
Parochetus communis forms							*			*	*	*	*					*	*		*		*	*			7
Paronychia argentea	*										*					*		*	*	*	*	*					7
kapela & varieties	*										*					*		*	*	*	*	*					7
Patrinia sibirica		*							*		*			*				*	*		*	*					5
triloba		*									*							*	*	*	*	*	*				5
Pellaea atropurpurea																*		*	*			*	*				3
rotundifolia																		*	*		*	*					10
Pellionia daveauana														*				*	*				*	*			10
Peltiphyllum peltatum				*						*				*	*			*				*			*	*	5
Peltoboykinia tellimoides	*										*			*				*	*			*					6
Pennisetum alopecuroides		*		*								*				*			*	*	*						7
orientale	*			*							*	*				*			*	*	*						7
villosum	*			*							*	*				*			*	*	*						7
Penstemon barbatus		*	*	*							*								*	*							3
campanulatus				*	*						*							*	*	*							8
deustus	*				*						*								*	*	*						6
digitalis	*				*						*							*	*	*							5
eriantherus						*					*								*		*	*	*				5
× gloxinioides cultivars	*		*	*	*		*				*							*	*		*	*				*	8
hirsutus						*					*								*	*		*					5
procerus						*	*				*								*	*							7
× 'Six Hills'						*					*								*	*	*	*					7
Peperomia argyreia																		*	*				*				10
caperata & cvs	*									*	*							*	*				*				10
fraseri	*									*	*							*	*				*				10
glabella & cvs																		*	*				*				10
griseoargentea																		*	*				*				10
magnoliifolia & cvs																		*	*				*				10

Perennials

	Small (up to 30 cm)	Medium (30–120 cm)	Large (120 cm–3 m)	Fast-growing	Herbaceous	Evergreen	Can use as annual	Grass, rush or sedge	Fern	Epiphytic orchid	Erect	Spreading	Hummock	Prostrate/mat	Clump-forming	Bold leaves	Ferny leaves	Ornamental foliage	Scented leaves	Ornamental fruit	Yellow/gold/russet	Purple/red/bronze	Gray/silver	Variegated
Peperomia *marmorata*	*				*							*			*	*		*					*	
metallica	*				*							*			*			*				*	*	
obtusifolia varieties	*				*						*							*						*
orba	*				*							*						*						*
rubella	*				*						*							*						
scandens & cvs	*	*			*							*						*					*	
verticillata		*			*							*						*				*		
Peristrophe *speciosa*		*			*						*				*									
Perovskia *abrotanoides*		*		*							*								*				*	
atriplicifolia		*		*							*								*				*	
Petasites *fragrans*	*		*		*							*		*		*								
japonicus		*	*	*	*							*		*		*	*							
Petrorhagia *saxifraga* & cvs	*				*							*		*										
Phaius *tankervilliae*		*			*					*	*				*									
Phalaenopsis *amabilis* & cvs		*				*				*	*				*									
× *intermedia*		*				*				*	*				*									
lueddemanniana		*				*				*	*				*									
sanderiana		*				*				*	*				*									
violacea		*				*				*	*				*									
Phalaris *arundinacea* cultivars	*	*			*			*			*				*			*						*
Phlomis *russeliana*		*				*					*				*			*						
samia		*				*					*				*			*						
Phlox *adsurgens*	*				*							*												
austromontana & *douglasii*	*				*									*										
bifida	*				*							*		*										
borealis	*				*									*										
divaricata & cvs	*				*							*												
maculata & cvs		*			*						*				*									
paniculata & cvs		*			*						*				*									*
stolonifera & cvs	*				*									*										
subulata & cvs	*				*								*											
Phormium Hybrid cultivars		*	*			*					*				*	*		*			*	*		*
Small Purple & Variegated cultivars	*	*				*					*				*			*				*		*
tenax			*			*					*				*			*					*	
Phragmipedium *caudatum*		*			*					*	*				*									
Phragmites *australis* & cvs	*	*	*		*			*			*				*					*				*
Phuopsis *stylosa*	*				*									*	*				*					
Phyllostachys *bambusoides*		*				*		*			*				*			*						
nigra & *n.* 'Boryana'		*				*		*			*				*			*						
Physalis *alkekengi*		*			*						*				*					*				
peruviana		*			*		*				*				*					*				
Physostegia *virginiana* & cvs	*	*			*						*				*									*
Phyteuma *comosum*	*				*								*		*									
scheuchzeri		*			*								*		*									
Phytolacca *americana*		*			*						*				*					*				
clavigera		*			*						*				*					*				

	Flowers									Flowering season				Situations suitable											Uses			
White/cream	Yellow	Orange	Red	Pink	Purple/mauve	Blue	Bicolored	Fragrant	Spring	Summer	Autumn	Winter	Moist	Wet	Dry	Lime-hating	Shade	Small gardens	Exposed sites	Coastal sites	Rock Gardens	Containers	Ground cover	Specimen	Bedding	Climate zone	Name
																	*	*				*				10	**Peperomia** *marmorata*
																	*	*				*				10	*metallica*
																	*	*				*				10	*obtusifolia* varieties
																	*	*				*				10	*orba*
		*								*							*	*				*				10	*rubella*
																	*	*				*				10	*scandens* & cvs
																	*	*				*				10	*verticillata*
					*							*					*	*				*				10	**Peristrophe** *speciosa*
						*				*					*			*	*	*				*		6	**Perovskia** *abrotanoides*
						*				*					*			*	*	*				*		6	*atriplicifolia*
			*			*						*			*			*	*				*			5	**Petasites** *fragrans*
*									*				*	*	*		*						*			4	*japonicus*
*				*						*					*			*	*	*	*	*				6	**Petrorhagia** *saxifraga* & cvs
*	*	*					*		*		*						*	*				*				10	**Phaius** *tankervilliae*
*	*	*					*				*	*					*	*				*				10	**Phalaenopsis** *amabilis* & cvs
*	*	*		*					*		*						*	*				*				10	× *intermedia*
*		*		*	*	*	*		*								*	*				*				10	*lueddemanniana*
		*	*	*					*								*	*				*				10	*sanderiana*
*	*	*		*		*	*		*	*							*	*				*				10	*violacea*
*					*					*						*	*	*	*	*						3	**Phalaris** *arundinacea* cultivars
	*									*							*	*		*			*			7	**Phlomis** *russeliana*
					*					*							*	*	*							7	*samia*
*			*	*						*						*	*	*	*	*	*					8	**Phlox** *adsurgens*
*			*	*					*	*						*	*	*	*	*	*					4	*austromontana* & *douglasii*
*					*					*						*	*	*	*	*	*					4	*bifida*
				*					*	*						*	*	*	*	*	*					4	*borealis*
					*				*	*			*				*	*								3	*divaricata* & cvs
*			*	*			*			*			*				*	*								3	*maculata* & cvs
*		*	*	*	*		*			*			*				*	*								4	*paniculata* & cvs
*					*				*	*			*				*	*			*	*				4	*stolonifera* & cvs
*			*	*					*	*						*	*	*	*	*	*					3	*subulata* & cvs
	*	*								*								*	*	*		*		*		7	**Phormium** Hybrid cultivars
	*	*								*								*	*	*		*				7	Small Purple & Variegated cvs
		*								*								*	*	*		*		*		7	*tenax*
*	*						*		*	*	*						*	*				*				10	**Phragmipedium** *caudatum*
					*					*			*					*	*							5	**Phragmites** *australis* & cvs
			*				*			*						*	*	*					*			6	**Phuopsis** *stylosa*
													*				*	*	*							7	**Phyllostachys** *bambusoides*
													*				*	*	*							7	*nigra* & *n.* 'Boryana'
*										*							*	*	*			*				3	**Physalis** *alkekengi*
	*				*					*								*		*		*				9	*peruviana*
*			*	*						*	*						*	*	*							3	**Physostegia** *virginiana* & cvs
			*	*						*						*		*	*		*	*				7	**Phyteuma** *comosum*
						*				*						*	*	*	*		*	*				7	*scheuchzeri*
*					*					*			*				*							*		3	**Phytolacca** *americana*
					*					*			*				*							*		3	*clavigera*

Perennials

	Size				Type						Shape					Features					Foliage color			
	Small (up to 30 cm)	Medium (30–120 cm)	Large (120 cm–3 m)	Fast-growing	Herbaceous	Evergreen	Can use as annual	Grass, rush or sedge	Fern	Epiphytic orchid	Erect	Spreading	Hummock	Prostrate/mat	Clump-forming	Bold leaves	Ferny leaves	Ornamental foliage	Scented leaves	Ornamental fruit	Yellow/gold/russet	Purple/red/bronze	Gray/silver	Variegated
Pilea *cadierei*	*					*					*				*			*						*
involucrata	*					*						*						*				*		
microphylla	*					*						*						*						
spruceana	*					*						*						*				*		
Pinguicula *grandiflora*	*				*							*						*						
vulgaris	*				*							*						*						
Pitcairnia *andreana*		*				*					*				*									
corallina		*				*					*				*			*						
Pityrogramma *chrysophylla*		*				*			*		*				*		*	*			*			
Platycerium *bifurcatum*		*				*			*		*				*	*	*	*						
Platycodon *grandiflorus* cultivars	*	*			*						*				*									
Plectranthus *coleoides* & cvs	*	*				*					*							*						*
oertendahlii	*					*						*						*				*	*	
Pleione *bulbocodioides* & cvs	*				*							*			*									
forrestii	*				*							*			*									
hookeriana	*				*							*			*									
humilis	*				*							*			*									
maculata	*				*							*			*									
praecox	*				*							*			*									
yunnanensis	*				*							*			*									
Podophyllum *hexandrum*		*			*						*				*			*	*					
peltatum		*			*						*				*			*	*					
Polemonium *caeruleum* varieties		*			*						*				*									
foliosissimum		*			*						*				*									
Polygonatum *biflorum*		*			*						*				*									
commutatum			*		*						*				*									
hookeri	*				*						*				*									
× *hybridum* & cvs		*			*						*				*									*
multiflorum		*			*						*				*									
odoratum & cvs		*			*						*				*									*
verticillatum		*			*						*				*									
Polygonum *affine* & cvs	*	*				*								*				*						
amplexicaule & cvs		*			*						*				*									
bistorta		*			*						*				*			*						
campanulatum		*			*						*				*			*						
capitatum	*					*								*				*				*		
cuspidatum & cvs			*	*	*						*				*	*								*
filiforme		*			*						*				*			*						*
macrophyllum		*			*										*									
milletii		*			*						*				*									
molle			*		*						*				*									
tenuicaule	*				*								*		*									
vacciniifolium	*				*									*										
Polypodium *aureum* & cvs		*				*			*		*				*			*						
vulgare & cvs	*					*			*		*				*	*	*							
Polystichum *acrostichoides*		*				*			*		*				*			*						

White/cream	Yellow	Orange	Red	Pink	Purple/mauve	Blue	Bicolored	Fragrant	Spring	Summer	Autumn	Winter	Moist	Wet	Dry	Lime-hating	Shade	Small gardens	Exposed sites	Coastal sites	Rock Gardens	Containers	Ground cover	Specimen	Bedding	Climate zone	
																	*	*				*	*			10	**Pilea** *cadierei*
																	*	*				*				10	*involucrata*
																	*	*				*				10	*microphylla*
																	*	*				*				10	*spruceana*
					*					*			*			*	*	*		*		*				7	**Pinguicula** *grandiflora*
					*					*			*			*	*	*		*		*				3	*vulgaris*
	*	*								*							*	*				*				10	**Pitcairnia** *andreana*
			*						*								*	*				*				10	*corallina*
																	*	*				*				2	**Pityrogramma** *chrysophylla*
															*		*	*		*		*				10	**Platycerium** *bifurcatum*
*			*	*		*				*							*	*	*	*	*					3	**Platycodon** *grandiflorus* cultivars
*					*					*					*		*	*				*				10	**Plectranthus** *coleoides* & cvs
					*					*							*	*				*	*			10	*oertendahlii*
*	*		*	*		*			*								*	*			*	*	*			8	**Pleione** *bulbocodioides* & cvs
	*	*				*			*								*	*			*	*	*			8	*forrestii*
*				*	*	*			*								*	*			*	*	*			8	*hookeriana*
*	*		*	*	*	*			*		*	*					*	*			*	*	*			8	*humilis*
*	*		*	*	*						*	*					*	*			*	*	*			8	*maculata*
				*	*					*	*	*					*	*			*	*	*			8	*praecox*
				*	*				*			*					*	*			*	*	*			8	*yunnanensis*
*				*					*				*				*	*			*					8	**Podophyllum** *hexandrum*
*									*				*				*	*			*					3	*peltatum*
*						*				*							*	*			*					3	**Polemonium** *caeruleum* varieties
*					*	*				*							*	*			*					4	*foliosissimum*
*	*								*	*							*	*								3	**Polygonatum** *biflorum*
*	*								*	*							*	*								3	*commutatum*
				*	*				*	*							*	*			*	*				7	*hookeri*
*									*	*							*	*								4	*× hybridum* & cvs
*									*	*							*	*								4	*multiflorum*
*							*	*	*	*							*	*								4	*odoratum* & cvs
*									*	*							*	*								5	*verticillatum*
		*	*							*	*						*	*	*			*		*		3	**Polygonum** *affine* & cvs
			*							*	*				*		*	*								6	*amplexicaule* & cvs
		*								*					*		*	*								3	*bistorta*
			*							*	*						*	*								6	*campanulatum*
			*							*							*	*		*		*	*			6	*capitatum*
*										*	*				*		*	*	*	*						3	*cuspidatum* & cvs
			*							*			*				*	*								6	*filiforme*
		*								*			*				*	*								6	*macrophyllum*
		*								*			*				*	*								6	*milletii*
*										*			*				*	*								6	*molle*
*									*								*	*			*	*				6	*tenuicaule*
				*							*						*	*			*	*	*			7	*vacciniifolium*
															*		*	*				*	*			10	**Polypodium** *aureum* & cvs
															*		*	*	*	*		*	*			3	*vulgare* & cvs
													*				*	*		*		*	*			3	**Polystichum** *acrostichoides*

Perennials

Species	Small (up to 30cm)	Medium (30–120cm)	Large (120cm–3m)	Fast-growing	Herbaceous	Evergreen	Can use as annual	Grass, rush or sedge	Fern	Epiphytic orchid	Erect	Spreading	Hummock	Prostrate/mat	Clump-forming	Bold leaves	Ferny leaves	Ornamental foliage	Scented leaves	Ornamental fruit	Yellow/gold/russet	Purple/red/bronze	Gray/silver	Variegated
Polystichum aculeatum & cvs		*				*			*		*				*	*	*							
munitum		*				*			*		*				*		*							
setiferum & cvs		*				*			*		*				*	*	*							
tsus-simense		*				*			*		*				*	*	*							
Potentilla atrosanguinea cultivars		*			*						*				*			*				*		
aurea	*				*						*													
eriocarpa	*				*									*								*		
megalantha	*				*						*				*							*		
nepalensis cultivars		*			*						*				*									
nitida	*					*								*								*		
recta & cvs		*			*						*											*		
tabernaemontani	*				*									*										
× tonguei	*				*							*			*									
Pratia angulata	*				*									*						*				
pedunculata	*				*									*										
Primula allionii	*					*							*											
alpicola		*			*						*				*									
amoena	*				*							*			*									
auricula & cvs	*					*					*				*									
beesiana		*			*						*				*									
bulleyana		*			*						*				*									
capitata	*				*						*				*									
chionantha		*			*						*				*									
× chungensis		*			*						*				*									
clarkei	*				*							*			*									
cockburniana		*			*						*				*									
denticulata		*			*						*				*									
edgeworthii	*					*						*			*									
elatior	*					*					*				*									
farinosa	*				*							*			*									
flaccida		*			*						*				*									
florindae		*			*						*				*									
frondosa	*				*							*			*									
gracilipes	*					*						*			*									
helodoxa		*			*						*				*									
× 'Inverewe'		*			*						*				*									
ioessa		*			*						*				*									
japonica & cvs		*			*						*				*									
juliae	*					*						*			*									
× kewensis	*					*						*			*									
malacoides cultivars		*			*						*				*									
marginata & cvs	*				*						*				*									
obconica & cvs	*					*					*				*									
poissonii		*			*						*				*									
polyneura	*				*						*				*									
× pruhoniciana cultivars	*					*									*			*			*			

White/cream	Yellow	Orange	Red	Pink	Purple/mauve	Blue	Bicolored	Fragrant	Spring	Summer	Autumn	Winter	Moist	Wet	Dry	Lime-hating	Shade	Small gardens	Exposed sites	Coastal sites	Rock Gardens	Containers	Ground cover	Specimen	Bedding	Climate zone	
																	*	*				*	*			5	**Polystichum** aculeatum & cvs
													*				*	*		*		*	*			4	munitum
																	*	*				*	*			4	setiferum & cvs
																	*	*		*		*	*			6	tsus-simense
		*							*	*								*	*	*					5	**Potentilla** atrosanguinea cultivars
	*									*								*	*	*	*					6	aurea
	*									*								*	*	*	*					6	eriocarpa
	*								*	*								*	*	*	*					6	megalantha
			*							*							*	*	*							5	nepalensis cultivars
*				*						*								*	*	*	*					4	nitida
	*									*							*	*	*							3	recta & cvs
	*								*	*								*	*	*	*	*				6	tabernaemontani
	*	*								*								*	*	*	*					5	× tonguei
*										*			*				*	*		*	*	*	*			7	**Pratia** angulata
						*				*			*				*	*		*	*	*	*			7	pedunculata
		*	*	*		*			*	*	*				*		*	*		*	*	*				8	**Primula** allionii
*	*			*					*	*			*				*	*		*						5	alpicola
			*						*								*	*		*		*				4	amoena
	*		*	*		*	*	*	*						*		*	*		*	*	*				4	auricula & cvs
		*	*							*			*				*	*				*				5	beesiana
	*	*								*			*				*	*				*				5	bulleyana
					*	*				*							*	*			*	*				6	capitata
*								*		*			*				*	*								5	chionantha
	*	*						*		*			*				*	*								5	× chungensis
				*					*				*				*	*		*	*					6	clarkei
		*	*							*			*				*	*								5	cockburniana
*				*	*				*	*			*				*	*				*				5	denticulata
					*	*			*	*		*	*				*	*		*	*				7	edgeworthii
	*								*								*	*	*	*	*					3	elatior
				*	*				*	*							*	*	*	*	*					5	farinosa
					*	*				*			*				*	*								7	flaccida
	*							*		*			*	*			*	*	*			*				5	florindae
			*	*					*				*				*	*		*	*	*				6	frondosa
				*		*			*				*				*	*			*	*				5	gracilipes
	*							*		*			*				*	*								5	helodoxa
		*								*			*				*	*				*				5	× 'Inverewe'
		*	*							*			*				*	*		*						6	ioessa
*			*	*					*	*			*	*			*	*		*		*				5	japonica & cvs
			*	*		*			*								*	*	*	*	*					5	juliae
	*							*	*			*					*	*				*				9	× kewensis
*			*	*	*		*	*	*			*					*	*				*				8	malacoides cultivars
*					*	*			*						*		*	*	*	*	*					5	marginata & cvs
*			*	*	*	*	*		*			*					*	*								8	obconica & cvs
			*							*			*				*	*								5	poissonii
		*	*							*							*	*			*	*				5	polyneura
*		*	*	*					*	*			*	*			*	*		*	*	*				4	× pruhoniciana cultivars

Perennials

	Size			Type							Shape					Features					Foliage color			
	Small (up to 30 cm)	Medium (30–120 cm)	Large (120 cm–3 m)	Fast-growing	Herbaceous	Evergreen	Can use as annual	Grass, rush or sedge	Fern	Epiphytic orchid	Erect	Spreading	Hummock	Prostrate/mat	Clump-forming	Bold leaves	Ferny leaves	Ornamental foliage	Scented leaves	Ornamental fruit	Yellow/gold/russet	Purple/red/bronze	Gray/silver	Variegated
Primula × *pubescens* cultivars	*				*							*												
reidii	*				*						*													
rosea	*				*						*				*									
secundiflora		*			*						*				*									
sieboldii & cvs	*				*										*									
sikkimensis		*			*						*				*									
sinensis cultivars	*					*	*																	
sinopurpurea		*			*						*				*									
× *tommasinii* cultivars (polyanthus)	*				*						*				*									
veris	*				*						*				*									
vialii		*			*						*													
vulgaris cultivars	*				*										*									
waltonii	*				*						*													
warshenewskiana	*				*										*									
yargongensis	*				*						*													
Prunella *grandiflora*	*				*								*		*									
laciniata	*				*								*		*									
vulgaris cultivars	*				*								*		*									
Pteris *cretica* & cvs	*	*			*				*		*				*			*						*
ensiformis & cvs	*	*			*				*		*				*			*						*
quadriaurita & cvs		*			*				*		*				*			*						*
Pterocephalus *perennis*	*				*									*				*					*	
Pulmonaria *angustifolia*	*				*						*				*									
officinalis		*			*						*				*			*						*
rubra	*				*						*				*									
saccharata & cvs		*			*						*				*			*					*	*
Pulsatilla *alpina*		*			*						*				*		*	*	*					
halleri	*				*						*				*		*	*	*					
vernalis	*				*						*				*		*	*	*					
vulgaris & cvs	*				*						*				*		*	*	*					
Puya *alpestris*		*			*						*				*			*				*		
venusta		*			*						*				*			*				*		
Pycnostachys *dawei*		*			*						*													
urticifolia		*			*						*													
Pyrethrum *roseum* & cvs		*			*						*						*							
Ranunculus *aconitifolius* & cvs		*			*						*				*									
acris 'Flore Pleno'		*			*						*				*									
alpestris	*				*						*													
bulbosus 'Flore Pleno'		*			*						*													
calandrinioides	*					*					*							*				*		
ficaria & cvs	*				*						*				*									
gouanii	*				*						*													
gramineus		*			*						*												*	
lyallii			*		*						*				*	*	*	*						
montanus	*				*						*				*									
repens 'Flore Pleno'	*			*	*						*				*									

Flowers									Flowering season				Situations suitable									Uses					
White/cream	Yellow	Orange	Red	Pink	Purple/mauve	Blue	Bicolored	Fragrant	Spring	Summer	Autumn	Winter	Moist	Wet	Dry	Lime-hating	Shade	Small gardens	Exposed sites	Coastal sites	Rock Gardens	Containers	Ground cover	Specimen	Bedding	Climate zone	
		*		*					*						*		*	*		*	*	*				5	***Primula* × *pubescens* cultivars**
*										*			*				*	*			*	*				7	*reidii*
		*	*						*				*	*			*	*			*	*				5	*rosea*
		*		*						*			*	*			*	*	*				*			5	*secundiflora*
*				*	*		*		*	*			*				*	*			*	*				4	*sieboldii* & cvs
*	*									*			*	*			*	*	*				*			6	*sikkimensis*
		*	*	*					*			*					*	*				*				8	*sinensis* cultivars
					*					*			*				*	*								5	*sinopurpurea*
*	*		*		*	*	*		*	*		*					*	*		*		*	*		*	3	× *tommasinii* cvs (polyanthus)
	*								*						*		*	*	*	*	*	*				3	*veris*
		*		*	*					*			*				*	*			*	*				6	*vialii*
*	*		*	*	*		*	*	*	*		*					*	*		*		*	*		*	3	*vulgaris* cultivars
			*	*						*			*				*	*			*	*				5	*waltonii*
				*					*				*				*	*			*	*				6	*warshenewskiana*
				*	*					*			*				*	*			*	*				5	*yargongensis*
*				*	*					*							*	*	*	*	*	*	*			4	***Prunella* *grandiflora***
*										*							*	*	*	*	*	*	*			4	*laciniata*
*				*	*	*				*	*						*	*	*	*	*	*	*			3	*vulgaris* cultivars
										*							*	*		*		*				10	***Pteris* *cretica* & cvs**
																	*	*		*		*				10	*ensiformis* & cvs
																	*	*		*		*				10	*quadriaurita* & cvs
				*	*					*					*		*	*	*		*	*				6	***Pterocephalus* *perennis***
						*			*	*							*	*		*		*	*			3	***Pulmonaria* *angustifolia***
*			*		*		*		*	*							*	*		*		*	*			3	*officinalis*
			*						*	*		*					*	*		*		*	*			5	*rubra*
*			*	*	*	*			*	*							*	*		*		*	*			3	*saccharata* & cvs
*	*				*				*	*								*	*	*	*	*				4	***Pulsatilla* *alpina***
					*				*	*					*			*	*	*	*	*				5	*halleri*
*				*	*				*	*								*	*	*	*	*				4	*vernalis*
*			*	*	*				*	*					*			*	*	*	*	*				5	*vulgaris* & cvs
						*			*	*					*			*	*	*		*		*		8	***Puya* *alpestris***
				*					*	*					*			*	*	*		*		*		9	*venusta*
						*			*		*				*			*				*				10	***Pycnostachys* *dawei***
						*			*		*				*			*				*				10	*urticifolia*
*			*	*						*								*		*						3	***Pyrethrum* *roseum* & cvs**
*				*					*	*						*	*	*			*					5	***Ranunculus* *aconitifolius* & cvs**
	*									*							*	*			*					3	*acris* 'Flore Pleno'
*									*	*		*					*	*		*	*					5	*alpestris*
	*								*	*							*	*			*					4	*bulbosus* 'Flore Pleno'
*				*					*								*			*	*					8	*calandrinioides*
	*	*							*							*	*	*			*					5	*ficaria* & cvs
	*									*							*	*		*	*					5	*gouanii*
	*								*	*							*	*			*					6	*gramineus*
*										*							*	*		*						8	*lyallii*
	*									*							*	*		*	*					5	*montanus*
	*									*							*		*		*					3	*repens* 'Flore Pleno'

Perennials

	Size				Type						Shape					Features					Foliage color			
	Small (up to 30cm)	Medium (30–120cm)	Large (120cm–3m)	Fast-growing	Herbaceous	Evergreen	Can use as annual	Grass, rush or sedge	Fern	Epiphytic orchid	Erect	Spreading	Hummock	Prostrate/mat	Clump-forming	Bold leaves	Ferny leaves	Ornamental foliage	Scented leaves	Ornamental fruit	Yellow/gold/russet	Purple/red/bronze	Gray/silver	Variegated
Raoulia *australis*	*					*								*				*					*	
glabra	*					*								*				*						
hookeri	*					*								*				*					*	
tenuicaulis	*					*								*				*					*	
Rehmannia *elata*		*				*					*													
Reineckia *carnea*	*					*						*			*				*					
Reinwardtia *indica*		*				*					*				*								*	
Renanthera *coccinea*		*				*				*	*													
storiei		*				*				*	*													
Rhazya *orientalis*		*			*						*				*									
Rheum *nobile*		*			*						*				*	*		*						
palmatum & cvs			*		*						*				*	*		*				*		
Rhoeo *spathacea* & cvs	*	*				*						*						*				*	*	*
Rochea *coccinea*	*					*					*													
Rodgersia *aesculifolia*		*			*						*				*	*								
pinnata & cvs		*			*						*				*	*						*		
podophylla		*			*						*				*	*						*		
tabularis		*			*						*				*	*								
Rohdea *japonica*		*				*					*				*				*					
Romneya *coulteri* & *c. trichocalyx*		*	*		*						*				*								*	
Roscoea *cautleoides*	*				*						*				*									
humeana	*				*						*				*									
procera	*				*						*				*									
purpurea	*				*						*				*									
Rudbeckia *fulgida* & varieties		*			*		*				*				*									
hirta		*			*						*				*									
laciniata & cvs			*		*						*				*									
nitida & 'Goldquelle'			*		*						*				*									
subtomentosa		*			*						*				*									
Ruellia *amoena*	*					*					*													
devosiana	*					*					*							*				*	*	*
makoyana	*					*					*							*				*	*	*
Sagina *subulata* 'Aurea'	*					*								*				*			*			
Saintpaulia *ionantha* cultivars	*					*									*			*						
magungensis	*					*										*		*						
orbicularis	*					*												*						
Salvia *argentea*		*				*					*				*			*					*	
farinacea		*			*		*				*				*									
guaranitica			*		*						*				*									
patens		*			*		*				*				*									
× *superba*		*			*						*				*									
uliginosa			*		*						*				*									
Sanguinaria *canadensis*	*				*										*			*					*	
Sanguisorba *canadensis*		*			*						*				*			*						
obtusa		*			*						*				*			*						
tenuifolia		*			*						*				*			*						

	White/cream	Yellow	Orange	Red	Pink	Purple/mauve	Blue	Bicolored	Fragrant	Spring	Summer	Autumn	Winter	Moist	Wet	Dry	Lime-hating	Shade	Small gardens	Exposed sites	Coastal sites	Rock Gardens	Containers	Ground cover	Specimen	Bedding	Climate zone	
		*									*								*	*	*	*	*	*			7	**Raoulia** australis
	*										*								*	*	*	*	*	*			7	glabra
		*									*								*	*	*	*	*	*			7	hookeri
	*										*								*	*	*	*	*	*			7	tenuiculis
				*		*					*						*		*	*			*			*	10	**Rehmannia** elata
					*				*	*				*				*	*			*	*			7	**Reineckia** carnea
		*								*		*	*					*	*		*		*			8	**Reinwardtia** indica
		*	*				*			*	*	*						*	*		*					10	**Renanthera** coccinea
		*	*								*	*						*	*		*					10	storiei
							*				*							*	*	*	*					6	**Rhazya** orientalis
	*			*							*			*				*	*					*		7	**Rheum** nobile
		*									*			*				*	*					*		6	palmatum & cvs
	*									*	*	*	*			*		*	*			*	*			10	**Rhoeo** spathacea & cvs
				*	*			*		*	*	*				*		*	*	*		*				9	**Rochea** coccinea
	*										*			*				*	*	*			*	*		4	**Rodgersia** aesculifolia
	*		*	*							*			*				*	*	*			*	*		4	pinnata & cvs
	*										*			*				*	*	*			*	*		4	podophylla
	*										*			*				*	*	*			*	*		5	tabularis
	*									*	*							*	*		*					9	**Rohdea** japonica
	*										*	*				*		*	*	*				*		7	**Romneya** coulteri & c. trichocalyx
		*									*							*	*		*	*				6	**Roscoea** cautleoides
				*							*							*	*		*	*				6	humeana
	*			*		*					*							*	*		*	*				6	procera
				*							*	*						*	*		*	*				6	purpurea
		*									*	*						*	*	*						3	**Rudbeckia** fulgida & varieties
		*	*			*					*	*						*	*	*						4	hirta
		*									*	*						*	*	*				*		3	laciniata & cvs
		*									*	*						*	*	*				*		3	nitida 'Goldquelle'
		*									*	*						*	*	*						5	subtomentosa
		*	*							*	*	*	*					*	*			*				10	**Ruellia** amoena
	*					*				*	*	*	*					*	*			*				10	devosiana
			*							*	*	*	*					*	*			*				10	makoyana
	*										*					*		*	*	*	*	*			*	4	**Sagina** subulata 'Aurea'
	*		*	*	*	*	*			*	*	*	*			*		*	*		*					10	**Saintpaulia** ionantha cultivars
					*	*				*	*					*		*	*		*					10	magungensis
	*				*	*				*	*					*		*	*		*					10	orbicularis
	*					*					*							*	*	*						8	**Salvia** argentea
						*	*				*							*	*	*	*				*	8	farinacea
	*					*	*				*							*	*	*	*					9	guaranitica
							*				*							*	*							8	patens
				*		*					*							*	*	*						5	× superba
							*				*	*		*	*			*	*	*						8	uliginosa
	*									*							*	*	*		*	*	*			3	**Sanguinaria** canadensis
	*										*			*				*	*	*						3	**Sanguisorba** canadensis
				*	*						*							*	*	*						5	obtusa
	*			*	*						*							*	*	*						5	tenuifolia

Perennials

	Size				Type						Shape					Features					Foliage color			
	Small (up to 30 cm)	Medium (30–120 cm)	Large (120 cm–3 m)	Fast-growing	Herbaceous	Evergreen	Can use as annual	Grass, rush or sedge	Fern	Epiphytic orchid	Erect	Spreading	Hummock	Prostrate/mat	Clump-forming	Bold leaves	Ferny leaves	Ornamental foliage	Scented leaves	Ornamental fruit	Yellow/gold/russet	Purple/red/bronze	Gray/silver	Variegated
Sansevieria *cylindrica*		*				*					*				*			*					*	
trifasciata & cvs		*				*									*			*	*				*	*
trifasciata 'Hahnii'	*					*							*		*			*					*	*
zeylanica		*				*							*		*			*					*	
Saponaria *ocymoides* & cvs	*					*								*										
officinalis & cvs		*			*						*			*										
× *olivana*	*					*								*										
Sarracenia *flava*		*				*					*				*			*			*	*		
purpurea	*					*							*		*			*				*		
Satureja *montana* & varieties	*					*					*								*					
spicigera	*				*										*				*					
Saxifraga × *apiculata*	*					*									*			*					*	
burserana & cvs	*					*							*					*					*	
callosa & cvs	*					*							*					*					*	
cochlearis	*					*							*					*					*	
cotyledon	*					*									*			*					*	
cuneifolia	*					*							*	*				*						
× *elizabethae*	*					*							*	*				*					*	
fortunei & cvs	*			*											*			*				*		
granulata	*			*											*									
grisebachii	*					*							*					*					*	
hypnoides & cvs	*					*								*				*						
× *irvingii*	*					*							*					*					*	
juniperifolia cultivars	*					*							*					*						
lilacina	*					*							*					*					*	
longifolia	*					*									*			*					*	
marginata & cvs	*					*							*					*					*	
moschata & cvs	*					*								*				*			*			
oppositifolia & cvs	*					*								*				*						
paniculata	*					*							*	*				*						
× *paulinae*	*					*							*					*						
× *primulaize*	*					*							*	*				*						
stolonifera & cvs	*					*						*			*			*						*
umbrosa cultivars	*					*								*	*			*						
× *urbium* & cvs	*					*								*	*			*						*
Scabiosa *caucasica* cultivars		*		*							*				*									
columbaria nana	*					*					*				*									
graminifolia	*					*					*				*									
Schizostylis *coccinea* & cvs		*				*					*				*									
Scleranthus *uniflorus*	*					*							*					*						
Scoliopus *bigelowii*	*			*														*						
Scoplia *carniolica*		*		*							*				*									
Scrophularia *auriculata* 'Variegata'		*				*					*				*			*						*
Scutellaria *alpina*	*					*							*	*	*									
indica	*					*							*	*									*	
orientalis	*					*							*										*	

White/cream	Yellow	Orange	Red	Pink	Purple/mauve	Blue	Bicolored	Fragrant	Spring	Summer	Autumn	Winter	Moist	Wet	Dry	Lime-hating	Shade	Small gardens	Exposed sites	Coastal sites	Rock Gardens	Containers	Ground cover	Specimen	Bedding	Climate zone	
*				*						*					*		*	*	*	*		*				10	**Sansevieria** *cylindrica*
*							*			*					*		*	*	*	*		*				10	*trifasciata* & cvs
															*		*	*	*	*		*				10	*trifasciata* 'Hahnii'
*										*					*		*	*	*	*		*				10	*zeylanica*
*			*		*					*					*			*	*	*	*	*				5	**Saponaria** *ocymoides* & cvs
*				*						*					*			*	*	*						5	*officinalis* & cvs
				*						*					*			*	*	*	*	*				6	× *olivana*
	*									*			*	*		*	*	*		*		*				7	**Sarracenia** *flava*
					*					*			*	*		*	*	*	*		*					3	*purpurea*
					*					*					*			*	*	*	*					5	**Satureja** *montana* & varieties
*										*	*				*			*	*	*	*					6	*spicigera*
	*								*									*	*	*	*	*	*			6	**Saxifraga** × *apiculata*
*									*			*						*	*	*	*					6	*burserana* & cvs
*									*	*								*	*	*	*	*				6	*callosa* & cvs
*									*									*	*	*	*					6	*cochlearis*
*							*		*									*	*	*	*	*				6	*cotyledon*
*									*									*	*	*	*	*	*			6	*cuneifolia*
	*								*									*	*	*	*					6	× *elizabethae*
*											*						*	*			*	*				7	*fortunei* & cvs
*									*									*	*	*	*					5	*granulata*
		*	*	*					*									*	*	*	*					6	*grisebachii*
*									*									*	*	*	*	*	*			6	*hypnoides* & cvs
			*	*					*									*	*	*	*					6	× *irvingii*
	*								*									*	*	*	*					6	*juniperifolia* cultivars
					*				*									*	*	*	*					6	*lilacina*
*										*								*	*	*	*					6	*longifolia*
*				*					*									*	*	*	*					7	*marginata* & cvs
*			*	*					*									*	*	*	*	*	*			6	*moschata* & cvs
			*	*	*				*									*	*	*	*					4	*oppostifolia* & cvs
*	*			*					*	*								*	*	*	*					2	*paniculata*
	*								*									*	*	*	*					7	× *paulinae*
			*						*									*	*	*	*					5	× *primulaize*
*										*					*		*	*		*	*	*	*			6	*stolonifera* & cvs
*				*					*	*					*		*	*	*	*	*		*			6	*umbrosa* cultivars
*				*					*	*							*	*		*	*		*			6	× *urbium* & cvs
*					*	*			*	*								*	*	*						3	**Scabiosa** *caucasica* cultivars
					*	*			*	*					*			*	*	*	*					3	*columbaria nana*
					*	*			*	*					*			*	*	*	*					4	*graminifolia*
			*	*							*							*		*		*				8	**Schizostylis** *coccinea* & cvs
										*					*			*	*	*	*	*				7	**Scleranthus** *uniflorus*
					*				*				*				*	*			*	*				7	**Scoliopus** *bigelowii*
	*								*								*	*								6	**Scoplia** *carniolica*
					*					*				*			*	*	*	*						6	**Scrophularia** *auriculata* 'Vgta'
*					*					*								*	*		*	*				6	**Scutellaria** *alpina*
					*					*								*	*		*	*				6	*indica*
	*			*						*								*	*		*	*				6	*orientalis*

Perennials

Column groups: **Size** (Small (up to 30 cm), Medium (30–120 cm), Large (120 cm–3 m), Fast-growing); **Type** (Herbaceous, Evergreen, Can use as annual, Grass, rush or sedge, Fern, Epiphytic orchid); **Shape** (Erect, Spreading, Hummock, Prostrate/mat, Clump-forming); **Features** (Bold leaves, Ferny leaves, Ornamental foliage, Scented leaves, Ornamental fruit); **Foliage color** (Yellow/gold/russet, Purple/red/bronze, Gray/silver, Variegated).

Plant	Small	Medium	Large	Fast-growing	Herbaceous	Evergreen	Can use as annual	Grass, rush or sedge	Fern	Epiphytic orchid	Erect	Spreading	Hummock	Prostrate/mat	Clump-forming	Bold leaves	Ferny leaves	Ornamental foliage	Scented leaves	Ornamental fruit	Yellow/gold/russet	Purple/red/bronze	Gray/silver	Variegated
Scutellaria scordiifolia	*				*						*				*									
Selaginella apoda	*					*			*					*				*						
kraussiana & cvs	*					*			*					*				*			*			
lepidophylla	*					*			*					*				*						
uncinata	*					*			*					*				*					*	*
Selliera radicans	*					*								*										
Semiaquilegia ecalcarata	*				*						*				*		*	*						
Senecio × hybridus cultivars	*	*			*						*						*	*						
tanguticus		*			*						*				*		*	*						
Serratula shawii	*				*						*				*									
Setcreasea pallida 'Purple Heart'	*					*						*						*				*		
Shortia galacifolia	*					*							*					*						
soldanelloides & varieties	*					*							*					*						
Sidalcea malviflora & cvs		*			*						*				*									
Siderasis fuscata	*					*						*						*				*	*	
Silene acaulis	*					*							*	*				*						
alpestris	*					*							*											
dioica		*			*						*				*									
elisabethae	*				*								*											
hookeri	*					*								*										
maritima & cvs	*					*								*									*	
schafta	*				*						*													
Silphium laciniatum		*			*						*				*			*						
perfoliatum		*			*						*				*			*						
terebinthinaceum		*			*						*				*	*		*						
Sisyrinchium angustifolium	*					*					*				*									
bellum	*					*					*				*									
bermudianum	*					*					*				*									
californicum	*					*					*				*									
douglasii	*				*						*				*									
macounii & m. 'Alba'	*					*					*				*									
striatum		*				*					*				*									*
Smilacina racemosa		*			*						*				*				*					
stellata		*			*						*				*									
Solanum sisymbriifolium	*					*	*				*							*						
Soldanella alpina	*					*							*											
minima	*					*							*											
montana	*					*							*											
villosa	*					*							*											
Soleirolia soleirolii & cvs	*					*								*				*			*			
Solidago caesia		*			*						*				*									
canadensis		*			*						*				*									
cutleri	*				*						*				*									
Hybrid cultivars	*	*	*		*						*				*									
rugosa		*			*						*				*									
sempervirens		*				*					*				*									

Column groups: **Flowers** (White/cream – Fragrant), **Flowering season** (Spring – Winter), **Situations suitable** (Moist – Containers), **Uses** (Ground cover, Specimen, Bedding), **Climate zone**

White/cream	Yellow	Orange	Red	Pink	Purple/mauve	Blue	Bicolored	Fragrant	Spring	Summer	Autumn	Winter	Moist	Wet	Dry	Lime-hating	Shade	Small gardens	Exposed sites	Coastal sites	Rock Gardens	Containers	Ground cover	Specimen	Bedding	Climate zone	Name
						*				*							*	*	*		*	*				7	**Scutellaria** scordiifolia
													*				*	*			*					9	**Selaginella** apoda
													*				*	*			*					8	kraussiana & cvs
															*		*	*			*					9	lepidophylla
													*				*	*			*					9	uncinata
*						*				*	*		*					*		*	*					7	**Selliera** radicans
					*				*	*							*	*		*	*	*				7	**Semiaquilegia** ecalcarata
*		*	*	*		*			*	*							*	*		*		*			*	10	**Senecio** × hybridus cultivars
	*										*		*	*			*									6	tanguticus
				*						*								*	*	*	*	*				6	**Serrutala** shawii
				*						*	*	*			*		*	*	*							10	**Setcreasea** pallida 'Purple Heart'
*									*	*			*			*	*	*								4	**Shortia** galacifolia
*				*					*				*			*	*	*								6	soldanelloides & varieties
*			*	*					*	*								*		*						5	**Sidalcea** malviflora & cvs
			*	*					*	*							*	*		*		*				10	**Siderasis** fuscata
				*					*									*	*	*	*	*				5	**Silene** acaulis
*									*									*	*	*	*	*				5	alpestris
				*					*								*	*		*						4	dioica
			*	*					*									*		*	*					7	elisabethae
				*					*									*		*	*					7	hookeri
*									*									*	*	*	*	*				4	maritima & cvs
			*	*					*	*								*	*	*	*	*				4	schafta
	*									*	*						*	*	*					*		5	**Silphium** laciniatum
	*									*	*						*	*	*					*		4	perfoliatum
	*									*	*						*	*	*					*		4	terebinthinaceum
					*					*								*	*	*	*	*				3	**Sisyrinchium** angustifolium
				*	*					*								*	*	*	*	*				7	bellum
				*	*					*								*	*	*	*	*				7	bermudianum
	*									*								*	*	*	*	*				7	californicum
					*				*									*	*	*	*	*				4	douglasii
*						*				*								*	*	*	*	*				7	macounii & m. 'Alba'
	*									*					*			*	*	*						7	striatum
*									*	*							*	*				*				3	**Smilacina** racemosa
*									*	*				*			*	*								3	stellata
*						*			*						*			*		*		*				9	**Solanum** sisymbriifolium
					*	*			*				*			*	*	*			*	*				4	**Soldanella** alpina
*					*				*				*			*	*	*			*	*				4	minima
					*				*				*			*	*	*			*	*				4	montana
					*				*				*			*	*	*			*	*				4	villosa
																	*	*				*	*			8	**Soleirolia** soleirolii & cvs
	*									*	*						*	*	*	*						4	**Solidago** caesia
	*									*	*						*	*	*							3	canadensis
	*									*	*						*	*	*	*	*					4	cutleri
	*									*	*						*	*	*	*	*					5	Hybrid cultivars
	*									*	*						*	*	*							3	rugosa
	*									*	*						*	*	*							4	sempervirens

Perennials

Name	Small (up to 30 cm)	Medium (30–120 cm)	Large (120 cm–3 m)	Fast-growing	Herbaceous	Evergreen	Can use as annual	Grass, rush or sedge	Fern	Epiphytic orchid	Erect	Spreading	Hummock	Prostrate/mat	Clump-forming	Bold leaves	Ferny leaves	Ornamental foliage	Scented leaves	Ornamental fruit	Yellow/gold/russet	Purple/red/bronze	Gray/silver	Variegated
Solidago virgaurea & varieties	*	*		*							*				*								*	
× **Solidaster** luteus		*		*							*				*									
Sonerila margaritacea	*					*						*						*				*	*	*
Sophronitis coccinea	*					*				*	*				*									
Spartina pectinata 'Aureo-Marginata'			*	*				*			*				*			*						*
Spathiphyllum floribundum	*					*					*				*	*		*						
× 'Mauna Loa'		*				*					*				*	*		*						
wallisii		*				*					*				*	*		*						
Spathoglottis plicata		*				*				*					*									
Sphaeralcea coccinea	*			*								*											*	
munroana		*		*							*													
Stachys byzantina		*				*					*	*						*					*	
grandiflora		*				*					*				*									
Stanhopea oculata	*					*				*	*				*									
tigrina	*					*				*	*				*									
wardii	*					*				*	*				*									
Stipa calamagrostis		*						*			*				*									
gigantea			*					*			*				*									
pennata		*						*			*				*									
Stokesia laevis & cvs		*				*					*				*									
Strelitzia reginae		*				*					*				*	*		*						
Streptocarpus × hybridus cultivars	*					*						*			*			*						
rexii	*					*						*			*			*						
saxorum	*					*						*						*						
Streptopus roseus	*			*							*				*									
Strobilanthes atropurpureus		*		*							*				*									
dyerianus		*				*					*							*				*	*	
Stylidium adnatum	*					*					*				*									
graminifolium	*					*					*				*									
Stylophorum diphyllum	*			*							*				*	*	*							
Symphyandra hoffmannii		*				*					*													
pendula		*				*					*													
wanneri		*				*					*													
Symphytum grandiflorum	*			*								*			*									
rubrum		*		*								*			*									
× uplandicum cultivars		*		*							*				*	*		*						*
Symplocarpus foetidus		*		*											*	*		*						
Synthyris reniformis	*					*						*			*									
stellata	*					*					*				*									
Talinum okanoganense	*			*									*											
paniculatum		*				*					*													
Tanacetum densum	*					*							*	*				*					*	
ptarmiciflorum		*				*					*							*					*	
vulgare		*		*							*						*	*	*					
Tanakaea radicans	*			*								*	*											
Tellima grandiflora & g. 'Purpurea'		*				*					*				*			*				*		

White/cream	Yellow	Orange	Red	Pink	Purple/mauve	Blue	Bicolored	Fragrant	Spring	Summer	Autumn	Winter	Moist	Wet	Dry	Lime-hating	Shade	Small gardens	Exposed sites	Coastal sites	Rock Gardens	Containers	Ground cover	Specimen	Bedding	Climate zone	
Flowers									**Flowering season**				**Situations suitable**											**Uses**			
	*									*	*						*	*	*		*					4	***Solidago** virgaurea* & varieties
	*									*	*						*	*	*							4	× ***Solidaster** luteus*
			*	*						*							*	*			*					10	***Sonerila** margaritacea*
		*									*	*					*	*			*					10	***Sophronitis** coccinea*
				*						*				*			*	*	*							6	***Spartina** pectinata* 'Aureo-Mgta'
*									*	*			*				*	*			*					10	***Spathiphyllum** floribundum*
*									*	*			*				*	*			*					10	× 'Mauna Loa'
*									*	*			*				*	*			*					10	*wallisii*
		*		*													*	*			*					10	***Spathoglottis** plicata*
		*	*							*					*		*	*	*							4	***Sphaeralcea** coccinea*
		*	*							*	*				*		*		*							6	*munroana*
		*	*							*					*		*	*	*				*			4	***Stachys** byzantina*
			*							*							*	*								3	*grandiflora*
	*									*	*				*		*	*			*					10	***Stanhopea** oculata*
	*	*			*		*			*	*				*		*	*			*					10	*tigrina*
	*			*						*	*				*		*	*			*					10	*wardii*
				*						*					*			*	*	*						6	***Stipa** calamagrostis*
	*									*								*	*	*				*		6	*gigantea*
*										*								*	*	*						5	*pennata*
*	*				*	*				*	*							*	*							5	***Stokesia** laevis* & cvs
	*	*				*	*		*	*					*		*	*	*		*			*		10	***Strelitzia** reginae*
*			*	*	*	*	*		*	*	*						*	*			*					10	***Streptocarpus** × hybridus* cvs
					*	*			*	*							*	*			*					10	*rexii*
					*	*			*	*							*	*			*					10	*saxorum*
				*					*	*			*				*	*			*	*				3	***Streptopus** roseus*
					*	*				*								*								8	***Strobilanthes** atropurpureus*
					*				*	*	*						*	*			*					10	*dyerianus*
				*						*	*							*		*	*					9	***Stylidium** adnatum*
				*						*	*				*			*		*	*					9	*graminifolium*
	*								*	*			*				*	*			*					4	***Stylophorum** diphyllum*
*										*					*			*		*	*	*				4	***Symphyandra** hoffmannii*
*										*					*			*		*	*	*				6	*pendula*
				*						*					*			*		*	*	*				7	*wanneri*
*									*	*							*	*	*				*			3	***Symphytum** grandiflorum*
			*							*							*	*	*				*			3	*rubrum*
					*	*				*							*	*	*				*			3	× *uplandicum* cultivars
	* *		*						*			*	*	*			*	*	*				*			3	***Symplocarpus** foetidus*
					*	*			*				*				*	*			*	*				6	***Synthyris** reniformis*
					*	*			*				*				*	*			*	*				6	*stellata*
*										*					*		*	*			*	*				6	***Talinum** okanoganense*
	*	*								*					*		*	*			*	*			*	6	*paniculatum*
*										*					*		*	*		*	*					7	***Tanacetum** densum*
*	*									*					*		*	*	*	*					*	9	*ptarmiciflorum*
	*									*	*						*	*	*	*						3	*vulgare*
*										*	*		*			*	*	*				*				6	***Tanakaea** radicans*
*		*								*							*	*			*	*				4	***Tellima** grandiflora* & *g.* 'Pra'

Perennials

	Size			Type							Shape					Features					Foliage color			
	Small (up to 30 cm)	Medium (30–120 cm)	Large (120 cm–3 m)	Fast-growing	Herbaceous	Evergreen	Can use as annual	Grass, rush or sedge	Fern	Epiphytic orchid	Erect	Spreading	Hummock	Prostrate/mat	Clump-forming	Bold leaves	Ferny leaves	Ornamental foliage	Scented leaves	Ornamental fruit	Yellow/gold/russet	Purple/red/bronze	Gray/silver	Variegated
Tetranema roseum	*				*						*													
Teucrium scorodonia & cvs		*			*						*				*			*						*
Thalictrum aquilegifolium & cvs		*		*	*						*				*		*	*						
delavayi & cvs		*	*	*	*						*				*		*	*						
dipterocarpum		*	*	*	*						*				*		*	*						
flavum cultivars		*	*	*	*						*				*		*	*					*	
kiusianum	*				*							*			*			*						
minus & cvs	*	*			*						*				*		*	*					*	
rochebrunianum		*			*						*				*		*	*						
Thelypteris hexagonoptera		*			*				*		*				*		*	*						
noveboracensis		*			*				*		*				*		*	*						
palustris	*				*				*		*				*		*	*						
phegopteris	*				*				*		*				*		*	*						
Thermopsis montana		*			*						*				*									
Thlaspi alpinum	*					*					*													
bulbosum	*					*					*													
rotundifolium	*					*					*													
Thymus caespititius	*					*							*	*					*					
× citriodorus	*					*							*	*					*			*		*
herba-barona	*					*								*					*					
praecox arcticus & cvs	*					*								*					*					
pseudolanuginosus	*					*								*					*				*	
richardii	*					*							*	*					*					
vulgaris & cvs	*					*								*					*					
Tiarella cordifolia	*					*						*			*									
polyphylla		*				*					*				*									
trifoliata	*					*					*				*									
wherryi	*					*					*				*									
Tillandsia arangei		*				*					*													
bulbosa	*					*					*							*				*		
lindenii	*					*									*									
recurvata	*					*									*			*				*	*	
tenuifolia	*					*									*									
usneoides		*				*						*						*					*	
Townsendia exscapa	*				*										*									
Trachelium caeruleum		*			*		*				*													
Tradescantia albiflora cultivars	*				*										*			*						*
× andersoniana & cvs		*		*	*						*				*									
blossfeldiana & cvs	*				*							*												*
fluminensis cultivars	*				*									*				*						*
sillamontana	*				*							*			*			*					*	
Trichopilia suavis	*				*					*	*				*									
Tricyrtis formosana		*			*						*				*									
hirta		*			*						*				*									
latifolia		*			*						*				*									
macrantha		*			*						*				*									

White/cream	Yellow	Orange	Red	Pink	Purple/mauve	Blue	Bicolored	Fragrant	Spring	Summer	Autumn	Winter	Moist	Wet	Dry	Lime-hating	Shade	Small gardens	Exposed sites	Coastal sites	Rock Gardens	Containers	Ground cover	Specimen	Bedding	Climate zone	
					*				*	*	*	*					*	*		*		*				9	***Tetranema** roseum*
	*									*						*	*	*	*	*	*	*				5	***Teucrium** scorodonia* & cvs
*				*	*					*							*	*	*							5	***Thalictrum** aquilegifolium* & cvs
*					*					*			*				*	*	*							4	*delavayi* & cvs
					*					*			*				*	*	*							5	*dipterocarpum*
	*									*					*		*	*	*	*						4	*flavum* cultivars
				*	*				*	*	*		*				*	*		*	*	*				7	*kiusianum*
	*				*					*							*	*		*						3	*minus* & cvs
					*					*							*	*		*						5	*rochebrunianum*
													*				*	*				*	*			5	***Thelypteris** hexagonoptera*
													*				*	*				*	*			5	*noveboracensis*
													*	*			*	*				*	*			5	*palustris*
													*				*	*				*	*			5	*phegopteris*
	*									*					*	*	*									3	***Thermopsis** montana*
*									*	*					*		*	*	*	*	*					6	***Thlaspi** alpinum*
			*						*	*					*		*	*	*	*	*					6	*bulbosum*
			*						*	*					*		*	*	*	*	*					6	*rotundifolium*
*			*							*					*		*	*	*	*	*	*	*			5	***Thymus** caespititius*
					*					*					*		*	*	*	*	*	*	*			5	× *citriodorus*
		*		*						*					*		*	*	*	*	*	*	*			4	*herba-barona*
*			*	*						*					*		*	*	*	*	*	*	*			6	*praecox arcticus* & cvs
				*						*					*		*	*	*	*	*	*	*			6	*pseudolanuginosus*
					*					*					*		*	*	*	*	*					6	*richardii*
*					*					*					*		*	*	*	*	*					5	*vulgaris* & cvs
*			*						*	*			*				*	*					*			3	***Tiarella** cordifolia*
*										*							*	*				*				5	*polyphylla*
*										*							*	*				*				5	*trifoliata*
*										*			*				*	*			*	*				3	*wherryi*
			*						*			*			*		*	*		*		*				10	***Tillandsia** arangei*
*					*				*			*			*		*	*		*		*				10	*bulbosa*
			*	*	*	*						*			*		*	*		*		*				10	*lindenii*
*					*				*			*			*		*	*		*		*				10	*recurvata*
*			*			*			*			*			*		*	*		*		*				10	*tenuifolia*
	*								*	*					*		*	*		*		*				8	*usneoides*
*				*					*	*								*	*	*	*					3	***Townsendia** exscapa*
						*				*	*				*		*	*		*						8	***Trachelium** caeruleum*
*									*	*	*				*		*	*		*		*	*			9	***Tradescantia** albiflora* cultivars
*			*		*					*	*				*		*	*		*		*				4	× *andersoniana* & cvs
			*	*	*				*	*					*		*	*		*		*				9	*blossfeldiana* & cvs
*									*	*	*				*		*	*		*		*	*			8	*fluminensis* cultivars
			*	*						*	*				*		*	*		*		*				7	*sillamontana*
*			*	*			*	*	*						*		*	*				*				10	***Trichopilia** suavis*
*					*					*	*						*	*								5	***Tricyrtis** formosana*
*					*					*	*						*	*								5	*hirta*
	*				*					*							*	*								5	*latifolia*
	*				*						*						*	*								5	*macrantha*

Perennials

	Size			Type							Shape					Features					Foliage color			
	Small (up to 30cm)	Medium (30–120cm)	Large (120cm–3m)	Fast-growing	Herbaceous	Evergreen	Can use as annual	Grass, rush or sedge	Fern	Epiphytic orchid	Erect	Spreading	Hummock	Prostrate/mat	Clump-forming	Bold leaves	Ferny leaves	Ornamental foliage	Scented foliage	Ornamental fruit	Yellow/gold/russet	Purple/red/bronze	Gray/silver	Variegated
Tricyrtis *macropoda*		*			*							*			*									
Trientalis *europaea*	*				*						*				*									
Trifolium *repens* 'Purpurascens'	*					*								*				*				*		
Trillium *cernuum*		*			*						*				*									
chloropetalum		*			*						*				*			*						
erectum	*				*						*				*									
grandiflorum & cvs	*	*			*						*				*									
nivale	*				*						*				*									
recurvatum		*			*						*				*									
sessile & varieties	*				*						*				*			*						
undulatum	*				*						*				*									
Trollius *acaulis*	*				*						*				*									
× *cultorum*		*			*						*				*									
europaeus		*			*						*				*									
laxus & *l. albiflorus*	*	*			*						*				*									
pumilus	*				*						*				*									
pumilus yunnanensis		*			*						*				*									
Typha *angustifolia*		*			*						*				*					*				
latifolia		*			*						*				*					*				
minima		*			*						*				*					*				
Uniola *paniculata*		*			*			*			*				*									
Ursinia *chrysanthemoides*		*				*	*				*													
Uvularia *grandiflora*		*			*						*				*									
sessilifolia	*				*						*				*									
Vancouveria *chrysantha*	*					*					*				*									
hexandra	*				*						*				*									
Vanda *coerulea*		*				*				*	*													
teres		*				*				*	*													
tricolor & cvs		*				*				*	*													
Veratrum *album*		*			*						*				*	*		*						
nigrum		*			*						*				*	*		*						
Verbascum *arcturus*		*			*						*													
chaixii		*			*						*				*	*		*					*	
phoeniceum cultivars		*			*						*				*									
Verbenia *bonariensis*		*			*	*					*				*									
× *hybrida*	*				*	*						*												
peruviana & cvs	*				*	*								*								*		
rigida	*				*	*					*													
tenera & cvs	*				*									*								*		
Vernonia *altissima*		*			*						*				*									
Veronica *austriaca* 'Teucrium'		*			*							*			*								*	
cinerea	*					*								*									*	
fruticans	*					*							*											
gentianoides & g. 'Variegata'	*					*					*				*			*						*
longifolia & cvs		*			*						*				*									
pectinata	*					*								*								*		

White/cream	Yellow	Orange	Red	Pink	Purple/mauve	Blue	Bicolored	Fragrant	Spring	Summer	Autumn	Winter	Moist	Wet	Dry	Lime-hating	Shade	Small gardens	Exposed sites	Coastal sites	Rock Gardens	Containers	Ground cover	Specimen	Bedding	Climate zone	Name
*				*							*						*	*		*						5	***Tricyrtis** macropoda*
*										*			*				*	*		*	*					3	***Trientalis** europaea*
*										*	*				*		*	*	*	*		*	*			3	***Trifolium** repens* 'Purpurascens'
*			*						*				*				*	*		*						3	***Trillium** cernuum*
*		*	*						*				*				*	*		*						4	*chloropetalum*
*	*		*		*				*	*			*				*	*		*						4	*erectum*
*				*					*	*			*				*	*		*						4	*grandiflorum & cvs*
*				*					*	*			*				*	*		*						6	*nivale*
	*	*							*	*			*				*	*		*						6	*recurvatum*
	*		*		*				*	*			*				*	*		*						6	*sessile & varieties*
*			*	*					*	*			*				*	*		*						3	*undulatum*
	*									*			*					*	*	*						5	***Trollius** acaulis*
*	*	*								*			*	*				*	*	*	*					4	*× cultorum*
	*									*			*	*				*	*	*						4	*europaeus*
*	*									*			*					*	*	*						5	*laxus & l. albiflorus*
	*									*			*	*				*	*	*	*					5	*pumilus*
	*	*								*			*	*				*	*	*						5	*pumilus yunnanensis*
													*	*				*	*	*	*					3	***Typha** angustifolia*
													*	*				*		*	*					3	*latifolia*
													*	*				*		*	*					7	*minima*
	*									*					*			*	*	*						6	***Uniola** paniculata*
	*			*						*	*				*			*		*		*				9	***Ursinia** chrysanthemoides*
	*								*	*			*				*	*		*						3	***Uvularia** grandiflora*
	*								*	*			*				*	*		*	*	*				4	*sessilifolia*
	*									*							*	*		*		*	*			6	***Vancouveria** chrysantha*
*										*							*	*		*		*	*			5	*hexandra*
					*	*					*	*					*	*		*						10	***Vanda** coerulea*
*	*		*	*		*			*	*	*						*	*		*						10	*teres*
	*		*				*	*			*	*					*	*		*						10	*tricolor & cvs*
*										*			*				*	*						*		6	***Veratrum** album*
	*									*			*				*	*						*		6	*nigrum*
	*								*	*	*							*	*	*						8	***Verbascum** arcturus*
	*									*								*	*	*						5	*chaixii*
*	*		*	*						*								*	*	*						6	*phoeniceum cultivars*
					*					*	*				*			*	*	*						8	***Verbena** bonariensis*
*	*		*	*		*	*			*	*				*			*	*	*		*				9	*× hybrida*
			*							*	*				*			*	*	*	*	*				9	*peruviana & cvs*
*					*					*					*			*	*	*						8	*rigida*
*			*	*		*				*	*				*			*	*	*	*	*				9	*tenera & cvs*
					*					*	*						*	*	*							4	***Vernonia** altissima*
						*				*								*	*	*			*			3	***Veronica** austriaca* 'Teucrium'
						*				*								*	*	*	*	*				5	*cinerea*
						*				*								*	*	*						5	*fruticans*
						*			*	*								*	*	*						4	*gentianoides & g.* 'Variegata'
					*	*				*								*	*							4	*longifolia & cvs*
				*		*				*								*	*	*	*	*				3	*pectinata*

Perennials

	Size				Type						Shape					Features					Foliage color			
	Small (up to 30 cm)	Medium (30–120 cm)	Large (120 cm–3 m)	Fast-growing	Herbaceous	Evergreen	Can use as annual	Grass, rush or sedge	Fern	Epiphytic orchid	Erect	Spreading	Hummock	Prostrate/mat	Clump-forming	Bold leaves	Ferny leaves	Ornamental foliage	Scented leaves	Ornamental fruit	Yellow/gold/russet	Purple/red/bronze	Gray/silver	Variegated
Veronica *perfoliata*		*			*						*			*									*	
prostrata	*				*								*									*		
saturejoides	*				*								*									*		
selleri	*				*						*				*									
spicata & cvs	*	*			*						*				*									
virginica & cvs		*	*	*							*				*									
Viola *aetolica*	*				*						*												*	
biflora	*			*								*			*									
canadensis	*				*							*												
canina & cvs	*			*								*												
cornuta & cvs	*				*							*	*											
cucullata & cvs	*			*								*			*									
× *florariensis*	*				*							*			*									
hederacea	*				*																			
jooi	*			*											*									
labradorica 'Purpurea'	*				*							*						*				*		
lutea	*				*							*												
odorata & cvs	*				*							*			*									
pedata	*			*								*			*									
pedatifida	*			*								*			*									
riviniana	*				*							*												
septentrionalis	*			*								*			*									
sororia	*			*								*			*									
tricolor & cvs	*				*							*												
× *williamsii* cultivars	*				*							*			*									
× *wittrockiana* cultivars	*				*							*												
Vriesea *fenestralis*		*			*							*				*		*						*
hieroglyphica		*			*							*				*		*				*		*
splendens		*			*							*				*		*				*		*
Wahlenbergia *albomarginata*	*				*							*		*										
saxicola & *s. congesta*	*				*							*		*										
Waldsteinia *fragarioides*	*				*									*										
ternata	*				*									*										
Woodsia *obtusa*		*		*					*						*		*	*						
Woodwardia *radicans*		*			*				*		*				*		*	*						
virginica		*		*					*		*				*		*	*						
Wulfenia *carinthiaca*		*			*	*									*									
Xanthosoma *lindenii*		*			*						*					*		*						*
violaceum		*			*						*					*		*					*	*
Yucca *filamentosa* & cvs		*	*		*						*					*								*
flaccida		*			*						*					*								*
glauca		*			*						*					*	*						*	
whipplei		*				*					*							*					*	
Zauschneria *californica*		*			*						*				*								*	
cana		*			*						*	*			*								*	
Zebrina *pendula* & *p. purpusii*	*				*									*				*				*		*

White/cream	Yellow	Orange	Red	Pink	Purple/mauve	Blue	Bicolored	Fragrant	Spring	Summer	Autumn	Winter	Moist	Wet	Dry	Lime-hating	Shade	Small gardens	Exposed sites	Coastal sites	Rock Gardens	Containers	Ground cover	Specimen	Bedding	Climate zone	Name
					*	*			*								*	*	*							7	**Veronica** *perfoliata*
						*			*								*	*	*	*	*					5	*prostrata*
						*			*								*	*	*	*	*					3	*saturejoides*
						*			*								*	*	*							4	*selleri*
*			*	*	*	*			*								*	*	*							3	*spicata* & cvs
*				*		*			*	*			*				*	*	*					*		3	*virginica* & cvs
	*								*								*	*	*	*	*					7	**Viola** *aetolica*
	*								*	*							*	*	*	*	*					5	*biflora*
*				*					*								*	*		*	*					3	*canadensis*
					*				*								*	*	*	*	*					6	*canina* & cvs
*					*		*		*	*							*	*	*	*	*					5	*cornuta* & cvs
*					*				*								*	*	*	*	*					5	*cucullata* & cvs
*	*				*	*	*		*	*	*						*	*	*	*	*					5	× *florariensis*
*					*		*		*	*	*						*	*	*	*	*					9	*hederacea*
					*				*									*	*	*	*					3	*jooi*
					*				*	*							*	*	*	*	*					5	*labradorica* 'Purpurea'
	*				*	*			*	*							*	*	*	*	*					4	*lutea*
*	*			*	*			*	*		*	*					*	*	*	*	*					6	*odorata* & cvs
					*	*			*	*							*	*	*	*	*					4	*pedata*
					*	*			*	*							*	*	*	*	*					7	*pedatifida*
					*	*			*								*	*		*	*					6	*riviniana*
*					*				*								*	*	*	*	*					5	*septentrionalis*
*					*	*			*								*	*	*	*	*					5	*sororia*
	*				*		*		*	*	*	*						*	*	*	*				*	4	*tricolor* & cvs
*	*				*	*	*		*	*	*						*	*	*	*	*				*	6	× *williamsii* cultivars
*	*		*		*	*	*		*	*	*	*					*	*	*	*	*				*	5	× *wittrockiana* cultivars
*									*	*						*	*	*				*				10	**Vriesea** *fenestralis*
	*								*	*						*	*	*				*				10	*hieroglyphica*
	*	*					*		*	*	*					*	*	*				*				10	*splendens*
*					*				*									*	*	*	*					8	**Wahlenbergia** *albomarginata*
					*				*									*	*	*	*					8	*saxicola* & *s. congesta*
	*								*	*							*	*		*			*			4	**Waldsteinia** *fragarioides*
	*								*	*							*	*		*			*			5	*ternata*
													*				*	*				*	*			3	**Woodsia** *obtusa*
													*				*	*					*			5	**Woodwardia** *radicans*
													*	*			*	*					*			4	*virginica*
					*	*			*				*				*	*			*	*				5	**Wulfenia** *carinthiaca*
*									*				*				*	*				*				10	**Xanthosoma** *lindenii*
	*			*					*				*				*	*				*				10	*violaceum*
*							*		*						*		*	*	*			*				5	**Yucca** *filamentosa* & cvs
*										*					*		*	*	*			*				5	*flaccida*
*										*					*		*	*	*			*				3	*glauca*
*										*					*			*	*			*				8	*whipplei*
		*	*							*	*				*		*	*	*	*		*				8	**Zauschneria** *californica*
		*	*							*	*				*		*	*	*	*	*	*				8	*cana*
				*	*					*						*	*	*				*	*	*		9	**Zebrina** *pendula* & *p. purpusii*

Cacti & Succulents

Definitions of chart headings

The plants in this section all have stems or leaves swollen to a lesser or greater extent with water-holding tissue. All stem and leaf succulents are often spoken of as "cacti" but this creates confusion. True cacti are members of the plant family *Cactaceae*. With very few exceptions, they are stem succulents native to the American continents, and are easily distinguished by the presence of areoles. These are tiny, rounded nubs or domes of tissue borne at intervals on the edges of the ribs or on wartlike tubercles. The spines and flowers grow from these areoles. All other stem and leaf succulents are without areoles and represent a wide range of plant families from all the arid regions of the world. For suggestions on how to use succulents in your garden, see page 31.

Height

The lifespans and growth rates of these plants are very variable, ranging from annuals to perennials that last for more than 10 years.

Small Up to 30 cm (1 ft).
Medium 30–90 cm (1–3 ft).
Large Over 90 cm (3 ft).
Fast-growing A plant that reaches an impressive size in its first growing season.

Type

Deciduous Leafless for part of the year, not necessarily during winter.

Evergreen Leafy throughout the year. A few evergreen plants may lose their leaves in an exceptionally hard winter.
Leaf succulent A plant with swollen, fleshy leaves containing water-holding tissue, borne on a woody or slightly fleshy stem. In some cases the leaves are so distended they are spherical.
Stem succulent A plant with swollen, fleshy stems containing water-holding tissue. Usually there are no leaves, or only small and short-lived ones.
True cactus A member of the plant family *Cactaceae*, the majority of which are stem succulents (see introduction, above, for detailed description).

Shape

Erect An upright plant formed principally of vertical stems.

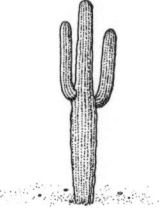

Carnegiea gigantea

Nonbranching Stems with no (or very few) branches.

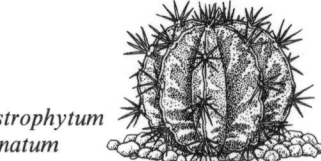

Astrophytum ornatum

Cylindrical stem Stems that are much taller than they are wide.

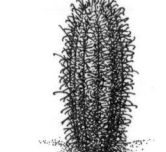

Ferocactus acanthodes

Globose to ovoid stem Stems that range from ball-like to narrowly egg-shaped.

Rebutia senilis

Solitary rosette Leaf succulents that stay as a single rosette throughout their lives, for example, *Aeonium tabuliforme*.

Agave victoria-reginae

Freely branching Plants that branch to form a bushy shape.

Opuntia ficus-indica

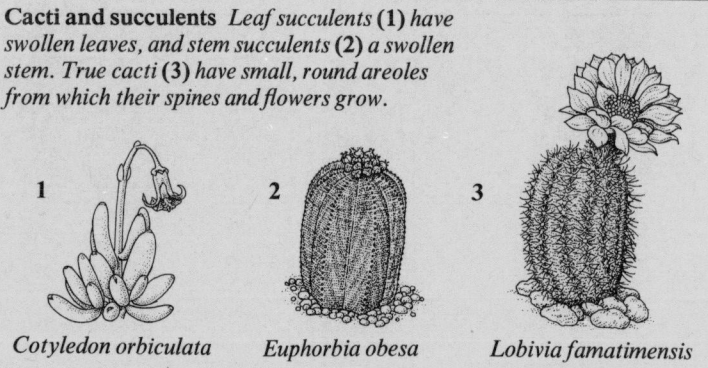

Cacti and succulents *Leaf succulents (1) have swollen leaves, and stem succulents (2) a swollen stem. True cacti (3) have small, round areoles from which their spines and flowers grow.*

1

2

3

Cotyledon orbiculata   *Euphorbia obesa*   *Lobivia famatimensis*

Spreading A plant that is as wide as or wider than it is tall, with its stems or leaves growing more or less horizontally.

Pachyphytum oviferum

Hummock A cushion shape, formed of dense foliage.

Sedum sieboldii

Prostrate/mat A plant whose main stems lie flat on the ground, often forming good groundcover.

Sedum morganianum

Clump-forming A plant formed of a sheaf of stems, all arising from ground level. The stems form a single clump, in some cases appearing to radiate from the same point.

Lithops sp.

Features

Bold leaves Large leaves (at least 10 cm/4 in long) with a distinctive shape.
Ornamental foliage Leaves that are attractive in their own right, without the embellishment of flowers. It is usually their effect *en masse* that is appealing.
Ornamental spines Distinctively shaped and/or colored spines (true cacti only).
Attractive flowers Showy flowers of significant size.
Free-flowering Plants that produce numerous attractive flowers every year.

Foliage or plant color

Two or more colors given for one plant indicate either that the leaves or stems of different individuals or varieties of that species can vary, or that their color changes seasonally.
Gray/silver These colors are often due to a layer of felty or cottonlike white hairs covering the leaves or stem.
Variegated Speckled, blotched, lined or margined with a contrasting color, usually white, cream or yellow.

Flowers

Two or more colors given for one plant indicate either that the flowers on different individuals or varieties of that species can vary or, if the flowers are bicolored, that each flower is made up of two or more boldly contrasting colors.

Flowering season

Two or more seasons given for one plant indicate continuous or recurrent flowering.

Situations suitable

No succulent is happy in moist or wet soil, but all the plants featured tolerate both acid and alkaline soils. All the plants in this section are suitable for growing in rock gardens.
Dry Requires a well-drained soil or potting compost that drains and dries out rapidly after rain or watering.
Semishade Tolerates half-day shade but must have a minimum of four hours direct sunlight each day.

Lithops sp. and
Echinopsis eyriesii

Small gardens Sites less than 250 m² ($\frac{1}{16}$ acre or 300 yd²).
Exposed sites Hillsides or flat areas with no protection from strong prevailing winds.
Coastal sites Within one mile of the seashore.
Containers Suitable for long-term cultivation in pots, tubs or windowboxes (see p.41 for how to do this).

Uses

Groundcover An attractive low plant that will cover the soil completely, preventing or curtailing the growth of weeds.
Specimen A bold or dramatic plant that looks good when grown on its own or in small groups due to its strong geometric shape, handsome foliage or beautiful flowers.
Bedding A plant that is easily transplanted and can be used to achieve a temporary effect. This is a common way of using frost-tender species in cooler countries. The plants, or rooted cuttings from them, are overwintered under glass and then planted out, often *en masse*, for a summer display.
Climate zone See "Climate zones and plant hardiness" (pp.244–5). It is important to note that although nearly all the plants featured will tolerate the low winter temperatures of climate zones 8 or 9, they will not survive the rainfall usually experienced in these zones, and so will have to be kept in a cool greenhouse (see pp.40–41).

Cacti & Succulents

	Size				Type					Shape										Features				
	Small (up to 30 cm)	Medium (30–90 cm)	Large (over 90 cm)	Fast-growing	Deciduous	Evergreen	Leaf succulent	Stem succulent	True cactus	Erect	Non-branching	Cylindrical stem	Globose to ovoid stem	Solitary rosette	Freely branching	Spreading	Hummock	Prostrate/mat	Clump-forming	Bold leaves	Ornamental foliage	Ornamental spines	Attractive flowers	Free-flowering
Adromischus maculatus	*					*	*									*			*		*			
Aeonium arboreum		*				*	*			*					*						*		*	*
× *domesticum*	*					*	*									*					*			
simsii	*					*	*								*				*		*		*	*
tabuliforme	*					*	*							*							*			
Agave americana & cvs		*	*			*	*			*									*	*	*			
filifera		*				*	*			*									*	*				
victoria-reginae	*					*	*							*						*				
Aloe aristata	*					*	*												*	*				
ciliaris		*				*	*									*				*				
ferox		*				*	*			*	*			*						*				
saponaria		*				*	*												*	*				
striata		*				*	*												*	*				
succotrina		*				*	*												*	*				
variegata	*					*	*			*									*	*				
Ancistrocactus scheerii	*					*			*	*			*									*		
uncinatus	*					*			*	*			*									*		
Aporocactus flagelliformis		*		*		*			*			*				*			*				*	*
mallisonii		*		*		*			*			*				*			*				*	*
Astrophytum asterias	*					*			*		*		*											
myriostigma	*					*			*				*											
ornatum	*					*			*		*		*									*		
Azureocereus hertlingianus		*				*			*	*	*	*										*		
Beschorneria yuccoides		*				*	*			*									*					
Borzicactus aurantiacus	*					*			*		*								*			*		
celsianus		*				*			*	*	*	*										*		
Carnegiea gigantea		*				*			*	*		*												
Carpobrotus chilensis	*		*			*	*											*						
edulis	*		*			*	*											*						
Cephalocereus senilis		*				*			*	*	*	*										*		
Cereus coerulescens		*				*			*	*	*											*		
forbesii		*				*			*	*	*											*		
jamacaru		*				*			*	*	*											*		
peruvianus		*				*			*	*	*											*		
Ceropegia woodii	*					*	*								*			*			*			
Chamaecereus silvestri	*					*			*		*					*	*		*				*	*
Cissus bainesii		*			*		*	*		*	*									*				
cactiformis		*			*			*		*					*									
juttae		*			*		*	*		*	*									*				
Cleistocactus baumannii		*				*			*	*	*	*												*
strausii		*				*			*	*	*												*	*
Conophytum calculus	*					*	*												*					*
notabile	*					*													*					*
pillansii	*					*	*												*					*
truncatum	*					*	*												*					*
Copiapoa cinerea		*				*			*		*		*									*		

Column groups: **Foliage color** (Yellow/gold/russet, Purple/red/bronze, Gray/silver, Variegated) · **Flowers** (White/cream, Yellow, Orange, Red, Pink, Purple/mauve, Blue, Bicolored, Fragrant) · **Flowering season** (Spring, Summer, Autumn, Winter) · **Situations suitable** (Dry, Semi-shade, Small gardens, Exposed sites, Coastal sites, Containers) · **Uses** (Ground cover, Specimen, Bedding) · **Climate zone**

Yellow/gold/russet	Purple/red/bronze	Gray/silver	Variegated	White/cream	Yellow	Orange	Red	Pink	Purple/mauve	Blue	Bicolored	Fragrant	Spring	Summer	Autumn	Winter	Dry	Semi-shade	Small gardens	Exposed sites	Coastal sites	Containers	Ground cover	Specimen	Bedding	Climate zone	Name
	*		*	*		*								*			*		*		*	*				9	**Adromischus** *maculatus*
	*			*									*			*	*		*	*	*	*				9	**Aeonium** *arboreum*
				*										*			*		*	*	*	*				9	*× domesticum*
				*									*				*		*	*	*	*				8	*simsii*
				*									*	*			*		*	*	*	*				9	*tabuliforme*
		*	*	*									*	*			*			*	*	*				8	**Agave** *americana* & cvs
				*										*			*		*	*	*	*				9	*filifera*
		*	*	*										*			*		*	*	*	*				9	*victoria-reginae*
						*	*						*				*	*	*	*	*	*				8	**Aloe** *aristata*
						*	*	*					*				*		*	*	*	*				9	*ciliaris*
*				*										*			*		*	*	*	*				9	*ferox*
		*			*		*						*	*			*		*	*	*	*				9	*saponaria*
	*						*						*	*			*		*	*	*	*				9	*striata*
	*						*						*	*			*		*	*	*	*				9	*succotrina*
	*						*						*				*	*	*	*	*	*				8	*variegata*
					*								*				*		*	*	*					9	**Ancistrocactus** *scheerii*
							*						*	*			*		*	*	*					9	*uncinatus*
							*						*	*			*	*	*		*	*				9	**Aporocactus** *flagelliformis*
						*							*	*			*	*	*		*	*				9	*mallisonii*
				*	*									*			*		*	*	*					9	**Astrophytum** *asterias*
				*	*									*			*		*	*	*					9	*myriostigma*
					*									*			*		*	*	*					9	*ornatum*
				*										*	*		*		*	*		*		*		9	**Azureocereus** *hertlingianus*
							*							*			*	*		*	*			*		8	**Beschorneria** *yuccoides*
				*	*	*								*			*		*	*		*				9	**Borzicactus** *aurantiacus*
							*						*	*			*		*	*		*		*		9	*celsianus*
				*									*				*		*	*				*		8	**Carnegiea** *gigantea*
							*						*	*	*		*		*	*	*	*	*			8	**Carpobrotus** *chilensis*
					*								*	*	*		*		*	*	*	*	*			8	*edulis*
								*					*				*		*	*		*		*		8	**Cephalocereus** *senilis*
	*			*									*	*			*		*	*	*	*		*		8	**Cereus** *coerulescens*
	*			*									*	*			*		*	*	*	*		*		8	*forbesii*
	*			*									*	*			*		*	*	*	*		*		8	*jamacaru*
	*			*									*	*			*		*	*	*	*		*		8	*peruvianus*
			*					*					*	*	*		*	*	*	*	*	*				9	**Ceropegia** *woodii*
							*						*	*			*	*	*			*				9	**Chamaecereus** *silvestri*
					*									*			*		*	*	*	*		*		9	**Cissus** *bainesii*
				*	*								*				*	*	*	*	*	*				9	*cactiformis*
					*									*			*	*	*	*	*	*		*		9	*juttae*
						*	*						*	*			*		*	*		*				9	**Cleistocactus** *baumannii*
							*						*	*			*		*	*		*				9	*strausii*
	*			*											*		*		*	*					9	**Conophytum** *calculus*
	*					*								*	*		*		*	*					9	*notabile*
								*	*						*		*		*	*					9	*pillansii*
*				*	*										*		*		*	*					9	*truncatum*
					*									*			*		*	*	*	*				9	**Copiapoa** *cinerea*

Cacti & Succulents

	Size				Type					Shape										Features				
Species	Small (up to 30 cm)	Medium (30–90 cm)	Large (over 90 cm)	Fast-growing	Deciduous	Evergreen	Leaf succulent	Stem succulent	True cactus	Erect	Non-branching	Cylindrical stem	Globose to ovoid stem	Solitary rosette	Freely branching	Spreading	Hummock	Prostrate/mat	Clump-forming	Bold leaves	Ornamental foliage	Ornamental spines	Attractive flowers	Free-flowering
Coryphantha *bumamma*	*					*			*										*			*		
radians	*					*			*	*	*											*		
Cotyledon *orbiculata*		*				*	*			*					*						*			
paniculata		*		*		*	*			*					*						*			
undulata		*				*	*									*					*			
Crassula *arborescens*		*				*	*			*					*						*			
cooperi	*					*	*											*	*		*			*
falcata		*				*	*								*						*			*
lactea		*				*	*			*					*						*			*
lycopodioides	*					*	*								*	*					*			
portulacea		*				*	*			*					*						*			
sarcocaulis	*					*	*			*					*						*			*
schmidtii	*					*	*											*	*		*			*
Drosanthemum *speciosum*		*				*	*								*	*								*
Echeveria *derenbergii*	*					*	*											*	*		*			*
elegans	*					*	*												*		*			*
gibbiflora		*				*	*			*	*			*							*			*
glauca	*					*	*												*		*			*
harmsii	*					*	*			*					*						*			*
runyonii	*					*	*												*		*			*
'Set-Oliver'	*					*	*			*					*						*			*
setosa	*					*	*												*		*			*
Echinocactus *grusonii*		*				*			*				*									*		
Echinocereus *knippelianus*	*					*			*				*											
pectinatus	*					*			*	*		*	*									*		
pentalophus	*					*			*			*						*						*
Echinofossulocactus *pentacanthus*	*					*			*				*									*	*	
violaciflorus	*					*			*				*									*	*	
Echinopsis *bridgesii*		*				*			*	*		*	*											
eyriesii	*					*			*			*	*						*					
rhodotricha	*					*			*			*	*											
Epiphyllum *ackermannii*		*				*			*						*									*
Hybrid cultivars		*				*			*	*					*									*
Espostoa *lanata*		*				*			*	*	*	*									*			
Euphorbia *gorgonis*	*					*		*										*	*					
milii	*					*		*							*	*								*
obesa	*					*		*			*		*											*
Faucaria *felina*	*					*	*												*	*			*	
Fenestraria *rhopalophylla*	*					*	*									*		*	*					
Ferocactus *acanthodes*		*	*			*			*	*	*		*									*		
chrysacanthus		*				*			*	*	*		*									*		
hamatacanthus		*				*			*	*	*	*	*									*		
wislizenii			*			*			*	*	*	*	*									*		
Gasteria *liliputana*	*					*	*									*			*	*				
marmorata	*					*	*									*			*	*				
verrucosa	*					*	*									*			*	*				

Yellow/gold/russet	Purple/red/bronze	Gray/silver	Variegated	White/cream	Yellow	Orange	Red	Pink	Purple/mauve	Blue	Bicolored	Fragrant	Spring	Summer	Autumn	Winter	Dry	Semi-shade	Small gardens	Exposed sites	Coastal sites	Containers	Ground cover	Specimen	Bedding	Climate zone	Name
					*									*			*	*	*			*				9	***Coryphantha*** *bumamma*
				*	*		*				*			*			*	*	*			*				9	*radians*
	*					*								*			*	*	*	*	*	*				9	***Cotyledon*** *orbiculata*
	*						*							*			*	*	*	*		*				9	*paniculata*
	*				*	*								*			*	*	*	*		*				9	*undulata*
*	*			*			*						*				*	*	*			*				9	***Crassula*** *arborescens*
*							*						*				*	*				*				9	*cooperi*
						*								*			*	*				*				9	*falcata*
				*							*		*		*	*	*	*	*			*				9	*lactea*
	*				*									*			*	*	*			*				9	*lycopodioides*
				*									*		*	*	*	*	*			*				9	*portulacea*
*						*	*				*		*				*	*				*				9	*sarcocaulis*
*							*						*	*	*	*	*	*				*				9	*schmidtii*
						*								*			*	*	*	*		*				9	***Drosanthemum*** *speciosum*
	*					*							*	*			*	*		*		*				9	***Echeveria*** *derenbergii*
	*				*			*						*			*	*		*		*				9	*elegans*
	*				*	*							*	*	*		*	*		*		*				9	*gibbiflora*
	*				*	*			*				*				*	*		*		*			*	8	*glauca*
	*				*	*			*					*			*	*		*		*				8	*harmsii*
	*						*								*		*	*		*		*				9	*runyonii*
						*									*	*	*	*		*		*				9	*'Set-Oliver'*
					*	*							*	*			*	*		*		*				9	*setosa*
					*									*			*	*	*	*		*		*		10	***Echinocactus*** *grusonii*
							*	*					*				*	*	*			*				9	***Echinocereus*** *knippelianus*
				*			*	*						*			*	*	*			*				10	*pectinatus*
				*			*	*						*			*	*	*			*				9	*pentalophus*
								*					*				*	*	*			*				9	***Echinofossulocactus*** *pentacanthus*
								*					*	*			*	*	*			*				9	*violaciflorus*
				*										*			*	*	*			*				9	***Echinopsis*** *bridgesii*
				*										*			*	*	*			*				9	*eyriesii*
				*										*			*					*				9	*rhodotricha*
							*						*	*			*	*	*	*		*				10	***Epiphyllum*** *ackermannii*
				*	*	*	*	*	*		*	*	*	*			*	*	*	*		*				10	Hybrid cultivars
							*							*			*	*	*			*		*		10	***Espostoa*** *lanata*
					*									*			*	*	*	*		*				9	***Euphorbia*** *gorgonis*
							*						*	*	*	*	*	*	*	*		*				9	*milii*
					*									*			*	*	*	*		*				10	*obesa*
	*				*									*			*	*	*	*		*				9	***Faucaria*** *felina*
				*										*			*	*	*	*		*				9	***Fenestraria*** *rhopalophylla*
					*	*								*			*	*	*			*		*		9	***Ferocactus*** *acanthodes*
					*									*			*	*	*			*				9	*chrysacanthus*
					*		*				*			*			*	*	*			*				9	*hamatacanthus*
					*									*			*	*	*			*		*		10	*wislizenii*
			*				*							*			*	*	*			*				9	***Gasteria*** *liliputana*
			*				*							*			*	*	*			*				9	*marmorata*
			*				*							*			*	*	*			*				9	*verrucosa*

Cacti & Succulents

	Size				Type					Shape										Features				
	Small (up to 30 cm)	Medium (30–90 cm)	Large (over 90 cm)	Fast-growing	Deciduous	Evergreen	Leaf succulent	Stem succulent	True cactus	Erect	Non-branching	Cylindrical stem	Globose to ovoid stem	Solitary rosette	Freely branching	Spreading	Hummock	Prostrate/mat	Clump-forming	Bold leaves	Ornamental foliage	Ornamental spines	Attractive flowers	Free-flowering
Gibbaeum schwantesii	*					*	*												*	*				
Glottiphyllum linguiforme	*					*	*									*		*	*	*				
nelii	*					*	*									*		*	*	*				
Graptopetalum paraguayense	*					*	*									*			*	*				
Gymnocalycium mihanovichii	*					*		*	*				*										*	
Hatiora salicornioides		*				*		*							*	*				*				
Haworthia attenuata	*					*	*												*	*				*
fasciata	*					*	*												*	*				*
planifolia	*					*	*												*	*				*
truncata	*					*	*							*						*				
Huernia pillansii	*					*		*		*									*				*	
zebrina	*					*		*		*									*				*	
Hylocereus triangularis		*				*		*							*								*	
undatus		*				*		*							*								*	
Kalanchoe blossfeldiana		*				*	*			*					*								*	*
diagremontiana		*				*	*			*											*			
fedtschenkoi	*					*	*								*	*					*			
pumila	*					*	*								*	*					*			*
tubiflora		*				*	*			*	*								*	*				
uniflora		*				*	*								*		*			*				
Lampranthus aurantiacus		*				*	*			*					*						*		*	
haworthii		*				*	*			*					*						*		*	
roseus	*					*	*								*	*							*	
Lemaireocereus thurberi		*				*		*	*	*	*											*		
weberi		*				*		*	*	*	*				*							*		
Lithops bella	*					*	*												*	*	*			
erniana	*					*	*												*	*	*			
karasmontana	*					*	*												*	*	*			
lesliei	*					*	*							*					*	*	*			
marmorata	*					*	*							*					*	*	*			
olivacea	*					*	*												*	*	*			
salicola	*					*	*							*					*	*	*			
Lobivia allegraiana	*					*			*	*			*										*	
aurea	*					*			*				*										*	
chrysantha	*					*			*	*			*										*	
famatimensis	*					*			*	*	*	*											*	
haageana	*					*			*				*										*	
pectinata	*					*			*	*	*												*	
pentlandii	*					*			*	*	*												*	
sanguiniflora	*					*			*	*	*								*				*	
Lophophora williamsii	*					*			*				*										*	
Mammillaria bocasana	*					*			*				*						*			*		
elegans	*					*			*	*	*								*			*	*	*
erythrosperma	*					*			*	*	*								*			*	*	*
fragilis	*					*			*				*						*			*	*	*
hahniana	*					*			*	*	*								*			*	*	*

Yellow/gold/russet	Purple/red/bronze	Gray/silver	Variegated	White/cream	Yellow	Orange	Red	Pink	Purple/mauve	Blue	Bicolored	Fragrant	Spring	Summer	Autumn	Winter	Dry	Semi-shade	Small gardens	Exposed sites	Coastal sites	Containers	Ground cover	Specimen	Bedding	Climate zone	
				*			*								*		*	*	*			*				9	***Gibbaeum*** *schwantesii*
					*									*	*		*	*	*	*		*				9	***Glottiphyllum*** *linguiforme*
					*									*	*		*	*	*	*		*				9	*nelii*
		*		*									*			*	*	*	*	*		*				9	***Graptopetalum*** *paraguayense*
							*							*			*	*	*			*				9	***Gymnocalycium*** *mihanovichii*
					*									*			*	*	*			*				9	***Hatiora*** *salicornioides*
		*		*									*	*			*	*	*			*				9	***Haworthia*** *attenuata*
		*		*									*	*			*	*	*			*				9	*fasciata*
	*			*									*	*			*	*	*			*				9	*planifolia*
*				*									*	*			*	*	*			*				9	*truncata*
*				*			*	*						*	*		*	*	*			*				9	***Huernia*** *pillansii*
					*				*		*			*	*		*	*	*			*				9	*zebrina*
				*										*			*	*	*			*				9	***Hylocereus*** *triangularis*
				*								*		*			*	*	*			*				9	*undatus*
					*	*	*	*	*				*	*		*	*	*				*				9	***Kalanchoe*** *blossfeldiana*
							*						*				*	*	*			*				9	*diagremontiana*
		*				*							*				*	*				*				9	*fedtschenkoi*
		*					*	*					*				*	*				*				9	*pumila*
							*						*		*	*	*	*				*				9	*tubiflora*
							*	*						*			*	*	*			*				9	*uniflora*
						*								*			*		*	*	*	*				9	***Lampranthus*** *aurantiacus*
								*						*			*		*	*	*	*				9	*haworthii*
								*	*					*			*		*	*	*	*				9	*roseus*
				*					*				*				*		*	*		*		*		9	***Lemaireocereus*** *thurberi*
				*									*				*		*	*		*		*		9	*weberi*
				*											*		*		*	*		*				9	***Lithops*** *bella*
				*											*		*		*	*		*				9	*erniana*
				*											*		*		*	*		*				9	*karasmontana*
					*										*		*		*	*		*				9	*lesliei*
				*											*		*		*	*		*				9	*marmorata*
					*										*		*		*	*		*				9	*olivacea*
				*											*		*		*	*		*				9	*salicola*
							*						*	*			*		*	*		*				9	***Lobivia*** *allegraiana*
					*								*	*			*		*	*		*				9	*aurea*
					*	*							*	*			*		*	*		*				9	*chrysantha*
				*	*	*	*	*					*	*			*		*	*		*				9	*famatimensis*
					*								*	*			*		*	*		*				9	*haageana*
							*		*				*	*			*		*	*		*				9	*pectinata*
							*						*	*			*		*	*		*				9	*pentlandii*
							*						*	*			*		*	*		*				9	*sanguiniflora*
*				*				*					*	*			*		*	*		*				9	***Lophophora*** *williamsii*
				*	*									*			*		*	*	*	*				9	***Mammillaria*** *bocasana*
							*							*			*		*	*		*				9	*elegans*
							*							*			*		*	*	*	*				9	*erythrosperma*
				*	*									*			*		*	*	*	*				9	*fragilis*
							*	*						*			*		*	*	*	*				9	*hahniana*

Cacti & Succulents

	Size			Type						Shape										Features				
	Small (up to 30 cm)	Medium (30–90 cm)	Large (over 90 cm)	Fast-growing	Deciduous	Evergreen	Leaf succulent	Stem succulent	True cactus	Erect	Non-branching	Cylindrical stem	Globose to ovoid stem	Solitary rosette	Freely branching	Spreading	Hummock	Prostrate/mat	Clump-forming	Bold leaves	Ornamental foliage	Ornamental spines	Attractive flowers	Free-flowering
Mammillaria *longimamma*	*					*			*				*						*			*	*	*
perbella	*					*			*		*		*									*	*	*
prolifera	*					*			*				*						*			*		
Melocactus *bahiensis*	*					*			*	*	*		*									*	*	
matanzanus	*					*			*	*	*		*									*	*	
Mesembryanthemum *cristallinum*	*						*										*				*			
Myrtillocactus *geometrizans*		*				*			*	*					*									
Neoporteria *napina*	*					*			*	*	*		*											
subgibbosa		*				*			*	*	*		*								*			
Nopalxochia *phyllanthoides*		*				*			*							*							*	*
Notocactus *apricus*	*					*			*	*	*		*						*			*	*	*
leninghausii		*				*			*	*	*	*			*							*	*	*
mammulosus	*					*			*		*		*									*	*	*
ottonis	*					*			*		*		*						*			*	*	*
scopa	*					*			*		*		*									*	*	*
Oophytum *nanum*	*					*	*												*		*			
oviforme	*					*	*												*		*			
Opuntia *bigelovii*		*				*		*	*						*							*		
erinacea	*					*			*						*	*						*		
ficus-indica			*			*			*						*							*		
macrorhiza	*					*			*									*				*		
microdasys		*				*		*	*						*							*		
phaeacantha		*				*			*							*	*					*		
robusta			*			*		*	*						*							*		
vulgaris			*			*		*	*						*							*		
Oroya *peruviana*		*				*			*				*									*		
Pachycereus *pringlei*			*			*		*	*	*												*		
Pachyphytum *compactum*	*					*	*												*	*			*	*
oviferum	*					*	*									*				*				
Parodia *aureispina*	*					*			*		*		*									*		
chrysacanthium	*					*			*		*		*									*		
microsperma	*					*			*				*						*			*		
sanguiniflora	*					*			*				*						*			*		
Pedilanthus *tithymaloides* & cvs		*	*	*			*			*					*					*	*			
Pereskia *aculeata*		*	*	*					*						*	*							*	
Pleiospilos *bolusii*	*					*	*							*					*	*	*		*	
nelii	*					*	*							*					*	*	*		*	
Rebutia *aureiflora*	*					*			*				*						*				*	*
chrysacantha	*					*			*				*						*				*	*
deminuta	*					*			*				*						*				*	*
minuscula	*					*			*				*						*				*	*
pseudodeminuta	*					*			*				*						*				*	*
senilis	*					*			*				*						*				*	*
Rhipsalidopsis *gaertneri*	*					*			*						*	*						*	*	*
× *graeseri*	*					*			*						*	*						*	*	*
rosea	*					*			*						*	*						*	*	*

Foliage color				Flowers									Flowering season				Situations suitable						Uses			Climate zone	
Yellow/gold/russet	Purple/red/bronze	Gray/silver	Variegated	White/cream	Yellow	Orange	Red	Pink	Purple/mauve	Blue	Bicolored	Fragrant	Spring	Summer	Autumn	Winter	Dry	Semi-shade	Small gardens	Exposed sites	Coastal sites	Containers	Ground cover	Specimen	Bedding		
					*									*			*		*	*	*	*				9	*Mammillaria* longimamma
						*								*			*		*	*	*	*				9	perbella
					*									*			*		*	*	*	*				9	prolifera
							*							*			*		*		*	*				10	*Melocactus* bahiensis
							*							*			*		*		*	*				10	matanzanus
				*			*							*			*		*	*	*	*				9	*Mesembryanthemum* cristallinum
	*			*										*			*			*	*	*		*		8	*Myrtillocactus* geometrizans
					*								*	*			*		*		*	*				9	*Neoporteria* napina
						*	*						*	*			*		*		*	*				9	subgibbosa
						*	*						*				*	*	*			*				8	*Nopalxochia* phyllanthoides
					*								*	*			*		*	*		*				9	*Notocactus* apricus
					*								*	*			*		*	*		*				9	leninghausii
					*								*	*			*		*	*		*				9	mammulosus
					*								*	*			*		*	*		*				9	ottonis
					*								*	*			*		*	*		*				9	scopa
				*			*							*	*		*		*	*	*	*				9	*Oophytum* nanum
*				*					*	*				*	*		*		*	*	*	*				9	oviforme
							*							*			*			*	*	*				8	*Opuntia* bigelovii
					*		*							*			*		*	*	*	*				8	erinacea
					*									*			*		*	*	*	*				9	ficus-indica
						*								*			*		*	*	*	*				8	macrorhiza
					*									*			*		*	*	*	*				9	microdasys
	*				*									*			*		*	*	*	*				8	phaeacantha
	*				*									*			*			*	*	*				9	robusta
					*	*								*			*		*			*	*			9	vulgaris
						*	*							*			*		*	*		*				9	*Oroya* peruviana
				*										*			*		*	*		*		*		9	*Pachycereus* pringlei
*							*						*	*			*		*	*		*				9	*Pachyphytum* compactum
	*						*						*			*	*		*	*		*				9	oviferum
					*									*			*		*	*		*				8	*Parodia* aureispina
					*									*			*		*	*		*				9	chrysacanthium
							*							*			*		*	*		*				9	microsperma
							*							*			*		*	*		*				9	sanguiniflora
		*					*							*			*		*			*				9	*Pedilanthus* tithymaloides & cvs
			*	*				*							*		*		*	*		*				9	*Pereskia* aculeata
	*				*									*	*		*		*	*	*	*				9	*Pleiospilos* bolusii
	*				*				*					*	*		*		*	*	*	*				9	nelii
					*								*	*			*		*		*	*				9	*Rebutia* aureiflora
					*	*							*	*			*		*		*	*				9	chrysacantha
						*	*						*	*			*		*		*	*				9	deminuta
							*						*	*			*		*		*	*				9	minuscula
							*						*	*			*		*		*	*				9	pseudodeminuta
							*						*	*			*		*		*	*				9	senilis
							*						*				*	*	*			*				9	*Rhipsalidopsis* gaertneri
							*						*				*	*	*			*				9	× graseri
							*						*	*			*	*	*			*				9	rosea

Cacti & Succulents

	Size				Type					Shape										Features				
	Small (up to 30cm)	Medium (30–90cm)	Large (over 90cm)	Fast-growing	Deciduous	Evergreen	Leaf succulent	Stem succulent	True cactus	Erect	Non-branching	Cylindrical stem	Globose to ovoid stem	Solitary rosette	Freely branching	Spreading	Hummock	Prostrate/mat	Clump-forming	Bold leaves	Ornamental foliage	Attractive spines	Attractive flowers	Free-flowering
Rhipsalis *baccifera*		*				*			*						*	*							*	*
crispata	*					*		*	*						*								*	*
shaferi	*					*			*						*	*							*	*
Schlumbergera × *buckleyi*	*					*			*						*	*						*	*	*
russelliana	*					*			*						*	*						*	*	*
truncata	*					*			*						*	*						*	*	*
Schwantesia *pillansii*	*					*	*												*		*			
Sedum *aizoon*	*			*		*	*			*									*				*	*
album	*					*	*											*					*	*
cauticolum	*			*		*	*									*							*	*
ewersii	*			*		*	*									*							*	*
kamtschaticum	*			*		*	*									*							*	*
lydium	*					*	*											*					*	*
morganianum		*				*	*											*			*			*
oreganum	*					*	*										*	*					*	*
pluricaule	*			*		*	*											*					*	
reflexum	*					*	*									*							*	*
× *rubrotinctum*	*					*	*	*							*					*			*	*
sieboldii	*			*		*	*										*	*			*		*	*
spathulifolium & cvs	*					*	*											*			*		*	*
spectabile & cvs	*			*		*	*			*									*		*		*	*
spurium & cvs	*					*	*											*			*		*	*
stoloniferum & cvs	*					*	*											*			*		*	*
telephium & cvs		*		*		*	*			*									*		*		*	*
Selenicereus *grandiflorus*		*				*			*						*									*
hamatus		*				*			*						*									*
Sempervivum *allionii*	*					*	*										*				*			
arachnoideum & cvs	*					*	*										*				*		*	
ciliosum	*					*	*										*				*			
× 'Commander Hay'	*					*	*										*				*			
× *funckii*	*					*	*										*				*			
guiseppii	*					*	*										*				*		*	
marmoreum	*					*	*										*				*		*	
montanum	*					*	*										*	*			*		*	
soboliferum	*					*	*										*				*			
tectorum	*					*	*										*				*		*	
tectorum calcareum	*					*	*										*				*			
Senecio *articulatus*	*			*			*			*									*					
rowleyanus		*	*			*	*											*			*		*	
stapeliiformis	*					*		*		*									*					
Stapelia *grandiflora*	*					*		*		*									*				*	
hirsuta	*					*		*		*									*				*	
variegata	*					*	*										*		*				*	
Titanopsis *calcarea*	*					*	*										*						*	*
Trichocereus *peruvianus*		*				*		*	*	*	*											*	*	
spachianus		*				*		*	*	*	*											*	*	

Foliage color				Flowers									Flowering season				Situations suitable						Uses			Climate zone	
Yellow/gold/russet	Purple/red/bronze	Gray/silver	Variegated	White/cream	Yellow	Orange	Red	Pink	Purple/mauve	Blue	Bicolored	Fragrant	Spring	Summer	Autumn	Winter	Dry	Semi-shade	Small gardens	Exposed sites	Coastal sites	Containers	Ground cover	Specimen	Bedding	Climate zone	
				*									*			*	*	*	*			*				9	***Rhipsalis** baccifera*
					*								*			*	*	*	*			*				9	*crispata*
				*									*			*	*	*	*			*				9	*shaferi*
						*		*								*	*	*	*			*				9	***Schlumbergera** × buckleyi*
						*		*					*			*	*	*	*			*				9	*russelliana*
								*							*	*	*	*	*			*				9	*truncata*
					*										*		*		*	*	*	*				9	***Schwantesia** pillansii*
					*									*					*	*	*	*				3	***Sedum** aizoon*
				*										*			*		*	*	*	*				5	*album*
	*						*	*							*		*		*	*	*	*				5	*cauticolum*
							*	*							*	*	*	*	*	*	*	*				5	*ewersii*
					*									*	*		*		*	*	*	*				3	*kamtschaticum*
				*										*			*		*	*	*	*				6	*lydium*
	*						*						*	*			*	*	*			*				9	*morganianum*
					*									*			*		*	*	*	*				5	*oreganum*
	*								*					*			*		*	*	*	*				5	*pluricaule*
					*									*			*		*	*	*	*				6	*reflexum*
*					*								*	*			*		*	*		*				8	*× rubrotinctum*
	*	*					*								*		*	*	*	*		*				3	*sieboldii*
*	*				*									*			*		*	*	*	*				6	*spathulifolium & cvs*
	*						*								*		*		*	*		*				3	*spectabile & cvs*
							*	*						*			*		*	*		*				3	*spurium & cvs*
								*						*			*	*	*	*	*	*				5	*stoloniferum & cvs*
				*	*	*								*	*		*		*		*					3	*telephium & cvs*
				*	*							*		*				*	*		*	*		*		5	***Selenicereus** grandiflorus*
				*	*							*		*				*	*		*	*		*		5	*hamatus*
				*										*			*		*	*	*	*				5	***Sempervivum** allionii*
*							*							*			*		*	*	*	*				5	*arachnoideum & cvs*
	*				*									*			*		*	*	*	*				5	*ciliosum*
*							*							*			*		*	*	*	*				5	*× 'Commander Hay'*
								*	*					*			*		*	*	*	*				5	*× funckii*
							*							*			*		*	*	*	*				5	*guiseppii*
*							*	*						*			*		*	*	*	*				5	*marmoreum*
									*					*			*		*	*	*	*				5	*montanum*
					*									*			*		*	*	*	*				5	*soboliferum*
*							*	*						*			*	*	*	*	*	*				4	*tectorum*
*	*							*						*			*		*	*	*	*				5	*tectorum calcareum*
		*		*	*								*				*		*		*	*				9	***Senecio** articulatus*
		*		*					*			*	*	*	*	*	*		*		*	*				9	*rowleyanus*
*	*						*							*			*		*		*	*				9	*stapeliiformis*
		*		*					*					*			*	*	*		*	*				9	***Stapelia** grandiflora*
		*					*	*						*			*	*	*		*	*				9	*hirsuta*
*	*								*		*			*			*		*		*	*				9	*variegata*
		*			*										*		*		*	*	*	*				9	***Titanopsis** calcarea*
				*										*						*	*	*		*		9	***Trichocereus** peruvianus*
				*										*			*				*	*		*		9	*spachianus*

Bulbs, Corms & Tubers

Definitions of chart headings

All the plants in this section have special storage organs which enable them to survive extremes of climate such as long cold winters or dry warm summers. All these storage organs are popularly described as "bulbs", but there are in fact several distinct types. True **bulbs**, such as daffodils and tulips, are composed of a very short, disclike stem (the base plate from which the roots grow) and a number of swollen leaves or leaf bases covered by a papery skin.

Corms, such as crocuses and gladioli, are swollen stem bases forming a flattened shape, and covered with a fibrous skin. Unlike bulbs, which live from year to year, most corms live for one year only, new ones being formed on top of the parent after it has flowered.

Most ornamental plant **tubers** are fleshy swollen roots. These are purely storage organs and unless attached to a piece of stem base cannot grow into a new plant; the best example is *Dahlia*.

Rhizomes – for instance, *Gloriosa* and *Zantedeschia* (arum lily) species – are underground stems.

Corm True corms, as typified by *Crocus* and *Gladiolus* (see introduction, above).
Tuber True tubers, mainly of the root kind, for example, *Dahlia* (see introduction, above).
Rhizome True rhizomes (though often listed as tubers in catalogues), for example, *Arum*, *Canna*, *Gloriosa* and *Zantedeschia* species (see introduction, above).

Height

Small Up to 30 cm (1 ft).
Medium 30–90 cm (1–3 ft).
Large Over 90 cm (3 ft).

Type

Herbaceous Leaves and stems die back annually, generally soon after flowering. Most of the hardy autumn bloomers have small leaves, or none at all, when they flower; main foliage growth takes place in spring and dies down in early summer.
Evergreen Leafy throughout the year. A few evergreen plants may lose their leaves in an exceptionally hard winter.
Bulb True bulbs, as typified by tulips and *Narcissi* (see introduction, above).

Shape

Erect All the main stems are upright; in plants such as *Narcissus* and *Hippeastrum* (amaryllis), this means only the leafless flowering stalks.

Hippeastrum × *ackermannii*

Nonbranching Erect, leafy stems without side branches, as in all the true lilies (*Lilium*).

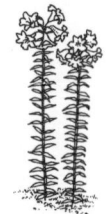

Lilium regale

Tufted A cluster of stems, all growing from one bulb, corm or tuber.

Crocus sp.

Four types of storage organ
Bulbs (**1**) *are in fact short, disc-like stems. Corms* (**2**) *are swollen stem bases. Tubers* (**3**) *are swollen roots or stems, and rhizomes* (**4**) *are knobbly underground stems.*

1
2
Daffodil bulb
Gladiolus corm
3
4
Dahlia tuber
Canna rhizome

Spreading A plant that is as wide as or wider than it is tall, with its stems or leaves growing more or less horizontally.

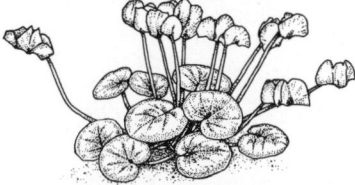

Cyclamen coum

Weeping A plant with spreading stems that curve downward or hang vertically. Good for hanging baskets.

Begonia × tuberhybrida 'Pendula'

Clump-forming A plant formed of a sheaf of stems, all arising from ground level. In some cases the stems form a single clump; in others they arise from a creeping, underground rootstock and are spaced further apart.

Galanthus nivalis

Features

Bold leaves Large leaves (at least 15 cm/6 in long) with a distinctive shape.
Ornamental foliage Leaves that are attractive in their own right, without the embellishment of flowers. It is usually their effect *en masse* that is appealing.
Ornamental fruit Berries, seed pods or other fruits that are colored or attractively shaped.

Foliage color

Two or more colors given for one plant indicate either that the leaves on different individuals or varieties of that species can vary, or that leaf color changes from season to season.
Gray/silver These colors are often due to a layer of felty or cottonlike white hairs covering the leaves.
Variegated Speckled, blotched, lined, or margined with a contrasting color, usually white, cream or yellow, but sometimes pink, red or purple.

Flowers

Two or more colors given for one plant indicate either that the flowers on different individuals or varieties of that species can vary or, if the flowers are bicolored, that each flower is made up of two or more boldly contrasting colors.

Flowering season

Two or more seasons given for one plant indicate continuous or recurrent flowering.

Situations suitable

All the bulbs featured tolerate both acid and alkaline soils, and all are suitable for growing in small gardens.
Moist Requires a soil that stays moist but never becomes waterlogged.
Wet Tolerates or prefers a soil that is more or less permanently wet, although usually less so in summer.
Dry Tolerates or prefers a well-drained soil that dries out fairly rapidly after rain.

Lilium × hollandicum

Shade Tolerates or prefers the mainly sunless shade of high north-facing walls or hedges that are open to the sky above, or the dappled shade of deciduous trees. (Most plants that require direct sunlight will tolerate half-day illumination.)
Exposed sites Hillsides or flat areas with no protection from strong prevailing winds.
Coastal sites Within one mile of the seashore.
Rock gardens Naturalistic arrangements of rocks and well-drained soil for growing and displaying the small plants native to rocky or sandy places and alpine regions.
Containers Suitable for either short or long-term cultivation in pots, tubs or windowboxes (see p.43 for how to do this).

Uses

Specimen A bold or dramatic plant that looks good when grown on its own or in small groups due to its strong geometric shape, handsome foliage or beautiful flowers.
Cut flowers A plant with long-lasting flowers on strong stems that is suitable for flower arranging.
Climate zone See "Climate zones and plant hardiness" (pp.244–5). Most spring-flowering bulbs cannot be grown in zones much warmer than those specified.

Bulbs, Corms & Tubers

	Size			Type						Shape							Features		Foliage color			
	Small (up to 30 cm)	Medium (30–90 cm)	Large (over 90 cm)	Deciduous	Evergreen	Bulb	Corm	Tuber	Rhizome	Erect	Non-branching	Tufted	Spreading	Weeping	Clump-forming	Bold leaves	Ornamental foliage	Ornamental fruit	Yellow/gold/russet	Purple/red/bronze	Gray/silver	Variegated
Achimenes *ehrenbergii*	*			*					*	*		*			*		*					
grandiflora		*		*					*	*		*			*							
mexicana	*			*					*	*		*			*							
patens	*			*					*			*	*		*							
skinneri		*		*					*	*		*			*							
Albuca *humilis*	*			*		*				*		*										
Allium *aflatunense*		*		*		*				*												
beesianum	*			*		*				*					*							
cernuum		*		*		*				*												
christophii		*		*		*				*												
cyaneum	*			*		*				*					*							
. cyathophorum	*			*		*				*					*							
flavum	*			*		*				*		*										
giganteum			*	*		*				*												
karataviense	*			*		*				*					*		*			*		
moly	*			*		*				*							*				*	
murrayanum	*			*		*				*					*							
narcissiflorum	*			*		*				*					*							
neapolitanum	*			*		*				*		*										
oreophilum	*			*		*				*		*					*			*		
pulchellum		*		*		*				*		*										
rosenbachianum			*	*		*				*												
schoenoprasum	*			*		*				*		*										
schubertii		*		*		*				*												
Alstroemeria *aurantiaca*		*		*				*		*					*							
hookeri	*			*				*		*					*							
ligtu hybrids		*		*				*		*					*							
pelegrina		*		*				*		*					*							
× ***Amarcrinum*** *memoria-corsii*		*			*	*				*					*	*						
Amaryllis *belladonna*		*		*		*				*					*	*						
Antholyza *ringens*		*		*			*			*					*		*					
Arisaema *atrorubens*		*		*				*		*							*					
candidissimum	*			*				*		*					*		*					
consanguinea		*		*				*		*							*					
dracontium		*		*				*		*							*	*				
triphyllum		*		*				*		*							*	*				
Arisarum *proboscideum*	*			*					*	*					*		*					
Arum *creticum*		*		*				*		*					*		*					
italicum 'Pictum'		*		*				*		*					*		*	*				*
maculatum	*			*				*		*					*		*	*	*			
orientale	*			*				*		*					*							
Babiana × *hybrida*	*			*			*			*		*										
plicata	*			*			*			*		*										
stricta & forms	*			*			*			*		*										
Begonia *dregei*	*			*				*					*		*					*		
evansiana		*		*				*		*					*							

Flowers										Flowering season				Situations suitable								Uses			
White/cream	Yellow	Orange	Red	Pink	Purple/mauve	Blue	Green	Bicolored	Fragrant	Spring	Summer	Autumn	Winter	Moist	Wet	Dry	Shade	Exposed sites	Coastal sites	Rock gardens	Containers	Specimen	Cut flowers	Climate zone	Name
					*						*						*				*			10	**Achimenes** ehrenbergii
		*			*						*						*				*			10	grandiflora
					*	*					*						*				*			10	mexicana
	*		*		*						*						*				*			10	patens
			*		*						*						*				*			10	skinneri
*							*				*								*	*	*			8	**Albuca** humilis
					*						*					*		*			*		*	5	**Allium** aflatunense
						*					*							*	*	*				5	beesianum
		*	*	*							*					*		*			*			4	cernuum
					*	*					*							*		*	*		*	5	christophii
						*					*							*	*	*				5	cyaneum
			*		*						*							*	*	*				5	cyathophorum
	*										*							*	*	*				4	flavum
					*						*							*			*		*	5	giganteum
*					*						*							*	*	*	*			5	karataviense
	*										*							*	*	*	*			5	moly
				*	*						*							*	*	*	*			5	murrayanum
			*	*	*						*							*	*	*				3	narcissiflorum
*										*						*		*			*		*	7	neapolitanum
			*		*						*							*	*	*				6	oreophilum
*			*		*						*	*						*	*	*				4	pulchellum
					*						*					*		*			*		*	5	rosenbachianum
					*						*							*	*		*			4	schoenoprasum
				*							*							*			*			5	schubertii
	*	*	*								*					*		*			*		*	7	**Alstroemeria** aurantiaca
			*								*					*		*			*			7	hookeri
*	*		*	*							*					*		*			*		*	7	ligtu hybrids
*			*		*						*					*		*	*		*			8	pelegrina
					*							*				*		*			*			8	× **Amarcrinum** memoria-corsii
*			*	*								*				*		*			*			8	**Amaryllis** belladonna
		*									*					*			*	*	*			8	**Antholyza** ringens
*					*			*			*			*			*				*			3	**Arisaema** atrorubens
*			*				*	*	*		*			*			*				*			7	candidissimum
*					*		*	*			*			*			*				*			8	consanguinea
	*										*			*			*				*			3	dracontium
					*		*	*			*						*				*			5	triphyllum
*					*					*	*			*			*			*	*			6	**Arisarum** proboscideum
	*									*							*				*			8	**Arum** creticum
*	*									*							*				*			7	italicum
*	*						*			*							*				*			6	maculatum
					*					*	*						*				*			7	orientale
					*					*	*					*			*	*				9	**Babiana** × hybrida
					*	*				*	*					*			*	*	*			9	plicata
						*				*	*					*			*	*	*			9	stricta & forms
*											*						*				*			9	**Begonia** dregei
*			*								*						*	*			*			8	evansiana

Bulbs, Corms & Tubers

	Size			Type						Shape							Features		Foliage color			
	Small (up to 30cm)	Medium (30–90cm)	Large (over 90cm)	Deciduous	Evergreen	Bulb	Corm	Tuber	Rhizome	Erect	Non-branching	Tufted	Spreading	Weeping	Clump-forming	Bold leaves	Ornamental foliage	Ornamental fruit	Yellow/gold/russet	Purple/red/bronze	Gray/silver	Variegated
Begonia sutherlandii	*		*					*					*	*			*					
× tuberhybrida & cvs	*	*	*					*		*			*	*			*					
Bessera elegans		*	*	*									*									
Brodiaea coronaria	*		*				*						*									
ida-maia		*	*				*						*									
laxa		*	*				*			*												
lutea		*	*				*			*												
pulchellum		*	*				*			*												
× tubergeniana		*	*				*			*			*									
Bulbocodium vernum	*		*				*			*												
Caladium × hortulanum cultivars		*	*					*	*			*	*				*	*			*	*
Calochortus albus		*	*	*						*												
amabilis		*	*	*						*												
luteus		*	*	*						*												
uniflorus	*		*	*						*												
Camassia cusickii		*	*	*						*												
leichtlinii		*	*	*						*												
quamash		*	*	*						*												
Canna × generalis cultivars		*	*						*	*					*	*	*					
Cardiocrinum giganteum			*	*		*				*								*		*		
Chasmanthe aethiopica		*	*				*			*												
Chionodoxa gigantea	*		*	*									*									
luciliae	*		*	*									*									
sardensis	*		*	*									*									
siehei	*		*	*									*									
Chlidanthus fragrans	*		*	*						*												
Colchicum agrippinum	*		*				*			*												
autumnale & cvs	*		*				*			*												
bivonae	*		*				*			*												
byzantinum	*		*				*			*					*							
cilicicum	*		*				*			*					*							
speciosum & cvs	*		*				*			*					*							
Colocasia esculenta		*	*					*							*	*	*					
Corydalis bulbosa	*		*					*		*	*						*					
solida	*		*					*		*	*						*					
Crinum americanum		*		*	*					*					*		*					
bulbispermum		*		*	*					*					*		*					
moorei		*		*	*					*					*	*	*					
× powellii		*		*	*					*					*	*	*					
Crocosmia Bressingham hybrids		*	*				*			*					*		*					
× crocosmiiflora & cvs		*	*				*			*												
masonorum		*	*				*			*							*					
rosea		*	*				*			*												
Crocus ancyrensis	*		*				*			*		*										
angustifolius	*		*				*			*		*										
asturicus	*		*				*			*		*										

White/cream	Yellow	Orange	Red	Pink	Purple/mauve	Blue	Green	Bicolored	Fragrant	Spring	Summer	Autumn	Winter	Moist	Wet	Dry	Shade	Exposed sites	Coastal sites	Rock gardens	Containers	Specimen	Cut flowers	Climate zone	
		*									*						*			*	*			8	***Begonia** sutherlandii*
*	*	*	*	*				*			*						*		*		*			9	*× tuberhybrida & cvs*
		*									*	*				*			*	*	*			8	***Bessera** elegans*
					*						*					*		*	*		*			8	***Brodiaea** coronaria*
			*								*					*		*	*		*			8	*ida-maia*
					*	*					*					*		*	*		*			8	*laxa*
	*										*					*		*	*		*			8	*lutea*
					*						*					*		*	*		*			8	*pulchellum*
					*	*					*					*		*	*		*			8	*× tubergeniana*
		*		*						*				*						*	*			5	***Bulbocodium** vernum*
								*			*			*			*				*			10	***Caladium** × hortulanum cultivars*
*											*					*	*	*	*	*	*			8	***Calochortus** albus*
	*										*					*	*	*	*	*	*			8	*amabilis*
	*										*					*	*	*	*	*	*			8	*luteus*
					*						*					*	*	*	*	*	*			8	*uniflorus*
					*						*			*		*								5	***Camassia** cusickii*
					*	*					*			*		*								5	*leichtlinii*
*					*						*			*		*								4	*quamash*
	*	*	*					*			*								*		*			10	***Canna** × generalis cultivars*
*										*	*			*			*					*		7	***Cardiocrinum** giganteum*
		*	*								*					*		*	*		*			8	***Chasmanthe** aethiopica*
					*			*		*						*	*	*	*	*	*			5	***Chionodoxa** gigantea*
*						*	*			*						*	*	*	*	*	*			5	*luciliae*
						*				*						*	*	*	*	*	*			5	*sardensis*
					*					*						*	*	*	*	*	*			5	*siehei*
	*								*	*						*			*		*			8	***Chlidanthus** fragrans*
				*	*							*							*	*	*			6	***Colchicum** agrippinum*
*					*							*							*		*			6	*autumnale & cvs*
			*		*							*							*		*			6	*bivonae*
				*	*							*							*		*			6	*byzantinum*
				*	*							*							*		*			6	*cilicicum*
*				*	*							*							*		*			6	*speciosum & cvs*
	*										*	*		*			*		*		*			10	***Colocasia** esculenta*
					*					*							*		*	*	*			6	***Corydalis** bulbosa*
*					*					*							*		*	*	*			6	*solida*
*									*	*					*	*			*		*			7	***Crinum** americanum*
				*					*		*	*				*			*		*			7	*bulbispermum*
*				*					*	*	*	*				*			*		*			7	*moorei*
*				*					*	*	*	*				*			*		*			7	*× powellii*
		*	*								*								*		*			7	***Crocosmia** Bressingham hybrids*
	*	*	*					*			*					*			*		*			7	*× crocosmiiflora & cvs*
		*	*								*								*		*			7	*masonorum*
				*							*								*		*			7	*rosea*
		*								*			*						*	*	*			5	***Crocus** ancyrensis*
	*	*		*						*			*						*	*	*			5	*angustifolius*
					*							*							*	*	*			5	*asturicus*

Bulbs, Corms & Tubers

	Size			Type						Shape							Features		Foliage color			
	Small (up to 30cm)	Medium (30–90cm)	Large (over 90cm)	Deciduous	Evergreen	Bulb	Corm	Tuber	Rhizome	Erect	Non-branching	Tufted	Spreading	Weeping	Clump-forming	Bold leaves	Ornamental foliage	Ornamental fruit	Yellow/gold/russet	Purple/red/bronze	Gray/silver	Variegated
Crocus balansae	*			*			*			*	*											
banaticus	*			*			*			*	*											
biflorus	*			*			*			*	*											
candidus	*			*			*			*	*											
chrysanthus & cvs	*			*			*			*	*											
flavus	*			*			*			*	*											
goulimyi	*			*			*			*	*											
imperati	*			*			*			*	*											
kotschyanus	*			*			*			*	*											
laevigatus	*			*			*			*	*											
longiflorus	*			*			*			*	*											
medius	*			*			*			*	*											
minimus	*			*			*			*	*											
niveus	*			*			*			*	*											
nudiflorus	*			*			*			*	*											
pulchellus	*			*			*			*	*											
salzamannii	*			*			*			*	*											
sativus & forms	*			*			*			*	*											
sieberi & forms	*			*			*			*	*											
speciosus	*			*			*			*	*											
tommasinianus	*			*			*			*	*											
vernus	*			*			*			*	*											
versicolor	*			*			*			*	*											
Curtonus paniculatus		*		*			*			*												
Cyclamen cilicium	*			*				*				*					*					
coum	*			*				*				*					*					
graecum	*			*				*				*					*					
hederifolium	*			*				*					*				*					
mirabile	*			*				*					*				*					
persicum	*			*				*					*				*					
pseudibericum	*			*				*					*				*					
purpurascens	*			*				*					*				*					
repandum	*			*				*					*				*					
Cyrtanthus mackenii	*				*	*				*					*							
o'brienii	*				*	*				*					*							
Dahlia Cultivars	*	*		*				*		*												
merckii		*		*				*		*					*							
Dracunculus vulgaris		*		*				*		*					*	*	*					
Eranthis hyemalis	*			*					*	*	*											
× tubergenii	*			*					*	*	*											
Erythronium dens-canis	*						*			*	*						*					
hendersonii	*			*			*			*							*					
oregonum	*			*			*			*							*					
revolutum	*			*			*			*							*					
tuolumnense & hybrids	*			*			*			*	*						*					
Eucharis grandiflora		*			*	*									*	*	*					

Flowers										Flowering season				Situations suitable										Uses	
White/cream	Yellow	Orange	Red	Pink	Purple/mauve	Blue	Green	Bicolored	Fragrant	Spring	Summer	Autumn	Winter	Moist	Wet	Dry	Shade	Exposed sites	Coastal sites	Rock gardens	Containers	Specimen	Cut flowers	Climate zone	
	*				*					*								*	*	*				5	**_Crocus_** _balansae_
					*							*						*	*	*				5	_banaticus_
*					*	*		*		*								*	*	*				5	_biflorus_
*	*							*		*								*	*	*				5	_candidus_
*	*	*			*			*		*			*					*	*	*				5	_chrysanthus_ & cvs
	*	*								*								*	*	*				5	_flavus_
					*							*						*	*	*				5	_goulimyi_
					*								*					*	*	*				5	_imperati_
					*							*						*	*	*				5	_kotschyanus_
*					*	*							*					*	*	*				5	_laevigatus_
					*		*					*						*	*	*				5	_longiflorus_
					*							*						*	*	*				5	_medius_
					*					*								*	*	*				5	_minimus_
*												*						*	*	*				5	_niveus_
					*							*						*	*	*				5	_nudiflorus_
					*	*						*						*	*	*				5	_pulchellus_
					*							*						*	*	*				5	_salzamannii_
					*							*						*	*	*				5	_sativus_ & forms
	*				*			*		*			*					*	*	*				5	_sieberi_ & forms
*					*	*						*						*	*	*				5	_speciosus_
					*					*			*					*	*	*				5	_tommasinianus_
*					*			*		*								*	*	*				5	_vernus_
*					*			*		*								*	*	*				5	_versicolor_
		*	*								*							*		*				8	**_Curtonus_** _paniculatus_
			*									*					*	*	*	*				7	**_Cyclamen_** _cilicium_
			*	*						*			*				*	*	*	*				6	_coum_
			*									*					*	*	*	*				8	_graecum_
*			*	*	*							*					*	*	*	*				6	_hederifolium_
			*									*					*	*	*	*				7	_mirabile_
*			*	*	*				*				*				*	*	*	*				8	_persicum_
			*	*						*			*				*	*	*	*				7	_pseudibericum_
			*	*					*		*	*					*	*	*	*				7	_purpurascens_
*			*	*					*	*							*	*	*	*				6	_repandum_
*										*								*			*			9	**_Cyrtanthus_** _mackenii_
		*								*								*			*			9	_o'brienii_
*	*	*	*	*	*			*			*	*				*		*			*		*	8	**_Dahlia_** Cultivars
					*						*	*				*		*			*		*	7	_merckii_
			*		*						*					*		*			*			7	**_Dracunculus_** _vulgaris_
	*												*			*		*	*	*				5	**_Eranthis_** _hyemalis_
	*												*			*		*	*	*				5	× _tubergenii_
					*					*				*			*	*	*	*				6	**_Erythronium_** _dens-canis_
					*					*				*			*	*	*	*				6	_hendersonii_
*										*				*			*	*	*	*				6	_oregonum_
				*						*				*			*	*	*	*				6	_revolutum_
	*									*				*			*	*	*	*				6	_tuolumnense_ & hybrids
*									*		*						*				*			10	**_Eucharis_** _grandiflora_

Bulbs, Corms & Tubers

	Size			Type						Shape							Features		Foliage color			
	Small (up to 30 cm)	Medium (30–90 cm)	Large (over 90 cm)	Deciduous	Evergreen	Bulb	Corm	Tuber	Rhizome	Erect	Non-branching	Tufted	Spreading	Weeping	Clump-forming	Bold leaves	Ornamental foliage	Ornamental fruit	Yellow/gold/russet	Purple/red/bronze	Gray/silver	Variegated
Eucomis autumnalis		*		*		*							*		*	*						
bicolor		*		*		*							*		*	*						
comosa		*		*		*							*		*	*						
pole-evansii		*		*		*							*		*	*						
zambesiacus		*		*		*							*		*	*						
Freesia × kewensis cultivars		*		*			*			*					*							
Fritillaria acmopetala		*		*		*				*	*									*		
camtschatcensis		*		*		*				*	*											
imperialis		*		*		*				*	*											
meleagris	*			*		*				*	*											
pallidiflora		*		*		*				*	*									*		
persica		*		*		*				*	*									*		
pontica		*		*		*				*	*											
pudica	*			*		*				*	*											
pyrenaica		*		*		*				*	*									*		
recurva		*		*		*				*	*											
Galanthus caucasicus	*			*		*				*					*							
elwesii	*			*		*				*					*							
ikariae	*			*		*				*					*							
nivalis & cvs	*			*		*				*					*							
plicatus	*			*		*				*					*							
reginae-olgae	*			*		*				*					*							
Galtonia candicans		*		*		*				*					*							
Gladiolus Butterfly cultivars		*		*			*			*												
byzantinus		*		*			*			*					*							
callianthus		*		*			*			*												
× colvillei		*		*			*			*												
Large-flowered cultivars	*	*		*			*			*				*								
Miniature-flowered cultivars		*		*			*			*												
× nanus		*		*			*			*												
primulinus		*		*			*			*												
primulinus cultivars		*		*			*			*												
tristis		*		*			*			*					*							
Gloriosa rothschildiana		*	*	*				*			*	*										
superba		*	*	*				*			*	*										
Habranthus andersonii	*			*		*				*	*											
brachyandrus	*			*		*				*	*											
Haemanthus albiflos	*				*	*									*	*	*					
coccineus		*		*		*									*	*	*					
katharinae		*		*		*									*		*					
multiflorus		*		*		*									*		*					
Hermodactylus tuberosa	*			*					*	*					*							
Hippeastrum × ackermannii		*		*		*				*					*							
pratense		*		*		*				*					*							
Hyacinthus orientalis & cvs	*					*				*												
Hymenocallis amancaes		*				*				*												

White/cream	Yellow	Orange	Red	Pink	Purple/mauve	Blue	Green	Bicolored	Fragrant	Spring	Summer	Autumn	Winter	Moist	Wet	Dry	Shade	Exposed sites	Coastal sites	Rock gardens	Containers	Specimen	Cut flowers	Climate zone	
*							*				*	*				*			*		*			8	**_Eucomis_** _autumnalis_
				*	*	*					*	*				*			*		*			8	_bicolor_
	*			*	*	*					*	*				*			*		*			8	_comosa_
*											*	*				*			*		*			8	_pole-evansii_
*											*	*				*			*		*			8	_zambesiacus_
*	*	*	*	*	*			*		*			*			*			*	*				9	**_Freesia_** × _kewensis_ cultivars
	*				*		*			*									*	*	*			7	**_Fritillaria_** _acmopetala_
		*	*							*	*									*	*			5	_camtschatcensis_
		*	*	*						*							*		*	*				5	_imperialis_
*			*	*				*		*									*	*	*			5	_meleagris_
	*									*									*	*	*			6	_pallidiflora_
		*								*		*							*	*				7	_persica_
					*		*			*									*	*	*			7	_pontica_
	*									*									*	*	*			7	_pudica_
				*	*					*							*		*	*	*			6	_pyrenaica_
	*		*							*									*	*	*			7	_recurva_
*							*	*		*			*				*		*	*	*			6	**_Galanthus_** _caucasicus_
*							*	*		*			*				*		*	*	*			5	_elwesii_
*							*	*		*							*		*	*	*			7	_ikariae_
*							*	*		*			*				*		*	*	*			5	_nivalis_ & cvs
*							*	*		*							*		*	*	*			5	_plicatus_
*							*	*				*					*		*	*	*			6	_reginae-olgae_
*											*								*		*	*	*	7	**_Galtonia_** _candicans_
*	*		*	*	*			*			*								*		*		*	8	**_Gladiolus_** Butterfly cultivars
*			*	*							*								*		*		*	7	_byzantinus_
*								*				*							*		*		*	9	_callianthus_
*			*								*								*		*		*	8	× _colvillei_
*	*		*	*				*			*								*		*		*	8	Large-flowered cultivars
*	*		*	*	*			*			*								*		*		*	8	Miniature-flowered cultivars
			*	*				*			*								*		*		*	8	× _nanus_
	*							*			*								*		*		*	8	_primulinus_
*	*		*	*				*			*								*		*		*	8	_primulinus_ cultivars
	*							*		*	*								*		*		*	8	_tristis_
	*	*						*			*					*	*				*			9	**_Gloriosa_** _rothschildiana_
	*	*						*			*					*	*				*			9	_superba_
	*	*						*			*					*			*		*			9	**_Habranthus_** _andersonii_
				*	*						*					*			*		*			9	_brachyandrus_
*											*					*	*		*		*			9	**_Haemanthus_** _albiflos_
		*										*				*			*		*			9	_coccineus_
		*									*					*			*		*			9	_katharinae_
		*								*	*					*			*		*			9	_multiflorus_
	*				*		*	*		*						*			*	*	*			7	**_Hermodactylus_** _tuberosa_
*		*	*	*				*		*			*			*			*		*			9	**_Hippeastrum_** × _ackermannii_
			*									*	*			*			*		*			8	_pratense_
*	*		*	*	*	*				*						*			*		*			6	**_Hyacinthus_** _orientalis_ & cvs
*									*		*					*			*		*			9	**_Hymenocallis_** _amancaes_

Bulbs, Corms & Tubers

	Size			Type						Shape								Features		Foliage color			
	Small (up to 30 cm)	Medium (30–90 cm)	Large (over 90 cm)	Deciduous	Evergreen	Bulb	Corm	Tuber	Rhizome	Erect	Non-branching	Tufted	Spreading	Weeping	Clump-forming	Bold leaves	Ornamental foliage	Ornamental fruit	Yellow/gold/russet	Purple/red/bronze	Gray/silver	Variegated
Hymenocallis × *festalis*		*				*				*												
longipetala		*				*				*												
macrostephana		*			*	*				*												
narcissiflora		*				*				*												
Iris *bucharica*	*		*			*				*					*							
danfordiae	*		*			*				*												
histrio	*		*			*				*												
histrioides	*		*			*				*					*							
reticulata cultivars	*		*			*				*					*							
xiphioides		*	*			*				*												
xiphium & cvs		*	*			*				*												
Ixia *maculata*		*	*				*			*												
viridiflora		*	*				*			*												
Ixiolirion *tataricum*		*	*			*				*	*				*							
Lachenalia *aloides*	*		*			*				*							*					
bulbifera	*		*			*				*												
contaminata	*		*			*				*												
glaucina	*		*			*				*												
mutabilis	*		*			*				*												
orchioides	*		*			*				*												
reflexa	*		*			*				*												
Lapeirousia *laxa*	*		*				*			*	*											
Leucocoryne *ixioides*	*		*			*				*	*											
ixioides purpurea	*		*			*				*	*											
Leucojum *aestivum*		*	*			*				*					*							
autumnale	*		*			*				*					*							
nicaense	*		*			*				*												
roseum	*		*			*				*					*							
vernum	*		*			*				*					*							
Lilium *amabile*		*	*			*				*	*											
Asiatic hybrids		*	*			*				*												
auratum forms		*	*			*				*	*											
× *aurelienense*		*	*			*				*	*											
bulbiferum		*	*			*				*	*				*							
canadense		*	*			*				*	*				*							
candidum	*				*	*				*	*											
chalcedonicum	*		*			*				*	*											
columbianum	*		*			*				*	*				*							
davidii forms	*		*			*				*	*				*							
duchartrei	*		*			*				*	*				*							
formosanum	*		*			*				*	*											
hansonii	*		*			*				*	*				*							
henryi		*	*			*				*	*				*							
× *hollandicum*	*		*			*				*	*											
lancifolium forms		*	*			*				*	*				*							
lankongense	*		*			*				*	*				*							

Flowers										Flowering season				Situations suitable								Uses			
White/cream	Yellow	Orange	Red	Pink	Purple/mauve	Blue	Green	Bicolored	Fragrant	Spring	Summer	Autumn	Winter	Moist	Wet	Dry	Shade	Exposed sites	Coastal sites	Rock gardens	Containers	Specimen	Cut flowers	Climate zone	Name
*									*		*						*	*			*			9	*Hymenocallis* × *festalis*
*									*		*						*	*			*			9	*longipetala*
*									*		*						*	*			*			9	*macrostephana*
*									*		*						*	*			*			9	*narcissiflora*
*	*							*		*							*	*			*			8	*Iris bucharica*
	*												*					*	*	*				6	*danfordiae*
					*	*							*					*	*	*				6	*histrio*
					*	*							*					*	*	*				6	*histrioides*
					*	*				*								*	*	*				6	*reticulata* cultivars
*					*	*		*			*						*	*			*		*	7	*xiphioides*
*	*				*	*		*			*						*	*			*		*	7	*xiphium* & cvs
*	*	*	*								*							*			*			9	*Ixia maculata*
						*	*				*							*			*			9	*viridiflora*
						*					*							*	*		*			7	*Ixiolirion tataricum*
	*	*	*					*		*			*			*			*		*			9	*Lachenalia aloides*
		*	*		*	*				*			*			*			*		*			9	*bulbifera*
*		*								*						*			*		*			9	*contaminata*
	*	*			*	*				*						*			*		*			9	*glaucina*
	*	*			*	*				*			*			*			*		*			9	*mutabilis*
*	*	*		*	*	*				*			*			*			*		*			9	*orchioides*
	*	*								*			*			*			*		*			9	*reflexa*
*		*										*	*			*			*		*			9	*Lapeirousia laxa*
*					*					*						*			*		*			9	*Leucocoryne ixioides*
				*	*					*						*			*		*			9	*ixioides purpurea*
*							*	*		*	*			*	*					*	*			6	*Leucojum aestivum*
*												*				*			*	*	*			7	*autumnale*
*										*						*			*	*	*			8	*nicaense*
				*								*	*			*			*	*	*			9	*roseum*
*							*	*		*			*	*	*				*	*	*			6	*vernum*
	*	*									*						*				*			6	*Lilium amabile*
	*	*	*	*	*			*			*						*				*		*	6	Asiatic hybrids
*	*	*					*	*	*	*							*				*	*		6	*auratum* forms
	*	*						*	*	*	*						*				*			6	× *aurelienense*
		*	*								*						*				*			6	*bulbiferum*
	*	*	*							*							*				*			5	*canadense*
*									*		*						*				*			6	*candidum*
		*									*						*				*			7	*chalcedonicum*
	*	*								*	*						*				*			5	*columbianum*
	*	*								*	*						*				*			6	*davidii* forms
*				*				*		*	*						*				*			7	*duchartrei*
*								*		*	*						*				*		*	8	*formosanum*
	*	*								*	*						*				*			5	*hansonii*
		*								*							*				*			6	*henryi*
	*	*									*						*				*			6	× *hollandicum*
	*	*						*		*	*						*				*			5	*lancifolium* forms
*				*					*	*	*						*				*			7	*lankongense*

Bulbs, Corms & Tubers

	Size			Type						Shape							Features		Foliage color			
	Small (up to 30 cm)	Medium (30–90 cm)	Large (over 90 cm)	Deciduous	Evergreen	Bulb	Corm	Tuber	Rhizome	Erect	Non-branching	Tufted	Spreading	Weeping	Clump-forming	Bold leaves	Ornamental foliage	Ornamental fruit	Yellow/gold/russet	Purple/red/russet	Gray/silver/bronze	Variegated
Lilium longiflorum		*		*		*				*	*											
macklinae		*		*		*				*	*				*							
× *maculatum* cultivars		*		*		*				*	*											
martagon & cvs		*		*		*				*	*				*							
martagon hybrids		*		*		*				*	*											
monadelphum		*		*		*				*	*											
nepalense		*		*		*				*	*				*							
Oriental hybrids		*		*		*				*	*				*							
pardalinum			*	*		*				*	*				*							
pyrenaicum		*		*		*				*	*				*							
regale		*		*		*				*	*											
sargentii		*		*		*				*	*											
speciosum & cvs		*		*		*				*	*											
superbum			*	*		*				*	*				*							
szovitsii		*		*		*				*	*											
Trumpet hybrids		*		*		*				*	*											
tsingtauense		*		*		*				*	*											
wardii		*		*		*				*	*				*							
Littonia modesta		*		*				*		*			*									
Lycoris africana		*		*		*				*												
squamigera		*		*		*				*												
Merendera montana	*			*			*			*	*											
Moraea neopavonia		*		*			*			*		*										
ramosissima		*		*			*			*		*										
Muscari armeniacum	*			*		*				*					*							
comosum	*			*		*				*		*										
latifolium	*			*		*				*		*										
macrocarpum	*			*		*				*		*										
moschatum	*			*		*				*		*										
tubergenianum	*			*		*				*					*							
Narcissus asturiensis	*			*		*				*		*										
bulbocodium	*			*		*				*					*							
cyclamineus	*			*		*				*		*										
cyclamineus hybrids	*	*		*		*				*					*							
Jonquil hybrids	*	*		*		*				*					*							
jonquilla	*			*		*				*												
juncifolius	*			*		*				*												
Large Cup hybrids (daffodils)	*	*		*		*				*					*							
nanus	*			*		*				*					*							
obvallaris	*			*		*				*					*							
× odorus	*			*		*				*					*							
poeticus		*		*		*				*					*							
poeticus hybrids	*	*		*		*				*					*							
pseudonarcissus	*			*		*				*					*							
romieuxii	*			*		*				*					*							
rupicola	*			*		*				*												

White/cream	Yellow	Orange	Red	Pink	Purple/mauve	Blue	Green	Bicolored	Fragrant	Spring	Summer	Autumn	Winter	Moist	Wet	Dry	Shade	Exposed sites	Coastal sites	Rock gardens	Containers	Specimen	Cut flowers	Climate zone	
*									*		*						*				*		*	8	**Lilium** *longiflorum*
*			*								*						*				*			7	*macklinae*
		*	*								*						*				*			6	× *maculatum* cultivars
*				*						*	*						*				*			6	*martagon* & cvs
*	*	*	*	*		*				*	*						*				*		*	6	*martagon* hybrids
	*									*	*						*				*			6	*monadelphum*
	*						*	*		*	*						*				*			8	*nepalense*
*	*		*					*	*	*	*						*				*		*	6	Oriental hybrids
	*	*						*		*	*						*				*			7	*pardalinum*
	*	*	*							*	*						*				*			6	*pyrenaicum*
*				*					*	*	*						*				*		*	5	*regale*
*				*					*	*	*						*				*			7	*sargentii*
*			*					*			*						*				*			6	*speciosum* & cvs
		*	*							*	*				*		*				*		*	5	*superbum*
	*									*	*						*				*			6	*szovitsii*
*	*		*	*	*					*	*						*				*		*	6	Trumpet hybrids
	*										*						*				*			6	*tsingtauense*
				*	*			*		*	*						*				*			6	*wardii*
	*										*					*			*		*			9	**Littonia** *modesta*
	*										*	*							*		*			8	**Lycoris** *africana*
			*	*				*			*	*							*		*			8	*squamigera*
		*	*									*		*				*	*	*	*			6	**Merendera** *montana*
		*	*								*								*		*			9	**Moraea** *neopavonia*
	*										*								*		*			9	*ramosissima*
						*				*							*	*	*	*	*			5	**Muscari** *armeniacum*
					*	*				*							*	*	*	*	*			7	*comosum*
					*	*				*							*	*	*	*	*			5	*latifolium*
	*									*								*	*	*	*			6	*macrocarpum*
	*				*			*		*								*	*	*	*			6	*moschatum*
						*				*								*	*	*	*			5	*tubergenianum*
	*									*			*				*	*	*	*	*			5	**Narcissus** *asturiensis*
	*									*		*	*	*	*		*	*	*	*	*			5	*bulbocodium*
	*									*		*	*	*	*		*	*	*	*	*			5	*cyclamineus*
	*									*							*	*	*		*		*	5	*cyclamineus* hybrids
	*	*								*							*	*	*		*		*	5	Jonquil hybrids
	*								*	*							*	*	*	*	*			7	*jonquilla*
	*								*	*							*	*	*	*	*			5	*juncifolius*
*	*							*		*							*	*	*		*		*	5	Large Cup hybrids (daffodils)
	*									*							*	*	*	*	*			5	*nanus*
	*									*							*	*	*	*	*			5	*obvallaris*
	*								*	*							*	*	*	*	*			5	× *odorus*
*	*	*						*	*	*	*			*	*		*	*	*		*		*	5	*poeticus*
*	*	*						*	*	*							*	*	*		*		*	5	*poeticus* hybrids
	*							*		*							*	*	*	*	*			5	*pseudonarcissus*
	*									*			*				*	*	*	*	*			5	*romieuxii*
	*									*							*	*	*	*	*			5	*rupicola*

Bulbs, Corms & Tubers

	Size			Type						Shape							Features		Foliage color			
	Small (up to 30cm)	Medium (30–90cm)	Large (over 90cm)	Deciduous	Evergreen	Bulb	Corm	Tuber	Rhizome	Erect	Non-branching	Tufted	Spreading	Weeping	Clump-forming	Bold leaves	Ornamental foliage	Ornamental fruit	Yellow/gold	Purple/red/russet	Gray/silver	Variegated
Narcissus *scaberulus*	*			*		*				*												
Small Cup hybrids (narcissus)	*	*		*		*				*					*							
tazetta		*		*		*				*					*							
tazetta hybrids	*	*		*		*				*												
triandrus	*			*		*				*												
triandrus hybrids	*	*		*		*				*												
watieri	*			*		*				*												
Nerine *bowdenii*		*		*		*				*					*							
filifolia	*			*		*				*					*							
Hybrid cultivars		*		*		*				*					*							
sarniensis		*		*		*				*					*							
Nomocharis *farreri*		*		*		*				*												
mairei		*		*		*				*												
pardanthina		*		*		*				*												
saluenensis		*		*		*				*												
Notholirion *thomsonianum*		*		*		*				*												
Ornithogalum *arabicum*		*		*		*				*												
balansae	*			*		*						*										
nutans		*		*		*				*			*									
pyramidalis		*		*		*				*												
thyrsoides & cvs		*		*		*				*												
umbellatum		*		*		*				*					*							
Oxalis *adenophylla*	*			*		*							*		*		*					
enneaphylla	*			*		*							*		*		*					
laciniata	*			*		*							*		*		*					
Pamianthe *peruviana*		*			*	*				*					*							
Pancratium *illyricum*		*		*		*				*											*	
maritimum		*		*		*				*												
Polianthes *tuberosus*		*		*				*		*												
Puschkinia *scilloides*	*			*		*				*		*			*							
Rhodohypoxis *baurii* cultivars	*			*				*		*		*	*		*							
Romulea *bulbocodium*	*				*		*			*		*										
rosea	*				*		*			*		*										
Sauromatum *guttatum*		*		*				*		*							*	*				
Scilla *bifolia*	*			*		*						*	*									
hispanica & hybrids		*		*		*				*			*									
mischtschenkoana	*			*		*						*	*									
non-scripta		*		*		*				*			*									
peruviana		*			*	*				*												
sibirica	*			*		*						*	*									
violacea	*				*	*						*	*				*			*		
Sinningia *cardinalis*	*			*				*		*							*					
leucotricha	*			*				*							*		*					
regina	*			*				*							*		*			*	*	
speciosa	*			*				*							*	*						
Sparaxis *tricolor*		*		*			*			*												

	Flowers									Flowering season				Situations suitable								Uses			
White/cream	Yellow	Orange	Red	Pink	Purple/mauve	Blue	Green	Bicolored	Fragrant	Spring	Summer	Autumn	Winter	Moist	Wet	Dry	Shade	Exposed sites	Coastal sites	Rock gardens	Containers	Specimen	Cut flowers	Climate zone	Name
---	---	---	---	---	---	---	---	---	---	---	---	---	---	---	---	---	---	---	---	---	---	---	---	---	---
	*	*								*							*	*	*	*	*			5	***Narcissus** scaberulus*
*	*	*						*		*							*	*	*		*		*	5	Small Cup hybrids (narcissus)
*	*							*	*	*							*	*	*		*		*	7	*tazetta*
*	*	*						*	*	*							*	*	*		*		*	5	*tazetta* hybrids
*	*									*							*	*	*	*	*			5	*triandrus*
*	*							*		*							*	*	*		*		*	5	*triandrus* hybrids
*										*							*	*	*	*	*			7	*watieri*
*				*								*					*	*			*		*	7	***Nerine** bowdenii*
		*	*									*				*	*	*			*			8	*filifolia*
*			*	*	*							*				*	*	*			*		*	8	Hybrid cultivars
		*	*									*				*	*	*			*		*	8	*sarniensis*
			*	*							*			*			*				*			7	***Nomocharis** farreri*
*					*						*			*			*				*			7	*mairei*
				*							*						*				*			7	*pardanthina*
	*		*	*							*			*			*				*			7	*saluenensis*
		*			*				*	*							*		*		*			7	***Notholirion** thomsonianum*
*						*		*		*									*		*			8	***Ornithogalum** arabicum*
*										*			*						*	*	*			6	*balansae*
*						*				*							*		*		*			6	*nutans*
*						*				*									*		*		*	7	*pyramidalis*
*	*										*								*		*		*	9	*thyrsoides* & cvs
*										*						*	*	*	*		*			6	*umbellatum*
			*	*				*		*	*							*	*	*				6	***Oxalis** adenophylla*
*				*				*		*	*							*	*	*				6	*enneaphylla*
			*	*				*		*	*							*	*	*				6	*laciniata*
*									*	*							*				*			10	***Pamianthe** peruviana*
*									*	*	*								*		*			8	***Pancratium** illyricum*
*									*			*							*		*			9	*maritimum*
*									*	*	*	*				*			*		*		*	9	***Polianthes** tuberosus*
*						*		*		*								*	*	*				6	***Puschkinia** scilloides*
*			*	*							*	*						*	*	*	*			8	***Rhodohypoxis** baurii* cultivars
					*	*				*						*		*	*		*			7	***Romulea** bulbocodium*
	*		*	*						*	*					*		*	*		*			8	*rosea*
		*		*						*				*							*			10	***Sauromatum** guttatum*
					*	*				*							*		*	*	*			6	***Scilla** bifolia*
*				*		*				*	*						*		*		*			6	*hispanica* & hybrids
						*				*			*						*	*	*			6	*mischtschenkoana*
*						*				*	*						*		*		*			6	*non-scripta*
*					*	*					*								*		*			7	*peruviana*
*						*				*								*	*	*	*			5	*sibirica*
					*	*					*						*		*	*	*			9	*violacea*
			*								*						*				*			10	***Sinningia** cardinalis*
			*								*						*				*			10	*leucotricha*
					*						*						*				*			10	*regina*
*			*	*							*						*				*			10	*speciosa*
*	*		*		*						*						*				*			8	***Sparaxis** tricolor*

Bulbs, Corms & Tubers

	Size			Type						Shape							Features		Foliage color			
	Small (up to 30 cm)	Medium (30–90 cm)	Large (over 90 cm)	Deciduous	Evergreen	Bulb	Corm	Tuber	Rhizome	Erect	Non-branching	Tufted	Spreading	Weeping	Clump-forming	Bold leaves	Ornamental foliage	Ornamental fruit	Yellow/gold/russet	Purple/red/bronze	Gray/silver	Variegated
Sprekelia formosissima	*			*		*				*												
Sternbergia clusiana	*			*		*						*										
lutea	*			*		*						*										
Streptanthera cuprea	*			*			*			*												
elegans	*			*			*			*												
Tecophilaea cyanocrocus	*			*			*					*	*									
Tigridia pavonia & cvs	*	*		*		*				*	*											
Tulipa acuminata & cvs	*	*		*		*				*												
batalinii & cvs	*			*		*				*											*	
clusiana & varieties	*			*		*				*												
Cottage cultivars		*		*		*				*												
Darwin & Rembrandt cultivars		*		*		*				*												
Darwin hybrids		*		*		*				*												
Double Late cultivars		*		*		*				*												
Early-flowered cultivars	*	*		*		*				*												
fosterana & hybrids	*	*		*		*				*							*					*
gesnerana		*		*		*				*												
greigii & hybrids	*			*		*				*							*			*		
haagiana	*			*		*				*												
humilis & varieties	*			*		*				*												
kaufmanniana & hybrids	*			*		*				*							*					
Lily-flowered cultivars		*		*		*				*												
linifolia	*			*		*				*												
marjolettii		*		*		*				*												
maximowiczii	*			*		*				*												
Mendel cultivars		*		*		*				*												
Parrot cultivars		*		*		*				*												
praestans	*			*		*				*										*		
sylvestris	*			*		*				*												
tarda	*			*		*				*												
Triumph cultivars		*		*		*				*												
turkestanica	*			*		*				*											*	
urumiensis	*			*		*				*												
whittallii		*		*		*				*												
Vallota speciosa & cvs		*			*	*				*					*							
Veltheimia bracteata		*			*	*						*					*	*				
capensis		*		*		*						*						*				
Watsonia arderni		*			*		*			*					*							
beatricis		*		*			*			*					*							
tabularis		*		*			*			*					*							
Zantedeschia aethiopica		*			*				*	*					*		*					
albomaculata		*		*					*	*					*		*					*
elliottiana		*		*					*	*							*					
rehmannii		*		*					*	*												
Zephyranthes candida	*				*	*				*					*							
grandiflora	*			*		*				*					*							

Flowers										Flowering season				Situations suitable								Uses			
White/cream	Yellow	Orange	Red	Pink	Purple/mauve	Blue	Green	Bicolored	Fragrant	Spring	Summer	Autumn	Winter	Moist	Wet	Dry	Shade	Exposed sites	Coastal sites	Rock gardens	Containers	Specimen	Cut flowers	Climate zone	Name
		*								*	*							*			*			9	**Sprekelia** formosissima
	*											*						*	*	*				7	**Sternbergia** clusiana
	*											*						*	*	*				6	lutea
		*		*	*			*		*	*					*		*	*	*				9	**Streptanthera** cuprea
*	*				*			*		*	*					*		*	*	*				9	elegans
*						*				*						*		*	*	*				8	**Tecophilaea** cyanocrocus
*	*		*		*			*			*					*		*	*	*				8	**Tigridia** pavonia & cvs
	*		*					*		*								*			*			5	**Tulipa** acuminata & cvs
*	*									*								*		*	*			5	batalinii & cvs
*	*		*	*				*		*								*			*			5	clusiana & varieties
*	*		*	*	*			*		*	*							*			*		*	5	Cottage cultivars
*	*	*	*	*				*		*								*			*		*	5	Darwin & Rembrandt cultivars
*	*		*	*	*			*		*	*							*			*		*	5	Darwin hybrids
*	*	*	*					*		*								*			*		*	5	Double Late cultivars
*	*	*	*	*				*		*								*			*			5	Early-flowered cultivars
*	*		*					*		*								*			*			5	fosterana & hybrids
	*		*					*		*								*			*			5	gesnerana
	*		*	*				*		*								*		*	*			5	greigii & hybrids
	*		*							*	*							*		*	*			5	haagiana
			*	*	*			*		*								*			*			5	humilis & varieties
*	*		*	*				*		*								*		*	*			5	kaufmanniana & hybrids
*		*	*	*				*		*								*			*		*	5	Lily-flowered cultivars
			*							*								*		*	*			5	linifolia
	*		*	*						*								*			*			5	marjolettii
			*							*								*		*	*			5	maximowiczii
*	*		*					*		*	*							*			*		*	5	Mendel cultivars
*	*		*	*	*			*		*	*							*			*		*	5	Parrot cultivars
			*							*								*		*	*			5	praestans
	*									*							*	*		*	*			5	sylvestris
*	*							*		*							*	*		*	*			5	tarda
*	*	*	*					*		*								*			*		*	5	Triumph cultivars
*										*								*		*	*			5	turkestanica
*	*							*		*							*	*		*	*			5	urumiensis
		*	*							*								*			*			5	whittallii
*			*	*							*	*				*		*			*			9	**Vallota** speciosa & cvs
	*			*						*								*			*			9	**Veltheimia** bracteata
			*			*				*								*			*			9	capensis
*												*					*	*			*		*	8	**Watsonia** arderni
		*	*								*	*					*	*			*		*	9	beatricis
		*	*									*					*	*			*		*	9	tabularis
*							*		*	*	*	*		*	*		*	*			*		*	8	**Zantedeschia** aethiopica
*	*				*			*		*	*					*					*			9	albomaculata
	*									*	*					*					*			9	elliottiana
			*	*	*						*	*				*					*			9	rehmannii
*												*						*	*	*	*			8	**Zephyranthes** candida
			*								*	*						*	*		*			9	grandiflora

Annuals & Biennials

Definitions of chart headings

Annuals and biennials are short-lived flowering plants commonly used to provide a colorful summer display. Annuals grow to maturity in one growing season; biennials flower in their second summer. Some climbing plants and perennials also grow to maturity in one season, and can therefore be grown as half-hardy annuals if preferred, or if you live in a cooler area than their native climate zone (see pp.116–99). For planting schemes for annuals and biennials, see page 29.

Height

Small Up to 30 cm (1 ft).
Medium 30–90 cm (1–3 ft).
Large Over 90 cm (3 ft).

Type

Annual A plant that completes its life cycle within twelve months. Seed sown in spring (or, sometimes, the previous autumn) flowers in summer and then dies in autumn.
Biennial A plant that completes its life cycle within two years. Seed sown in late spring or early summer forms tufts or rosettes of leaves by autumn. The plants overwinter and flower the following late spring to summer, then die. In many cases the lower temperatures of winter are necessary to trigger flowering.
Hardy A plant that tolerates some frost, so that even in areas within zones 7 and 8 (see p.245), seed can be shown *in situ* in autumn or early spring.
Half-hardy A plant that cannot tolerate frost. In zones 1–8 (see p.245), therefore, it is often advantageous to sow seed in a warm place under glass in early to midspring to give the plant a sufficiently long growing season. The young plants are then set outside only when the risk of frost has passed.
Sow in situ An annual or biennial that will develop into a finer plant if sown where it is to flower and not transplanted, thus avoiding root damage.
Sow in autumn Some annuals make far larger plants, that have more flowers, if sown in autumn. In zones 7–9 (see p.245) the young plants require the shelter of a cloche during the hardest weather. (It is not possible to sow in autumn if you live in climate zones 1–6).

Shape

Erect An upright plant formed principally of vertical stems.

Agrostemma githago

Bushy A substantial plant with many freely branching stems.

Nemesia strumosa

Spreading A plant that is as wide as or wider than it is tall, with its stems or leaves growing more or less horizontally.

Tropaeolum majus dwarf cultivar

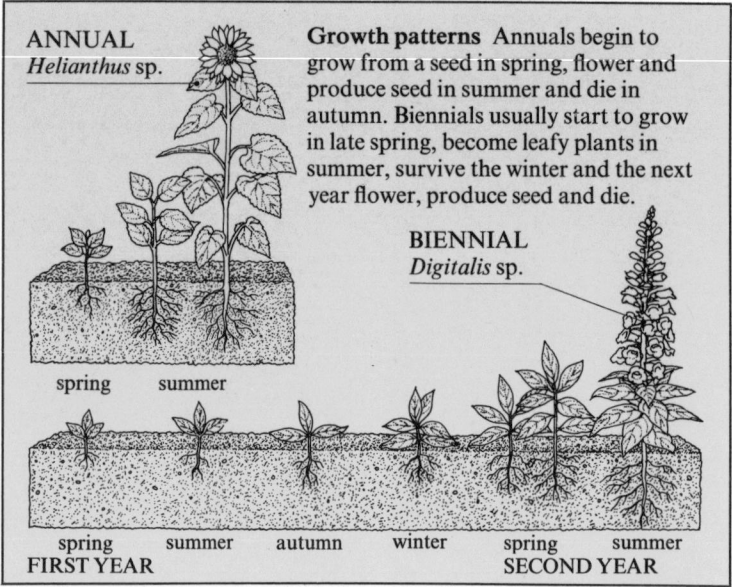

ANNUAL
Helianthus sp.

Growth patterns Annuals begin to grow from a seed in spring, flower and produce seed in summer and die in autumn. Biennials usually start to grow in late spring, become leafy plants in summer, survive the winter and the next year flower, produce seed and die.

BIENNIAL
Digitalis sp.

spring   summer

spring   summer   autumn   winter   spring   summer
FIRST YEAR   SECOND YEAR

Prostrate/mat A plant whose main stems lie flat on the ground, often forming good groundcover.

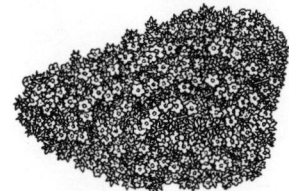

Anagallis linifolia

Features

Bold leaves Large leaves (at least 10 cm/4 in long) with a distinctive shape.
Ferny leaves Leaves formed of finely cut leaflets, like those of most ferns.
Ornamental foliage Leaves that are attractive in their own right, without the embellishment of flowers. It is usually their effect *en masse* that is appealing.
Ornamental fruit Berries, seed pods or other fruits that are colored or attractively shaped.

Foliage color

Two or more colors given for one plant indicate either that the leaves on different individuals or varieties of that species can vary, or that leaf color changes from season to season.
Gray/silver These colors are often due to a layer of felty or cottonlike white hairs covering the leaves.
Variegated Speckled, blotched, lined, or margined with a contrasting color, usually white, cream or yellow.

Flowers

Two or more colors given for one plant indicate either that the flowers on different individuals or varieties of that species can vary or, if the flowers are bicolored, that each flower is made up of two or more boldly contrasting colors.

Flowering season

Two or more seasons given for one plant indicate continuous or recurrent flowering. There are no winter-flowering annuals (but see "Out of season flowering", below).

Situations suitable

All the plants featured in this section are suitable for growing in small gardens.
Wet Tolerates or prefers a soil that is more or less permanently wet, although usually less so in summer.
Dry Tolerates or prefers a well-drained soil that dries out fairly rapidly after rain.
Shade Tolerates or prefers the mainly sunless shade of high north-facing walls or hedges that are open to the sky above, or the dappled shade of deciduous trees. (Most plants that require direct sunlight will tolerate half-day illumination.)
Exposed sites Hillsides or flat areas with no protection from strong prevailing winds.
Coastal sites Within one mile of the seashore.
Rock gardens Naturalistic arrangements of rocks and well-drained soil for growing and displaying the small plants native to rocky or sandy places and alpine regions.
Containers Suitable for long-term cultivation in pots, tubs or windowboxes.

Chrysanthemum carinatum

Uses

Groundcover An attractive low plant that will cover the soil completely, preventing or curtailing the growth of weeds.
Specimen A bold or dramatic plant that looks good when grown on its own or in small groups due to its strong geometric shape, handsome foliage or beautiful flowers.
Bedding A plant that is suited to growing *en masse* for a lasting display.
Cut flowers A plant with long-lasting flowers on strong stems that is suitable for flower arranging.
Out-of-season flowers For cool greenhouses: a plant that can be sown under glass in late summer, early autumn or late winter to bloom in the greenhouse well ahead of its usual season either the same or the following year.
Self-seeding A plant that will (under ideal conditions) regularly produce a crop of self-sown seedlings, as long as it is allowed to develop seed.
Climate zone Annuals and biennials can be grown in any climate zone, but in zones 1–9 (see p.245) some of them must be sown under glass or (in the case of biennials) protected during the winter to avoid exposure to frost; see **Hardy** and **Half-hardy** definitions, above.

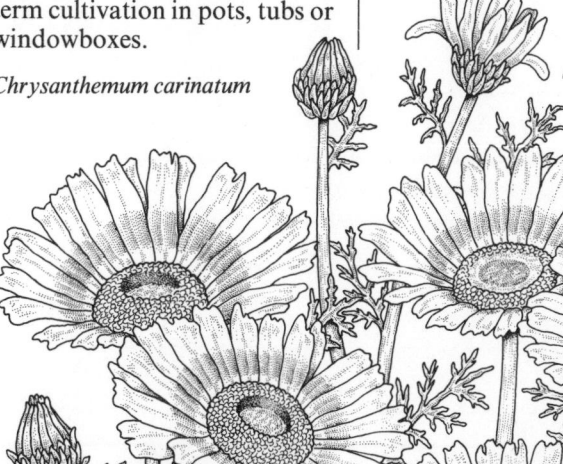

Annuals & Biennials

Species	Small (up to 30cm)	Medium (30–90cm)	Large (over 90cm)	Annual	Biennial	Hardy	Half-hardy	Sow in situ	Sow in autumn	Erect	Bushy	Spreading	Prostrate/mat	Bold leaves	Ferny leaves	Ornamental foliage	Ornamental fruit	Yellow/gold/russet	Purple/red/bronze	Gray/silver	Variegated
Abronia umbellata	*			*		*						*									
villosa	*			*		*						*									
Adonis annua	*			*		*	*	*		*					*						
Ageratum houstonianum & cvs	*	*		*			*				*	*									
Agrostemma githago		*		*		*		*	*	*											
Amaranthus caudatus		*		*			*			*	*										
hypochondriacus		*		*			*			*	*										
tricolor & cvs		*		*			*			*	*					*		*	*		
Ammobium alatum		*		*			*			*											
Anagallis arvensis	*			*	*	*	*					*									
linifolia	*			*			*					*									
Argemone mexicana		*		*	*	*				*						*				*	
Asperula orientalis		*		*		*			*	*	*										
Atriplex hortensis rubra			*	*		*		*		*						*			*		
Borago officinalis		*		*		*	*	*	*	*	*			*		*					
Brachycome iberidifolia	*			*			*				*	*									
Briza maxima		*		*		*	*	*		*						*					
Browallia viscosa		*		*			*			*	*										
Calceolaria × herbeo-hybrida		*			*		*			*	*			*							
mexicana	*				*	*				*	*										
Calendula officinalis & cvs		*		*		*		*	*	*	*										
Callistephus chinensis & cvs	*	*		*			*			*	*										
Campanula medium		*			*	*				*				*							
Capsicum annuum & cvs	*	*		*			*			*	*						*				
Celosia argentea & forms	*	*		*			*			*											
Centaurea cyanus		*		*		*		*	*	*	*										
moschata		*		*		*		*		*										*	
Cheiranthus cheiri		*			*	*		*		*	*										
Chrysanthemum carinatum		*		*		*		*		*	*										
coronarium		*		*		*		*		*	*										
Cladanthus arabicus		*		*		*		*		*	*				*						
Clarkia amoena		*		*		*		*	*	*	*										
unguiculata		*		*		*		*	*	*	*										
Cleome spinosa		*		*			*			*						*					
Coix lachryma		*		*			*			*							*				
Collinsia heterophylla		*		*		*		*		*											
Convolvulus tricolor		*		*		*					*	*									
Coreopsis tinctoria		*		*		*		*	*	*											
Cosmos bipinnatus & cvs		*		*			*			*	*				*	*					
sulphureus & cvs		*		*			*			*	*				*	*					
Cotula barbata	*			*			*			*											
Crepis rubra		*		*		*						*									
Cynoglossum amabile		*		*	*	*		*	*	*											
Dahlia × variabilis		*		*			*			*	*										
Datura metel		*		*			*			*				*							
Delphinium ajacis		*		*		*		*	*	*					*						

Flowers										Flowering season			Situations suitable							Uses						
White/cream	Yellow	Orange	Red	Pink	Purple/mauve	Blue	Green	Bicolored	Fragrant	Spring	Summer	Autumn	Wet	Dry	Shade	Exposed sites	Coastal sites	Rock gardens	Containers	Ground cover	Specimen	Bedding	Cut flowers	Out-of-season flowers	Self-seeding	
			*						*	*	*	*		*		*	*	*	*							***Abronia* umbellata**
		*		*						*	*	*		*		*	*									*villosa*
		*									*			*		*	*								*	***Adonis* annua**
*				*	*	*					*				*	*	*		*			*				***Ageratum* houstonianum & cvs**
		*		*							*				*	*	*						*		*	***Agrostemma* githago**
		*				*					*					*						*	*			***Amaranthus* caudatus**
		*				*					*					*						*	*			*hypochondriacus*
		*									*					*	*					*				*tricolor & cvs*
*											*			*		*						*				***Ammobium* alatum**
		*			*						*		*	*		*	*	*							*	***Anagallis* arvensis**
		*			*						*					*	*	*	*							*linifolia*
*											*			*		*	*								*	***Argemone* mexicana**
					*				*		*				*	*	*	*							*	***Asperula* orientalis**
		*									*			*		*	*					*				***Atriplex* hortensis rubra**
					*						*		*		*	*	*		*						*	***Borago* officinalis**
					*	*					*	*		*		*	*	*	*			*				***Brachycome* iberidifolia**
	*						*				*					*	*						*		*	***Briza* maxima**
					*	*				*	*	*			*	*		*						*		***Browallia* viscosa**
	*	*	*					*		*	*				*				*			*				***Calceolaria* × herbeo-hybrida**
	*										*				*	*	*	*	*							*mexicana*
	*	*									*		*	*	*	*	*		*			*	*	*		***Calendula* officinalis & cvs**
*	*		*	*	*			*			*				*	*			*			*	*			***Callistephus* chinensis & cvs**
*	*		*	*	*						*				*	*			*					*		***Campanula* medium**
*											*					*			*					*		***Capsicum* annuum & cvs**
*	*		*								*					*			*			*				***Celosia* argentea & forms**
*			*	*	*	*					*					*						*	*	*		***Centaurea* cyanus**
*	*		*	*	*			*			*					*						*	*	*		*moschata*
*	*	*	*					*			*				*	*	*	*	*			*	*			***Cheiranthus* cheiri**
*	*		*	*				*			*		*			*	*					*				***Chrysanthemum* carinatum**
*	*										*		*			*	*					*	*			*coronarium*
	*										*				*	*	*					*				***Cladanthus* arabicus**
*			*	*	*						*					*	*	*	*			*	*			***Clarkia* amoena**
*			*	*	*						*		*		*	*	*		*			*	*	*		*unguiculata*
*				*				*			*					*			*			*				***Cleome* spinosa**
							*				*					*						*				***Coix* lachryma**
*				*				*			*				*				*			*	*		*	***Collinsia* heterophylla**
*	*		*	*	*	*		*			*					*			*			*				***Convolvulus* tricolor**
	*		*					*			*				*	*	*		*			*			*	***Coreopsis* tinctoria**
*			*	*	*						*					*	*		*			*	*			***Cosmos* bipinnatus & cvs**
	*	*									*					*	*		*			*	*			*sulphureus & cvs*
	*										*		*			*	*					*				***Cotula* barbata**
*				*							*		*			*	*	*								***Crepis* rubra**
						*					*				*	*	*		*				*		*	***Cynoglossum* amabile**
*	*	*	*		*			*			*	*	*		*		*	*		*			*	*		***Dahlia* × variabilis**
*	*				*						*					*	*		*	*						***Datura* metel**
			*	*	*	*					*		*	*		*	*		*				*		*	***Delphinium* ajacis**

Annuals & Biennials

	Small (up to 30 cm)	Medium (30–90 cm)	Large (over 90 cm)	Annual	Biennial	Hardy	Half-hardy	Sow in situ	Sow in autumn	Erect	Bushy	Spreading	Prostrate/mat	Bold leaves	Ferny leaves	Ornamental foliage	Ornamental fruit	Yellow/gold/russet	Purple/red/bronze	Gray/silver	Variegated
	Size			**Type**						**Shape**				**Features**				**Foliage color**			
Delpinium *consolida*		*		*		*		*	*	*					*						
Digitalis × *mertonensis*		*			*	*				*				*		*					
purpurea & cvs		*			*	*				*				*		*					
Dimorphotheca *pluvialis*	*			*			*				*	*				*					
sinuata	*			*			*				*	*									
Dorotheanthus *bellidiformis*	*			*									*			*					
Ecballium *elaterium*	*						*						*				*				
Echium *lycopsis*		*			*	*		*	*	*	*										
pininiana			*		*	*				*				*		*					
vulgare		*			*	*		*	*	*	*										
Emilia *javanica*	*			*			*			*											
Eschscholzia *caespitosa*	*			*		*	*	*	*	*	*				*	*				*	
californica	*			*		*	*	*	*	*	*				*	*				*	
Eucalyptus *globulus*		*					*									*				*	
Euphorbia *lathyris*		*			*	*		*	*	*						*					
marginata		*		*		*		*	*	*	*					*					*
Exacum *affine*	*			*			*			*	*										
Felicia *bergeriana*	*			*			*			*	*										
Gaillardia *aristata*		*			*	*				*	*										
pulchella	*			*		*				*	*										
Gilia *capitata*	*			*		*		*	*	*											
tricolor	*			*		*		*	*	*											
Glaucium *corniculatum*	*			*	*	*				*	*					*					
Gomphrena *globosa*	*			*			*			*	*										
Gypsophila *elegans*	*			*		*		*	*	*	*										
Helianthus *annuus*		*	*	*		*				*				*							
debilis	*			*		*				*											
Helichrysum *bracteatum* & cvs	*			*			*			*	*										
Helipterum *manglesii*	*			*		*	*			*											
roseum	*			*			*			*	*										
Hibiscus *moscheutos*	*						*			*	*										
trionum	*			*		*	*			*											
Hordeum *jubatum*	*			*		*		*	*	*											
Humea *elegans*	*				*	*				*						*					
Iberis *amara*	*			*		*		*	*	*	*										
umbellata	*			*		*		*	*	*											
Impatiens *balsamina*	*			*			*			*											
glandulifera	*			*		*	*			*											
wallerana	*						*				*	*				*					
Ionopsidium *acaule*	*			*		*				*											
Ipomopsis *aggregata*	*				*	*				*						*					
Kochia *trichophylla*		*		*			*			*						*			*		
Lagurus *ovatus*	*			*		*		*	*	*						*					
Lamarckia *aurea*	*			*		*		*	*	*	*										
Lathyrus *odoratus* dwarf cultivars	*			*						*	*	*									
Lavatera *arborea*		*			*	*	*			*				*							

White/cream	Yellow	Orange	Red	Pink	Purple/mauve	Blue	Green	Bicolored	Fragrant	Spring	Summer	Autumn	Wet	Dry	Shade	Exposed sites	Coastal sites	Rock gardens	Containers	Ground cover	Specimen	Bedding	Cut flowers	Out-of-season flowers	Self-seeding	
		*	*	*	*	*					*		*	*		*	*		*			*			*	***Delphinium** consolida*
			*								*				*							*				***Digitalis*** × *mertonensis*
*			*	*							*		*		*							*	*		*	*purpurea & cvs*
*	*				*						*	*				*	*		*				*			***Dimorphotheca** pluvialis*
*	*										*	*				*	*		*				*			*sinuata*
*		*	*					*			*				*	*	*	*	*	*		*				***Dorotheanthus** bellidiformis*
	*										*						*	*		*						***Ecballium** elaterium*
			*	*	*						*		*	*		*	*		*			*		*	*	***Echium** lycopsis*
						*					*					*			*						*	*pininiana*
				*	*						*		*	*		*	*		*			*			*	*vulgare*
	*	*	*								*	*				*			*			*				***Emilia** javanica*
	*										*			*		*	*	*					*			***Eschscholzia** caespitosa*
*	*	*	*					*			*			*		*	*						*		*	*californica*
*											*					*	*				*	*				***Eucalyptus** globulus*
	*						*			*	*	*	*		*	*									*	***Euphorbia** lathyris*
*							*				*	*			*	*	*								*	*marginata*
				*	*			*		*	*	*							*			*	*			***Exacum** affine*
						*				*	*	*			*	*	*	*				*	*			***Felicia** bergeriana*
	*		*		*			*			*	*				*	*					*	*		*	***Gaillardia** aristata*
	*		*		*			*			*	*				*	*					*	*		*	*pulchella*
					*						*					*	*		*			*			*	***Gilia** capitata*
	*				*						*					*	*		*			*			*	*tricolor*
		*	*								*			*		*	*	*							*	***Glaucium** corniculatum*
*	*	*		*	*						*					*		*				*				***Gomphrena** globosa*
*				*							*					*						*	*			***Gypsophila** elegans*
	*										*	*	*			*					*					***Helianthus** annuus*
	*	*	*								*	*	*			*					*					*debilis*
*	*	*	*	*							*	*			*	*			*			*	*			***Helichrysum** bracteatum & cvs*
				*							*				*	*	*					*				***Helipterum** manglesii*
*				*							*	*			*	*	*	*	*			*				*roseum*
*		*	*								*		*			*	*			*						***Hibiscus** moscheutos*
*		*						*			*				*	*									*	*trionum*
				*	*						*			*		*	*								*	***Hordeum** jubatum*
		*	*							*	*					*					*	*				***Humea** elegans*
*				*				*	*	*				*		*	*		*				*	*		***Iberis** amara*
*			*	*	*						*			*		*	*		*				*	*		*umbellata*
*	*		*	*	*						*					*		*				*				***Impatiens** balsamina*
*			*	*							*		*		*										*	*glandulifera*
*		*	*	*				*			*				*		*		*			*				*wallerana*
					*						*	*			*		*	*							*	*	***Ionopsidium** acaule*
*	*		*	*							*					*		*				*				***Ipomopsis** aggregata*
														*	*	*					*					***Kochia** trichophylla*
*											*			*		*	*					*	*		*	***Lagurus** ovatus*
	*										*			*		*	*	*							*	***Lamarckia** aurea*
*			*	*	*	*		*	*		*	*				*	*		*	*	*	*	*	*		***Lathyrus** odoratus dwarf cultivars*
				*							*	*	*		*		*	*			*				*	***Lavatera** arborea*

Annuals & Biennials

	Size			Type						Shape				Features				Foliage color			
	Small (up to 30cm)	Medium (30–90cm)	Large (over 90cm)	Annual	Biennial	Hardy	Half-hardy	Sow in situ	Sow in autumn	Erect	Bushy	Spreading	Prostrate/mat	Bold leaves	Ferny leaves	Ornamental foliage	Ornamental fruit	Yellow/gold/russet	Purple/red/bronze	Gray/silver	Variegated
Lavatera trimestris		*		*		*		*		*	*										
Layia elegans		*		*		*		*		*	*										
Limnanthes douglasii	*			*		*		*	*			*	*		*						
Limonium sinuatum		*		*	*	*				*	*			*							
suworowii		*		*			*			*	*			*							
Linanthus androsaceus	*			*		*		*		*	*										
Linaria maroccana		*		*		*		*		*											
Linum grandiflorum		*		*		*		*		*											
Lisianthus spicata		*		*																	
Lobelia erinus	*			*			*				*	*							*		
Lobularia maritima	*			*		*					*	*									
Lonas annua	*			*			*			*	*										
Lopezia hirsuta		*		*																	
Lotus tetragonolobus	*			*						*	*						*				
Lunaria annua		*			*	*		*		*						*	*				
Malcolmia maritima	*			*		*		*	*	*											
Malope trifida		*		*		*		*	*	*	*										
Martynia annua		*		*			*			*							*				
Matthiola incana & cvs		*		*	*	*				*	*									*	
Meconopsis betonicifolia		*			*	*				*				*							
dhwojii		*			*	*				*					*	*					
horridula		*			*	*				*					*	*					
integrifolia		*			*	*				*						*					
napaulensis		*			*	*				*						*					
paniculata		*			*	*				*						*					
regia		*			*	*				*						*					
superba		*			*	*				*						*					
Mentzelia lindleyi		*		*		*				*	*			*							
Mirabilis jalapa		*					*			*	*										
Moluccella laevis		*		*		*				*	*						*				
Montia perfoliata	*			*		*		*	*	*	*			*							
sibirica	*			*		*		*	*	*	*										
Nemesia strumosa		*		*			*			*	*										
Nemophila maculata	*			*		*		*				*				*					
menziesii & cvs	*			*		*		*				*			*	*					
Nicandra physalodes		*		*		*				*	*			*			*				
Nicotiana × sanderae		*		*			*			*											
Nigella damascena		*		*		*		*	*	*						*	*				
hispanica		*		*		*		*		*						*					
Nolana paradoxa	*			*			*					*	*								
Ocimum basilicum		*		*			*			*											
Omphalodes linifolia	*			*		*		*	*	*										*	
Onopordum acanthium			*		*	*				*				*		*				*	
Osteospermum hyoseroides		*		*			*			*	*										
Panicum miliaceum		*		*				*	*	*									*		
Papaver rhoeas & cvs		*		*		*		*	*	*						*					

Species	White/cream	Yellow	Orange	Red	Pink	Purple/mauve	Blue	Green	Bicolored	Fragrant	Spring	Summer	Autumn	Wet	Dry	Shade	Exposed sites	Coastal sites	Rock gardens	Containers	Ground cover	Specimen	Bedding	Cut flowers	Out-of-season flowers	Self-seeding
Lavatera trimestris	*			*								*	*		*		*						*	*		*
Layia elegans	*	*							*			*					*	*	*					*		
Limnanthes douglasii	*	*							*		*	*	*	*		*	*	*	*		*					*
Limonium sinuatum	*				*	*						*				*	*	*	*				*	*	*	
suworowii					*							*	*			*	*	*	*				*	*	*	
Linanthus androsaceus	*	*		*	*	*						*				*	*	*								*
Linaria maroccana				*	*	*	*		*			*				*	*							*		*
Linum grandiflorum	*		*									*					*	*								*
Lisianthus spicata				*	*	*						*	*													
Lobelia erinus	*			*	*		*					*	*			*	*	*	*	*	*			*		*
Lobularia maritima	*			*	*	*				*		*	*		*	*	*	*			*		*			*
Lonas annua		*										*	*				*						*			
Lopezia hirsuta					*	*						*	*													
Lotus tetragonolobus		*										*					*	*	*							
Lunaria annua	*				*						*			*		*								*		*
Malcolmia maritima	*			*	*	*						*				*	*	*	*						*	*
Malope trifida	*			*	*	*						*	*			*	*							*		*
Martynia annua	*			*	*							*		*		*	*									
Matthiola incana & cvs	*	*		*	*	*				*	*	*	*			*	*	*					*	*	*	
Meconopsis betonicifolia						*	*					*				*	*					*				
dhwojii		*										*				*	*					*				
horridula	*					*	*					*				*	*					*				
integrifolia		*										*				*	*	*				*				
napaulensis	*			*	*	*	*					*				*	*					*				*
paniculata		*										*				*	*					*				
regia		*										*				*	*					*				
superba	*											*				*	*					*				
Mentzelia lindleyi		*							*			*			*		*	*	*						*	
Mirabilis jalapa	*	*		*	*				*			*		*			*	*				*				
Moluccella laevis	*							*				*					*	*						*		
Montia perfoliata	*											*		*	*	*	*	*								*
sibirica					*							*		*	*	*	*	*								*
Nemesia strumosa	*		*	*	*				*			*					*						*			
Nemophila maculata	*				*							*				*	*	*							*	*
menziesii & cvs	*						*					*				*	*	*							*	*
Nicandra physalodes							*					*				*	*		*							
Nicotiana × sanderae	*			*	*			*	*			*		*		*	*						*	*		
Nigella damascena	*				*	*	*					*				*	*	*						*		*
hispanica							*					*				*	*	*						*		*
Nolana paradoxa						*	*		*			*				*	*	*	*	*	*					
Ocimum basilicum	*					*						*					*	*								
Omphalodes linifolia	*						*					*				*	*	*								*
Onopordum acanthium						*						*	*		*	*	*					*				
Osteospermum hyoseroides		*	*									*					*	*	*							
Panicum miliaceum					*			*				*					*	*						*		*
Papaver rhoeas & cvs	*			*	*				*			*			*	*	*	*								*

Annuals & Biennials

	Size			Type						Shape				Features				Foliage color			
	Small (up to 30cm)	Medium (30–90cm)	Large (over 90cm)	Annual	Biennial	Hardy	Half-hardy	Sow in situ	Sow in autumn	Erect	Bushy	Spreading	Prostrate/mat	Bold leaves	Ferny leaves	Ornamental foliage	Ornamental fruit	Yellow/gold/russet	Purple/red/bronze	Gray/silver	Variegated
Papaver *somniferum*		*	*	*		*		*		*						*	*			*	
Perilla *frutescens* & cvs		*	*				*			*	*					*					
Petunia × *hybrida* cultivars	*		*				*				*	*									
Phacelia *campanularia*	*		*	*		*		*		*	*										
tanacetifolia		*	*	*		*		*	*						*	*					
Phalaris *canariensis*		*	*	*		*		*		*						*					
Phlox *drummondii* & cvs	*	*	*				*			*	*	*									
Platystemon *californicus*	*		*	*		*		*	*	*	*					*				*	
Portulaca *grandiflora*	*		*				*					*	*								
Reseda *odorata*		*	*	*		*		*		*	*										
Salpiglossis *sinuata* & cvs		*	*				*			*											
Salvia *haematodes*		*	*		*					*				*							
horminum		*	*	*						*											
sclarea		*	*		*					*				*							
splendens		*	*				*			*	*										
Sanvitalia *procumbens*	*		*				*						*					*			
Scabiosa *atropurpurea*		*	*	*		*		*	*	*											
Schizanthus *pinnatus* & cvs		*	*				*			*	*				*						
× *wisetonensis* cultivars		*	*				*			*	*				*						
Setaria *italica*		*	*	*		*		*		*							*				
Silene *armeria*		*	*	*	*		*		*	*										*	
coeli-rosea		*	*	*		*		*		*											
pendula	*		*	*						*	*										
Silybum *marianum*		*	*	*	*		*			*				*		*				*	*
Solanum *melongena*		*	*				*			*				*			*				
Stylomecon *heterophylla*		*	*	*		*		*		*				*							
Tagetes *erecta* & cvs		*	*				*			*											
patula & cvs	*	*	*				*			*	*										
tenuifolia & cvs	*	*	*				*			*	*				*						
Tithonia *diversifolia*		*	*				*			*				*							
Torenia *fournieri*	*		*				*			*	*										
Trachymene *coerulea*		*	*				*			*					*						
Tropaeolum *majus* dwarf cultivars	*		*	*		*					*	*		*		*					
Ursinia *anthemoides*		*	*				*			*	*										
calenduliflora	*		*				*			*	*										
Venidio-arctotis Hybrid cultivars		*	*				*			*	*	*		*							
Venidium *fastuosum*		*	*				*			*	*			*						*	
Verbascum *bombyciferum*		*		*	*					*				*		*				*	
densiflorum		*		*	*					*				*		*				*	
olympicum			*	*	*					*				*		*				*	
vernale		*		*	*					*				*							
Xeranthemum *annuum*		*	*	*		*		*		*											
Zea *mays*		*	*				*			*				*					*		*
Zinnia *angustifolia*		*	*				*			*	*										
elegans		*	*				*			*											
haageana & cvs	*	*	*				*			*	*										

Flowers										Flowering season			Situations suitable							Uses						Name
White/cream	Yellow	Orange	Red	Pink	Purple/mauve	Blue	Green	Bicolored	Fragrant	Spring	Summer	Autumn	Wet	Dry	Shade	Exposed sites	Coastal sites	Rock gardens	Containers	Ground cover	Specimen	Bedding	Cut flowers	Out-of-season flowers	Self-seeding	
*			*	*				*			*		*	*	*	*									*	***Papaver** somniferum*
*											*				*				*			*				***Perilla** frutescens & cvs*
*	*		*	*	*			*			*					*	*	*	*			*		*		***Petunia** × hybrida cultivars*
						*					*			*		*	*	*	*					*	*	***Phacelia** campanularia*
					*	*					*			*		*							*		*	*tanacetifolia*
*							*				*			*		*	*	*					*		*	***Phalaris** canariensis*
*			*	*	*			*			*					*			*			*				***Phlox** drummondii & cvs*
	*										*			*		*	*						*		*	***Platystemon** californicus*
*	*		*	*	*						*			*		*	*	*	*	*		*				***Portulaca** grandiflora*
*	*	*							*		*					*	*					*	*	*	*	***Reseda** odorata*
	*		*	*	*	*		*			*					*	*					*	*	*		***Salpiglossis** sinuata & cvs*
					*	*					*				*	*					*					***Salvia** haematodes*
*				*	*	*					*			*		*						*	*			*horminum*
*				*	*	*					*					*					*					*sclarea*
*			*	*							*					*			*			*				*splendens*
	*		*	*				*			*			*		*			*	*		*				***Sanvitalia** procumbens*
	*		*	*							*			*		*							*	*		***Scabiosa** atropurpurea*
*	*		*	*	*			*			*					*			*			*		*		***Schizanthus** pinnatus & cvs*
*	*		*	*	*			*			*					*			*			*		*		*× wisetonensis cultivars*
	*		*	*			*				*			*		*							*		*	***Setaria** italica*
*			*										*	*	*	*									*	***Silene** armeria*
*			*	*	*						*			*		*							*		*	*coeli-rosea*
			*	*							*			*		*	*	*	*			*				*pendula*
			*		*		*				*		*	*	*	*	*								*	***Silybum** marianum*
					*						*					*			*							***Solanum** melongena*
			*								*				*	*			*							***Stylomecon** heterophylla*
	*	*						*			*			*		*			*			*				***Tagetes** erecta & cvs*
	*	*	*					*			*			*		*			*			*				*patula & cvs*
	*										*			*		*			*			*				*tenuifolia & cvs*
	*	*								*	*					*					*	*				***Tithonia** diversifolia*
*				*				*			*				*				*							***Torenia** fournieri*
						*					*				*				*			*	*			***Trachymene** coerulea*
	*	*	*					*		*	*					*	*		*	*		*				***Tropaeolum** majus dwarf cultivars*
	*			*				*			*			*		*	*	*				*				***Ursinia** anthemoides*
*		*						*			*					*	*	*				*				*calenduliflora*
*	*	*	*	*						*	*			*		*	*		*			*				***Venidio-arctotis** Hybrid cultivars*
*	*	*									*			*		*			*			*				***Venidium** fastuosum*
	*										*			*		*	*				*				*	***Verbascum** bombyciferum*
	*										*			*		*	*				*				*	*densiflorum*
	*										*			*		*	*				*				*	*olympicum*
	*										*		*	*	*	*					*				*	*vernale*
*				*	*						*			*			*	*					*			***Xeranthemum** annuum*
*							*			*	*					*			*		*	*				***Zea** mays*
	*	*	*								*					*			*			*	*			***Zinnia** angustifolia*
*	*		*	*	*						*					*			*			*	*			*elegans*
	*	*	*					*			*					*			*			*				*haageana & cvs*

Water Plants

Definitions of chart headings

All the plants in this section either live in water or require flooded soil to grow satisfactorily. **Submerged** plants (see chart), such as *Elodea canadensis* (Canadian waterweed) and *Myriophyllum* (water milfoil) add interest to an empty pond and provide cover and oxygen for fish. **Floating** and **Free-floating** plants, such as *Nymphaea* (water lily), clothe the surface of a pond, and **Emergent** and **Marginal** plants, for example *Butomus* (flowering rush), marry the water to the land and can be used to mask the edge of a concrete or plastic liner. See page 30 for advice on choosing water plants.

Height

In this section, "Height" refers to height above water, or length if the plant is totally submerged.
Small Up to 30 cm (1 ft).
Medium 30–90 cm (1–3 ft).
Large Over 90 cm (3 ft).
Fast-growing Grows to maturity in one growing season.

Type

Herbaceous Leaves die back to ground level each autumn.
Evergreen Leafy throughout the year. A few evergreen plants may lose their leaves in an exceptionally hard winter.
Submerged The plant lies below the surface of the water, except when in flower. It is usually rooted on the pond bottom.
Floating (rooted) Some or all of the leaves float on the surface, but the plant is rooted on the pond bottom.
Free-floating The plant floats on the surface with its roots suspended in the water.
Emergent Rooted on the pond bottom but with most of the plant visible above the water.
Marginal Grows in the wet soil or very shallow water at the edge of a natural pond or lake. Suitable for shallow ledges in concrete and plastic pool-liners.
Grass, rush or sedge A plant with very slender, often arching, narrow leaves and, usually, insignificant flowers.
Fern A foliage plant that reproduces by spores rather than seeds.

Shape

Erect An upright plant formed principally of vertical stems.

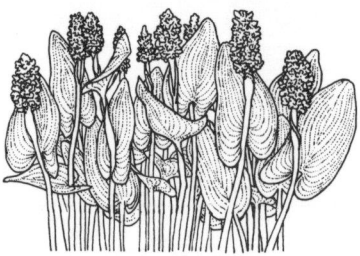

Pontederia cordata

Solitary rosette The plant consists of a single rosette of leaves.

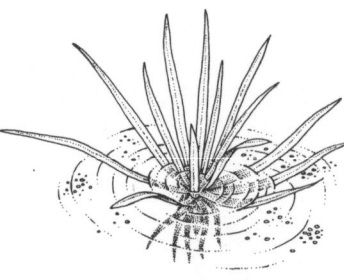

Stratiotes aloides

Tufted Leaves or stems arising from one point.

Hottonia palustris

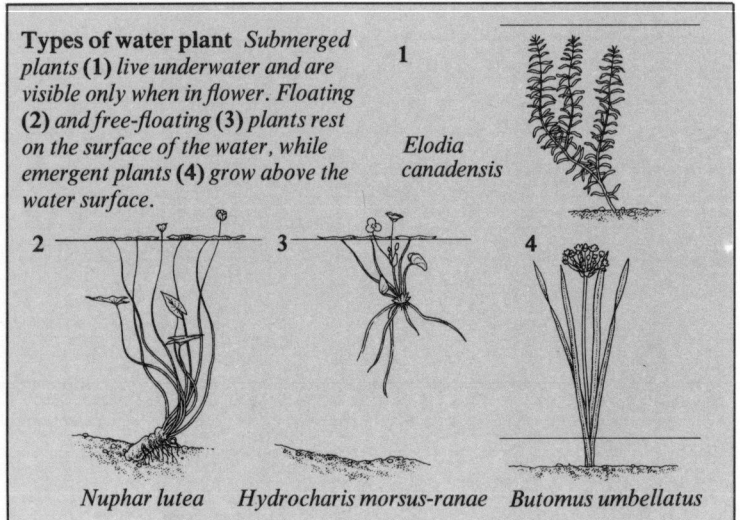

Types of water plant *Submerged plants* **(1)** *live underwater and are visible only when in flower. Floating* **(2)** *and free-floating* **(3)** *plants rest on the surface of the water, while emergent plants* **(4)** *grow above the water surface.*

1 *Elodia canadensis*

2 *Nuphar lutea*   3 *Hydrocharis morsus-ranae*   4 *Butomus umbellatus*

Spreading A plant that is as wide as or wider than it is tall, with its stems or leaves growing more or less horizontally.

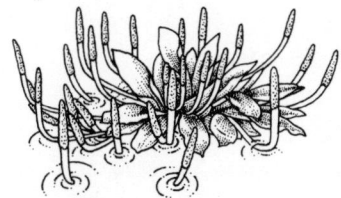

Orontium aquaticum

Clump-forming A plant formed of a sheaf of stems, all arising from ground level. In some cases the stems form a single clump; in others they arise from a creeping, underground rootstock and are spaced farther apart. Such plants can be invasive.

Ranunculus lingua

Invasive A vigorous plant that constantly spreads outwards from its original position, requiring time and trouble to keep in check.

Features

Bold leaves Large leaves (at least 15 cm/6 in long) with a distinctive shape.
Ferny leaves Leaves formed of finely cut leaflets, like those of most ferns.

Myriophyllum spicatum

Ornamental foliage Leaves that are attractive in their own right, without the embellishment of flowers. It is usually their effect *en masse* that is appealing.

Variegated foliage Speckled, blotched, lined, or margined with a contrasting color, usually white, cream or yellow.
Ornamental fruit Seedheads that are colored or have an attractive shape.

Flowers

Two or more colors given for one plant indicate either that the flowers on different individuals or varieties of that species can vary or, if the flowers are bicolored, that each flower is made up of two or more boldly contrasting colors.

Flowering season

Two or more seasons given for one plant indicate continuous or recurrent flowering.

Situations suitable

Shade Tolerates or prefers the mainly sunless shade of high north-facing walls or hedges that require direct sunlight will tolerate half-day illumination.) deciduous trees. (Most plants that require direct sunlight will tolerate half-day illumination.)
Small pond Less than 6 m² (7 yd²) and 30 cm (1 ft) deep.
Large pond More than 6 m² (7 yd²) and 30 cm (1 ft) deep.

Nymphaea × *marliacea* 'Carnea'

Exposed sites Open areas with no protection from cold winds, and those in frost hollows.
Stream Slow-moving lowland streams or rivers.
Containers Suitable for long-term cultivation in half-tubs or smaller containers of water (see p.48 for how to do this).

Uses

Specimen A dramatic plant that looks good when grown on its own or in small groups as a focal point, due to its strong geometric shape, handsome foliage or beautiful flowers.
Good oxygenator A plant that produces plenty of oxygen. If you wish to keep fish in a small pond or container, all or almost all the plants you choose should be good oxygenators.
Climate zone See "Climate zones and plant hardiness" (pp.244–5).

Water Plants

	Size			Type										Shape						Features				
	Small (up to 30 cm)	Medium (30–90 cm)	Large (over 90 cm)	Fast-growing	Herbaceous	Evergreen	Submerged	Floating (rooted)	Free-floating	Emergent	Marginal	Grass, rush or sedge	Fern	Erect	Solitary rosette	Tufted	Spreading	Clump-forming	Invasive	Bold leaves	Ferny leaves	Ornamental foliage	Variegated foliage	Ornamental fruit
***Acorus* calamus & cvs**		*			*					*	*			*			*						*	*
***Alisma* plantago-aquatica**		*		*						*				*			*					*		
***Aponogeton* distachyos**	*				*			*									*			*				
***Azolla* caroliniana**	*				*				*				*				*	*				*		
***Bacopa* caroliniana**	*				*	*				*				*			*					*		
***Butomus* umbellatus**		*		*						*				*			*							
***Cabomba* caroliniana**		*			*	*										*					*			
***Eichhornia* crassipes**	*		*		*				*								*	*		*		*		
***Elodea* canadensis**		*			*	*											*	*	*			*		
crispa		*			*	*											*	*	*			*		
densa		*			*	*											*	*	*			*		
***Hottonia* palustris**	*				*	*				*						*	*	*			*	*		
***Hydrocharis* morsus-ranae**	*		*		*				*						*	*								
***Hydrocleys* nymphoides**	*				*			*							*	*								
***Lysichiton* americanum**			*	*							*					*	*			*		*		
camtschatcense		*		*							*					*	*			*		*		
***Menyanthes* trifoliata**	*		*	*						*	*					*	*					*		
***Myriophyllum* hippuroides**		*			*	*										*	*	*			*	*		
spicatum		*			*	*										*	*	*			*	*		
***Nelumbo* lutea**		*		*						*				*			*			*		*		*
nucifera		*		*						*				*			*			*		*		*
***Nuphar* advena**	*		*	*				*									*	*		*				*
lutea	*			*				*									*	*	*	*				*
***Nymphaea* alba**	*			*				*									*	*		*				
caerulea	*			*				*									*	*		*				
capensis	*			*				*									*	*		*				
× chromatella	*			*				*									*	*		*				
× helvola	*			*				*									*	*				*		
× laydeckeri & cvs	*			*				*						*			*	*		*		*		
× marliacea & cvs	*			*				*						*			*	*		*				
odorata & cvs	*			*				*						*			*	*		*				
***Orontium* aquaticum**		*		*						*							*	*		*				
***Pistia* stratiotes**	*		*		*										*	*	*					*		
***Pontederia* cordata**		*		*						*	*			*			*					*		
***Potamogeton* crispus**		*	*		*	*											*	*				*		
lucens		*	*		*	*											*	*				*		
***Ranunculus* aquatilis**		*	*		*	*	*										*	*			*			
lingua		*		*						*	*			*			*							
peltatus	*		*		*	*	*										*	*	*					
***Sagittaria* latifolia**		*		*						*	*			*	*		*					*		
***Salvinia* auriculata**	*		*		*				*								*					*		
***Scirpus* tabernaemontani & cvs**		*	*		*					*	*	*		*			*					*		
***Stratiotes* aloides**	*				*	*				*						*	*	*		*				
***Thalia* dealbata**		*			*					*	*			*			*						*	*
***Vallisneria* spiralis**		*			*	*								*	*		*					*		
***Veronica* beccabunga**	*				*					*	*					*	*	*						

	Flowers										Flowering season				Situations suitable							Uses	
White/cream	Yellow	Orange	Red	Pink	Purple/mauve	Blue	Green	Bicolored	Fragrant	Spring	Summer	Autumn	Winter	Shade	Small ponds	Large ponds	Exposed sites	Streams	Containers	Specimen	Good oxygenator	Climate zone	Name
											*			*	*	*						3	**Acorus** calamus & cvs
					*						*				*		*					5	**Alisma** plantago-aquatica
*									*	*	*	*		*	*	*		*	*			8	**Aponogeton** distachyos
														*	*	*	*					6	**Azolla** caroliniana
						*					*	*		*	*	*		*				7	**Bacopa** caroliniana
				*							*				*		*	*	*			5	**Butomus** umbellatus
*					*						*				*	*		*			*	5	**Cabomba** caroliniana
	*			*		*					*	*		*	*	*						10	**Eichornia** crassipes
											*			*	*	*					*	3	**Elodea** canadensis
											*			*	*	*					*	3	crispa
*											*			*	*	*					*	3	densa
					*									*	*	*						5	**Hottonia** palustris
*											*			*	*							5	**Hydrocharis** morsus-ranae
	*										*			*	*	*						10	**Hydrocleys** nymphoides
	*									*				*	*			*	*			6	**Lysichiton** americanum
*										*				*	*			*	*			5	camtschatcense
*										*	*			*	*	*	*					3	**Menyanthes** trifoliata
														*	*	*						4	**Myriophyllum** hippuroides
														*	*	*						5	spicatum
	*										*				*	*			*	*		6	**Nelumbo** lutea
*			*	*							*				*	*			*	*		9	nucifera
	*										*	*		*	*	*	*					4	**Nuphar** advena
	*										*	*		*	*	*	*					5	lutea
*											*			*	*				*	*		6	**Nymphaea** alba
						*		*			*			*	*	*			*	*		10	caerulea
						*		*			*			*	*	*			*	*		10	capensis
	*										*			*	*	*			*	*		7	× chromatella
	*										*			*	*	*			*			6	× helvola
		*	*	*	*						*			*	*				*	*		5	× laydeckeri & cvs
*			*								*			*	*				*	*		5	× marliacea & cvs
*	*		*					*			*			*	*				*	*		4	odorata & cvs
*	*						*							*	*				*	*		6	**Orontium** aquaticum
														*	*	*						10	**Pistia** stratiotes
						*					*				*	*	*	*	*			5	**Pontederia** cordata
														*	*	*	*				*	5	**Potamogeton** crispus
														*	*	*	*				*	6	lucens
*											*			*	*	*	*					6	**Ranunculus** aquatilis
	*										*			*	*	*		*				6	lingua
*											*			*	*	*						6	peltatus
*											*	*		*	*	*	*	*	*			5	**Sagittaria** latifolia
														*	*	*						9	**Salvinia** auriculata
		*				*					*				*	*	*	*				6	**Scirpus** tabernaemontani & cvs
*											*			*	*	*						6	**Stratiotes** aloides
					*						*	*		*	*	*		*	*	*		8	**Thalia** dealbata
														*	*	*	*					9	**Vallisneria** spiralis
					*						*	*		*	*	*	*					5	**Veronica** beccabunga

Climate zones

The basis for the climate zones listed in *The Gardener's Index* is Wyman's map of the United States. The map has been in use with minor variations since 1938, and nurseries and other suppliers of plants have used it to denote the hardiness of the plants they grow.

Climate zones and plant hardiness

The first thing any gardener wants to know before investing in a plant is whether it will thrive in his garden. Each plant has its own needs – a long growing season and acid soil may be most important to one species, dry soil and sunshine to another. One factor most plants have in common, however, is sensitivity to low temperatures. Some can withstand them better than others, and some even require a certain amount of frost to trigger their growth, but how low the temperature is likely to drop in winter and how often these low temperatures occur is almost always significant to plant growth.

The climate zone numbers in the charts provide a starting-point for the gardener, but there are other factors that may affect plants in your garden. Even a small slope facing the sun will be warmer than one facing the opposite direction. A garden on the sheltered side of a woodland will be protected from cold winds, so the temperature will not drop quite as low in winter there as it will in surrounding areas. Even within a garden, borders protected by hedges will provide better growing conditions and cold protection than those totally exposed.

The type of soil in your garden can also be important. Sticky, wet clay soils can take a long time to warm up in spring and hold the wet and cold in winter. If you have soil like this, therefore, your plants will find it harder to survive.

Climate zones in the United States

Because the United States is so large a country, it is impossible to show all of the climatic variations within each zone. Consequently, you may find that certain strains of plants, native to a particular area, will prove hardier than others of the same species or botanical variety. A plant is usually listed in the coldest zone where it can grow normally, but at the same time it can be expected to grow in many of the warmer zones, limited only by extreme temperatures or drought conditions. If you are interested in growing a particular species, do check the specialist catalogs for a suitable cultivar.

"Non-average" winters

The climate-zone system is based on average winter temperatures; unfortunately, it takes only one or two "extraordinary" days or nights to kill the tenderest plants in your garden. Sometimes, after a mild autumn, the temperature can fall dramatically within twenty-four hours. Plants have no opportunity to adjust gradually to the lower temperature, and so damage is unexpectedly severe. A sudden thaw can be just as dangerous. It is therefore best to site your tender plants so that they are sheltered from the morning sun.

Growing tender plants

If you want to grow a plant that is unlikely to be fully hardy in your area, there are several ways to improve its chances of thriving and flowering: choose a sheltered spot for planting, one protected from the winds by a hedge, fence or wall, or among trees that form a windbreak. In the winter, protect individual plants by covering them with matting, plastic sheeting, sand, straw, or peat.

Choosing plants for growing under glass

You can use the climate zones to help you select plants to grow indoors or in a conservatory or greenhouse. Because of the high summer temperatures possible, it is important to avoid plants from zones 1–7. If you are looking for plants to grow in an unheated greenhouse, choose those from zone 8; in a frost-free one, those from zone 9; and in one to be heated to 45–50°F overnight, those from zone 10.

Climate zone map
The climate zones shown opposite are based on average absolute minimum temperatures over the past thirty years. They should be taken as a guide only. Altitude also presents an important consideration in that higher elevations are cooler; for other factors, see below. In general, plants with a lower zone rating will grow well in warmer areas: in zone 8, for example, plants from zones 1–8 may be grown.

Other factors affecting plant hardiness
● **Plus factors**
*South-facing slopes
Shelter from woodlands, trees, fences, walls, hedges
Well-drained, sandy soil
For many herbaceous perennials a persistent snow cover during winter*

● **Minus factors**
*North-facing slopes
Deep, shaded valleys
Exposure to cold winds
Heavy clay or gumbo soil*

Climate zones of the United States and Canada

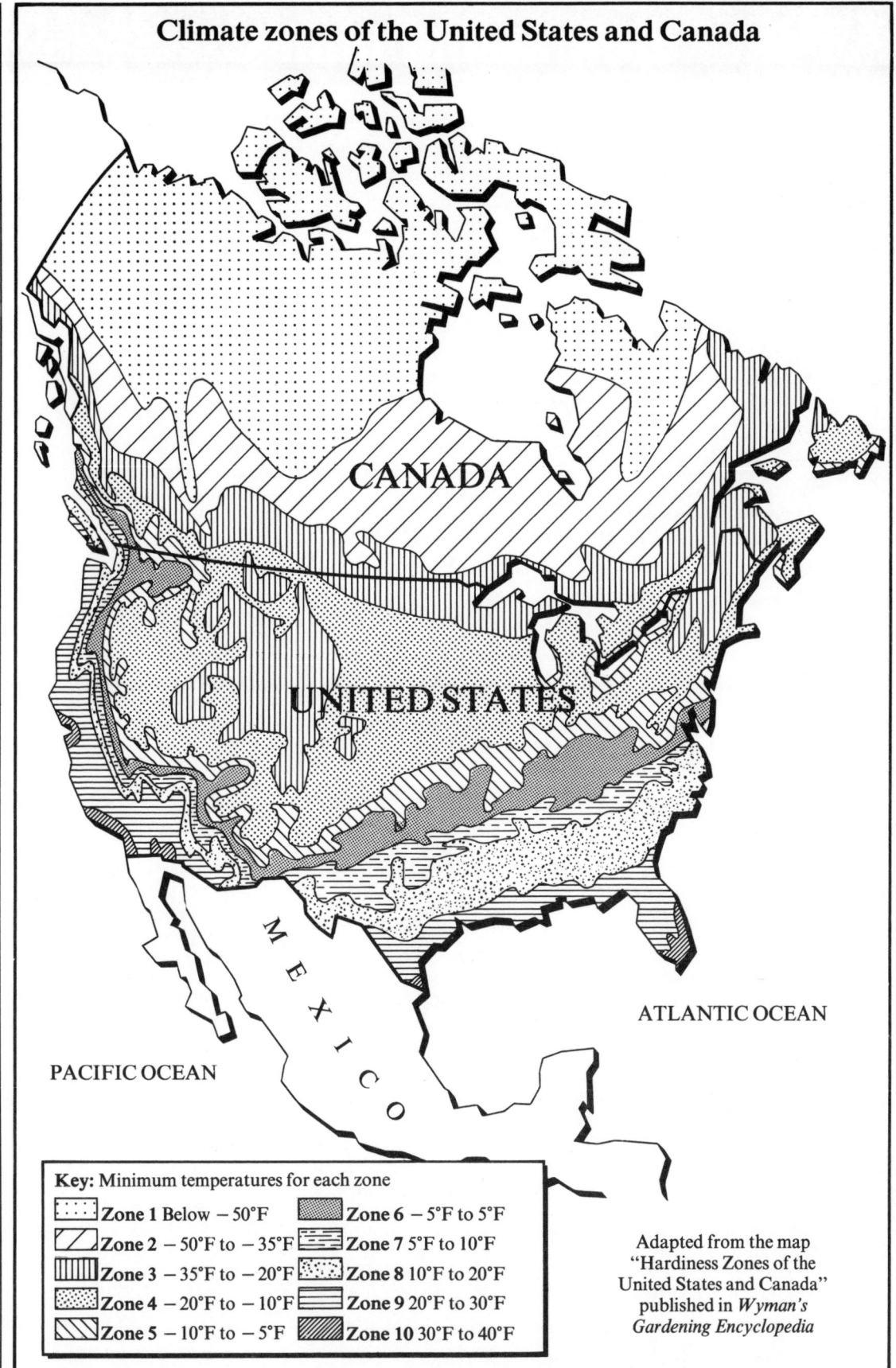

CANADA

UNITED STATES

M E X I C O

ATLANTIC OCEAN

PACIFIC OCEAN

Key: Minimum temperatures for each zone

Zone 1 Below − 50°F   **Zone 6** − 5°F to 5°F

Zone 2 − 50°F to − 35°F   **Zone 7** 5°F to 10°F

Zone 3 − 35°F to − 20°F   **Zone 8** 10°F to 20°F

Zone 4 − 20°F to − 10°F   **Zone 9** 20°F to 30°F

Zone 5 − 10°F to − 5°F   **Zone 10** 30°F to 40°F

Adapted from the map
"Hardiness Zones of the
United States and Canada"
published in *Wyman's
Gardening Encyclopedia*

How to find plants

Since a given garden center or nursery can grow only a limited range of plants, you may have to search beyond the suppliers in your immediate neighborhood in order to find particular species. A selection of plant suppliers, most of whom will supply plants by mail order, is listed below. If you cannot find a nursery that can help you, however, the Department of Agriculture's county extension agent for your state may be able to suggest suppliers. Another possibility is to consult a society that specializes in a particular kind of plant; selected societies are listed following the lists of suppliers. Finally, some botanic gardens may be willing to provide propagating material if approached diplomatically.

Annuals

Abundant Life Seed Foundation, PO Box 772, Port Townsend, WA 98368

Applewood Seed Company, 5380 Vivian Street, Arvada, CO 80002

W. Atlee Burpee Company, Warminster, PA 18974

D.V. Burrell Seed Growers Company, PO Box 150, 405 N. Main, Rocky Ford, CO 81067

Carroll Gardens, Box 310, 444 E. Main Street, Westminster, MD 21157

Clyde Robin Seed Company, PO Box 2366, Castro Valley, CA 94546

Comstock, Ferre & Co., 263 Main Street, Wethersfield, CT 06109

Country Herbs, 3 Maple Street, Stockbridge, MA 01262

The Country Garden, Route 2, Box 455A, Crivitz, WI 54114

Far North Gardens & International Growers' Exchange, PO Box 52248, Livonia, MI 48152

Gurney Seed & Nursery Company, Yankton, SD 57079

Harris Seeds, 3670 Buffalo Road, Rochester, NY 14624

J.L. Hudson, Seedsman, Box 1058, Redwood City, CA 94064

Jackson & Perkins, 83-A Rose Lane, Medford, OR 97501

Johnny's Selected Seeds, Albion, ME 04910

J.W. Jung Seed Company, Randolph, WI 53956

King's, 3723 E. Castro Valley Blvd., Hayward, CA 44546

Logee's Greenhouses, 55 North St., Danieldson, CT 06239

Earl May Seed & Nursery Company, Shenendoah, IA 51603

Nichol's Herbs and Rare Seeds, 1190 N. Pacific Highway, Albany, OR 97321

Park Seed Company, Highway 254 N., Greenwood, SC 29647

Plants of the Southwest, 1812 Second Street, Santa Fe, NM 87501

Sprainbrook Nursery, 448 Underhill Rd., Scarsdale, NY 10583

Stokes Seeds Inc., Box 548, Buffalo, NY 14240

Sunnybrook Farms Nursery, 9448 Mayfield Rd., Chesterland, OH 44026

Sunnyslope Gardens, 8638 Huntington Dr., San Gabriel, CA 91775

Thompson & Morgan, PO Box 1308, Jackson, NJ 08527

Otis S. Twilley Seed Company, Inc., PO Box 65, Trevose, PA 19047

Woodlanders, 1128 Colleton Ave., Aiken, SC 29801

The Herb Society of America, 300 Massachusetts Ave., Boston, MA 02115

Perennials

Bluebird Nursery Inc., 515 Linden Street, Clarkson, NE 68629

Bluestone Perennials, Inc., 7211 Middle Ridge Rd., Madison, OH 44057

W. Atlee Burpee Co., 300 Park Ave., Warminster, PA 18974

Busse Gardens, 635 E. 7th St., Rte. 2, Box 13, Cokato, MN 55321

Caprice Farm Nursery, 15425 SW Pleasant Hill Rd., Sherwood, OR 97140

Carroll Gardens, PO Box 310, 444 E. Main St., Westminster, MD 21157

Comstock, Ferre & Co., 263 Main St., Wethersfield, CT 06109

Crownsville Nursery, 1241 Generals Highway, Crownsville, MD 21032

Far North Gardens, 15621 Auburndale Ave., Livonia, MI 48154

Garden Place, 6780 Heisley Rd., PO Box 388, Mentor, OH 44061

Hauser's Superior View Farm, Rte. 1, Box 199, Bayfield, WI 54814

Hillside Gardens, Box 614, Litchfield Rd., Norfolk, CT 06058

Holbrook Farm & Nursery, Route 2, Box 223B, 5025, Fletcher, NC 28732

Lamb Nurseries, E.101 Sharp Ave., Spokane, WA 99202

Milaeger's Gardens, 4848 Douglas Ave., Racine, WI 53402

Park Seed Co., Inc., Greenwood, SC 29647

Powell's Gardens, Rte. 2, Box 86, Highway 70, Princeton, NC 27569

Prairie Nursery, PO Box 365, Westfield, WI 53964

Rakestraw's, G-3094, S. Term St., Burton, MI 48529

Stokes Seeds Inc., Box 548, Buffalo, NY 14240

Sweet Springs Perennial Growers, 2065 Ferndale Rd., Arroyo Grande, CA 93420

Tranquil Lake Nursery, 45 River St., Rehoboth, MA 02769

Andre Viette Farm & Nursery, Rte. 1, Box 16, Fischerville, VA 22939

Wayside Gardens, Hodges, SC 29695

Weston Nurseries, E. Main St., Box 186, Hopkinton, MA 01748

White Flower Farm, Litchfield, CT 06759

Gilbert H. Wild & Son, Inc., HPB-84 1112 Joplin Street, Sarcoxie, MO 64862

Woodlanders, Inc., 1128 Colleton Ave., Aiken, SC 29801

All-American Selections, 204 S. Main St., Sycamore, IL 60178

Bulbs, Corms & Tubers

Breck's, 6523 N. Galena Rd., Peoria, IL 61632

W. Atlee Burpee Company, Warminster, PA 18974

Connell's, 10216 40th Avenue East, Tacoma, WA 98446

Cooley's Gardens, PO Box 126, Silverton, OR 97381

DeGroot, Inc., PO Box 575, Coloma, MI 49038

DeJaeger Bulbs, Inc., 188 Ashbury St., South Hamilton, MA 01982

Dutch Gardens, Inc., PO Box 400, Montvale, NJ 07645

Gladside Gardens, 61 Main Street, Northfield, MA 01360

Alexander Heimlich, 71 Burlington St., Woburn, MA

International Grower's Exchange, PO Box 52248, Livonia, MI 48152

J.W. Jung Seed Company, Randolph, WI 53956

Kelly Bros. Nurseries, Dansville, NY 14437

Legg Dahlia Gardens, Hastings Rd., Geneva, NY 14456

John D. Lyon, Inc., 143 Alewife Brook Parkway, Cambridge, MA 02140

Earl May Seed & Nursery Company, Shenandoah, IA 51603

Grant E. Mitsch Novelty Daffodils, PO Box 218, Hubbard, OR 97032

Oregon Bulb Farms, 39391 SE Lusted Road, Sandy, OR 97055

Park Seed Company, Highway 254 N, Greenwood, SC 29647

Powell's Gardens, Route 2, Highway 70, Princeton, NC 27569

Quality Dutch Bulbs, 52 Lake Dr., Hilsdale, NJ 07642

Rex Lilies, PO Box 774, Port Townsend, WA 98368

John Scheepers, 63 Wall St., New York, NY 10005

Schreiner's Irises, 3624 Quinaby Rd., NE, Salem, OR 97303

Sprainbrook Nursery, 448 Underhill Rd., Scarsdale, NY 10583

Strahm's Lilies, PO Box 2216, Harbor, OR 97415-0307

Thompson & Morgan, PO Box 1308, Jackson, NJ 08527

Van Bourgondien Bros., PO Box A, 245 Farmingdale Rd., Rte. 109, Babylon, NY 11702

Andre Vitte Farm & Nursery, Rte. 1, Box 16A, Fischerville, VA 22339

Wayside Gardens, Hodges, SC 29695

White Flower Farm, Litchfield, CT 06759-0050

Gilbert H. Wild & Son, Inc., Sarcoxie, MO 64862

American Daffodil Society, Tyner, NC 27980

American Dahlia Society, 2044 Great Falls St., Falls Church, VA 22043

American Iris Society, 6518 Beachy Avenue, Wichita, KS 67206

North American Gladiolus Council, 30 Highland Place, Peru, IN 46970

Trees & Shrubs

Alpenglow Gardens, 13328 King George Hwy., Surrey, BC V3T 2T6 Canada

Armstrong Nurseries, PO Box 4060, Ontario, CA 91761

Beaverlodge Nursery, Box 127, Beaverlodge, Alberta T0H 0C0 Canada

California Nursery Co., PO Box 2278, Fremont, CA 94536

Carroll Gardens, PO Box 310, Westminster, MD 21157

The Cummins Garden, 22 Robertsville Rd., Marlboro, NJ 07446

Daystar, Litchfield-Hallowell Rd., RFD # 2, Litchfield, ME 04350

Dilatush Nursery, 780 Rte. 130, Robbinsville, NJ 08691

Dutch Mountain Nursery, Augusta, MI 49012

Eisler Nurseries, Box 70, Butler, PA 16001

Farmer Seed & Nursery Co., Rte. 60, Faribault, MN 55021

Fiore Enterprises, Inc., 17010 W. Highway 22, PO Box 67, Prairie View, IL 60069

Forestfarm, 990 Tetherath, Williams, OR 97544

Girard Nurseries, PO Box 428, Geneva, OH 44041

Gossler Farms Nursery, 1200 Weaver Rd., Springfield, OR 97477

Greer Gardens, 1280 Goodpasture Island Rd., Eugene, OR 97401

Griffey's Nursery, Rte. 3-B, 17A Marshall, NC 28753

Holly Heath Nurseries, Box 55A, Calverton, NY 11933

Hortica Gardens, Box 308, Placerville, CA 95667

Keil Brothers, 220-15 Horace Harding Blvd., Bayside, NY 11364

Kelly Bros Nurseries, Dansville, NY 14437

M.A. Kristick, RD # 1, Wellsville, PA 17365

La Fayette Home Nursery, Box 1A, RR # 1, La Fayette, IL 61449

Lamb Nurseries, E.101 Sharp Ave., Spokane, WA 99202

Little Lake Nursery, Rte 2., Box 2503E, Auburn, CA 95603

Louisiana Nursery, Rte. 7, Box 43, Opelousas, LA 70570

May Nursery, Box 1312, 2115 Lincoln Ave., Yakima, WA 90907

Mellingers Inc., 2310 West South Range, North Lima, OH 44452

Miniature Gardens, Box 757 Stoney Plain, Alberta T0E 2GE Canada

Nuccio's Nurseries, 3555 Chaney Trail, PO Box H, Altadena, CA 91001

Oliver Nurseries, 1159 Bronson Rd., Fairfield, CT 06430

Orlando S. Pride Nurseries, PO Box 1865, 145 Weckerly Rd., Butler, PA 16001

Rainier Mt. Alpine Gardens, 2007 S. 126th Str, Seattle, WA 98168

Raraflora, 1195 Stump Rd., Feasterville, PA 19047

The Rock Garden, RFD 2, Litchfield, ME 04530

Siskiyou Rare Plant Nursery, 2825 Cummings Rd., Medford, OR 9750.1

Southmeadow Fruit Gardens, Lakeside, MI 49116

Sprainbrook Nursery, 448 Underhill Rd., Scarsdale, NY 10583

Stark Bros Nurseries, Box B1511C, Louisiana, MO 63353

Valley Nursery, Box 4845, Helena, MT 59601

Wayside Gardens, Hodges, SC 29695

Weston Nurseries, E. Main Street, Box 186, Hopkinton, MA 01748

International Dwarf Fruit Tree Association, 301 Department of Horticulture, Michigan State University, East Lansing, MI 48824

International Society of Arboriculture, Box 71–5, Lincoln Square, Urbana, IL 61801

Roses

AGM Miniature Roses, Inc., PO Box 6056, Monroe, LA 71211

American Beauty Roses, Spring Hill Nurseries, PO Box 1758, Peoria, IL 61656

Anderson's Nursery, 3630 Highway 60 E, Bartow, FL 33830

The Antique Rose Emporium, Route 5, Box 143, Brenham, TX 77833

BDK Nursery, PO Box 628, Apopka, FL 32704

Buckley Nursery Garden Center, 646 North River Road, Buckley, WA 98321

Burgess Seed and Plant Company, 905 Four Seasons Road, Bloomington, IL 61701

W. Atlee Burpee Company, Warminster, PA 18974

Carroll Gardens, Inc., PO Box 310, 444 East Main Street, Westminster, MD 21157

Daystar, Litchfield-Hallowell Road, RFD # 2, Litchfield, ME 04350

Donovan's Roses, PO Box 37800, Shreveport, LA 71133

Dunstrathraven Roses, Ltd., 14706 Old Henry Road, Anchorage, KY 40223

ROSES by Fred Edmunds, 6235 S.W. Kahle Road, Wilsonville, OR 97070

Emlong Nurseries, Inc., Stevensville, MI 49127

Farmer Seed and Nursery Company, Faribault, MN 55021

Ferbert Garden Center, 806 South Belt Highway, St. Joseph, MO 64507

Earl Ferris Nursery, Hampton, IA 50441

Henry Field Seed and Nursery Company, Shenandoah, IA 50441

Flora World Inc., 249 Barberry Road, Highland Park, IL 60035

Flowers 'n' Friends Greenhouse, 9590 100th St., S.E. Alto, MI 49302

Gloria Dei Nursery, 36 East Road, High Fall Park, High Falls, NY 12440

Greenmantle Nursery, 3010 Ettersburg Road, Garberbille, CA 95440

Gurney Seed and Nursery Co., Tankton, SD 57079

Harrison's Antique and Modern Roses, PO Box 527, Canton, MS 39046

Heritage Rose Gardens, 16831 Mitchell Creek Road, Fort Bragg, CA 95437

Hershey Nursery, 621 Park Avenue, Hershey, PA 17033

High Country Rosarium, 1717 Downing Street, Denver, CO 80218

Historical Roses, 1657 West Jackson Street, Painesville, OH 44077

John Hoverman and Sons, Inc., Route 17, Rochelle Park, NJ 07662

Inter-State Nurseries, Inc., Hamburg, IA 51640

Jackson and Perkins Co., Box 83A, Medford, OR 97501

J.W. Jung Seed Co., Randolph, WI 53957

Justice Miniature Roses, 5947 S.W. Kahle Road, Wilsonville, OR 97070

Kelly Bros. Nurseries, Inc., 650 Maple Street, Dansville, NY 14437

Krider Nurseries, Inc., Box 29, Middlebury, IN 46540

Lakeland Nurseries Sales, Unique Merchandise Mart Building 4, Hanover, PA 17333

A.M. Leonard, Inc., 6665 Spiker Road, Piqua, OH 45356

Liggett's Rose Nursery, 1206 Curtiss Avenue, San Jose, CA 95125

Limberlost Roses, 7304 Forbes Avenue, Van Nuys, CA 95125

Lowe's Own Root Rose Nursery, 6 Sheffield Road, Nashua, NH 03062

Earl May Seed and Nursery Company, Shenandoah, IA 51603

MB Farm Miniature Roses, Inc., Jamison Hill Road, Clinton Corners, NY 12514

McDaniel's Miniature Roses, 7523 Zemco Street, Lemon Grove, CA 92045

Mellinger's Inc., 2310 West South Range, North Lima, OH 44452

Mike's Roses, 6807 Smithway Drive, Alexandria, VA 22307

The Miniature Rose Company, 220 Rose Ridge, Greenwood, SC 29647

The Mini Farm, Route 1, Box 501, Bon Aqua, TN 37025

Mini-Roses, PO Box 4255, Station A, Dallas, TX 75208

Miniature Plant Kingdom, 4125 Harrison Grade Road, Sebastopol, CA 95472

Moore Miniature Roses (Sequoia Nursery), 2519 East Noble Avenue, Visalia, CA 93277

Nor' East Miniature Roses, 58 Hammond Street, Rowley, MA 01969

L.L. Olds Seed Company, Madison, WI 53707

Oregon Miniature Roses, Inc., 8285 S.W. 185th Street, Beaverton, OR 97007

Port Stockton Nursery, 2910 East Main Street, Stockton, CA 95205

Richard Owen Nursery, 2300 East Lincoln Street, Bloomington, IL 61701

Pixie Treasures Miniature Rose Nursery, 4121 Prospect Avenue, Yorba Linda, CA 92686

Rose Acres, 6641 Crystal Boulevard, Diamond Springs, CA 95619

Rosehill Farm, Gregg Neck Road, Box 406, Galena, MD 21635

Spring Hill Nurseries, 110 West Elm Street, Tipp City, OH 45371

Stanek's Garden Center, East 2929 27th Avenue, Spokane, WA 99203-4494

Stark Bro's Nurseries, Louisiana, MO 63353

Stocking Rose Nursery, 785 North Capitol Ave., San Jose, CA 95133

Sweetbriar Nursery, 2002 Sweetbriar Lane, Morganton, NC 28655

Tate Nursery, Route 20, Box 436, Tyler, TX 75708

Tiny Petals Nursery, 489 Minot Avenue, Chula Vista, CA 92010

Wayside Gardens, Hodges, SC 29695

Weston Nurseries, E. Main St., Box 186, Hopkinton, MA 01748

All-American Rose Selections, Box 218, Shenandoah, IA 51601

American Rose Society, Vox 30,000, Shreveport, LA 71130

Miscellaneous

Busse Gardens, Box 13, 635 E. 7th St., Cokoto, MN 55321 *Rock plants, wild flowers*

Heimlich's Nurseries, 71 Burlington Street, Woburn, Mass. 01801 *Cacti*

Jamieson Valley Gardens, Jamieson Road, Route 3, Spokane, Washington 99203 *Rock plants*

Lamb Nurseries, E101 Sharp Avenue, Spokane, Washington 99202 *Rock plants*

Oliver Nurseries, 1159 Bronson Road, Fairfield, CT 06430 *Rock plants*

Paradise Gardens, 14 May Street, Whitman, Mass. 02382 *Aquatics*

Rakestraws, G-3094 S. Term Street, Burton, MI 48529 *Rock plants*

The Rock Garden, RFD 2, Litchfield, Maine 04350 *Rock plants*

Slocum Water Gardens, 1101 Cypress Gardens Road, Winter Haven, Fla 33880 *Aquatics*

Van Ness Water Gardens, 2460 N. Euclid Avenue, Upland, CA 91786 *Aquatics*

The Wild Garden, Box 487, Bothell, Washington 98011 *Rock plants*

American Rock Garden Society, Box 282, Rte. L., Mena, AR 71953

Cactus and Succulent Society of America, Inc., 2631 Fairgreen Ave., Arcadia, CA 91006

Index